纺织染概论

主　编　李竹君　王宗文
副主编　冯程程
参　编　吴佳林　张务建　刘林云
　　　　董旭烨　罗建红
主　审　黄明华

北京理工大学出版社
BEIJING INSTITUTE OF TECHNOLOGY PRESS

内 容 提 要

本书是结合编者多年的教学经验和纺织行业新技术发展，针对纺织专业正在加快转型成为"科技、时尚、绿色"的形势编写的，旨在帮助高等院校纺织专业学生在学习专业知识时，快速掌握相关内容，形成对纺织的整体认识，为后续的专业课程学习提供方向性的指导。本书详细介绍了纺纱、机织、针织、非织造及染整技术的基本原理和生产工艺过程，纺织工业的发展简史和基本内涵特征，以及纺织产品的分类、性质和应用。每个模块均配套了完整的数字化教学资源，包括课件、微课、动画、虚拟仿真资源、课后习题及其答案，形成了完整的教学资源池，并以二维码的形式配置在书中，为本书的使用提供了必备的配套资源。

本书可供高等院校纺织相关专业教材，也可供纺织企业技术人员参考。

图书在版编目（CIP）数据

纺织染概论/李竹君，王宗文主编. --北京：北京理工大学出版社，2023.4

ISBN 978-7-5763-2260-6

Ⅰ.①纺… Ⅱ.①李… ②王… Ⅲ.①纺织－概论－高等职业教育－教材 ②染整－概论－高等职业教育－教材 Ⅳ.①TS1

中国国家版本馆CIP数据核字（2023）第060832号

出版发行／北京理工大学出版社有限责任公司
社　　址／北京市海淀区中关村南大街5号
邮　　编／100081
电　　话／（010）68914775（总编室）
　　　　　（010）82562903（教材售后服务热线）
　　　　　（010）68944723（其他图书服务热线）
网　　址／http：//www.bitpress.com.cn
经　　销／全国各地新华书店
印　　刷／河北鑫彩博图印刷有限公司
开　　本／787毫米×1092毫米　1/16
印　　张／16.5
字　　数／398千字
版　　次／2023年4月第1版　2023年4月第1次印刷
定　　价／89.00元

责任编辑／钟　博
文案编辑／钟　博
责任校对／周瑞红
责任印制／王美丽

FOREWORD 前言

"衣者，依也"，人类的生存和发展离不开纺织，纺织是一项关系亿万人民生活的生产活动。狭义的纺织指纺纱和织布，广义的纺织（大纺织）包括化学纤维生产，原料初步加工，缫丝，各类产业用纺织品的生产，染整以及最终的衣装、装饰、专用设备制造等。

纺织业是我国国民经济中举足轻重的支柱型产业，在满足人们衣着消费、吸纳劳动就业、增加出口创汇、积累建设资金及相关产业配套等方面，发挥了重要作用，也充分发挥了其在我国工业化进程中的先导作用。纺织行业也是我国为数不多的具有全产业链闭环创新能力的工业部门。如今，我国纺织工业已进入"中国制造"强国阵列的第一梯队，生产制造能力与国际贸易规模长期居于世界首位，纺织行业成为创新驱动的科技产业、文化引领的时尚产业、责任导向的绿色产业。"科技、时尚、绿色"正成为中国纺织业的新标签、新定位。

纺织染概论课程是现代纺织技术专业群的一门专业基础课，也可作为非纺织类专业的公选课。该课程全面、简明地介绍了纺纱、机织、针织、非织造及染整技术的基本原理与生产工艺过程，纺织历史，纺织纤维及纺织产品的类型特征、检验方法等。

为打造新形态自主学习型教材，编者配套开发了一系列的数字化教学资源，包括课件、微课、动画、虚拟仿真资源、课后习题及其答案，形成了完整的教学资源池，并以二维码的形式配置在书中，学习者通过扫描相关二维码即可随时随地观看资源，利用碎片化时间自主学习。另外，本书通过融合传统纸质教材、智慧职教平台和移动终端，同步建成了国家精品在线开放课程（网址：https://mooc.icve.com.cn/cms/courseDetails/index.htm?classId=e80b0c04ff4330691acda0030fad964f），为实现线上线下混合教学提供了切实可行的平台。

本书由广东职业技术学院李竹君和广东前进牛仔布有限公司高级工程师王宗文主编，广东职业技术学院冯程程任副主编，广东省科学院测试分析研究所（中国广州分析测试中心）高级工程师黄明华任主审。参与编写的人员有广东职业技术学院李竹君、张务建、刘林云、冯程程、吴佳林、董旭烨，广东前进牛仔布有限公司王宗文，成都纺织专科学校罗建红。其中，模块1、模块8由李竹君、冯程程编写，模块2、模块6由刘林云、罗建红编写，模块3由吴佳林编写，模块4由董旭烨编写，模块5、模块7由张务建、王宗文编写。全书由李竹君、冯程程统稿。

由于现代纺织技术发展日新月异，书中的图片、技术资料与实际情况可能存在差异，加之编者水平有限，书中难免存在疏漏和不足之处，敬请广大读者批评指正。

编　者

CONTENTS 目录

01 模块 1
纺织工业总论

单元 1.1　纺织业发展简史 \\ 002

　　1.1.1　纺织业溯源 \\ 002

　　1.1.2　世界纺织工业发展简史 \\ 002

　　1.1.3　中国纺织工业发展简史 \\ 003

单元 1.2　纺织业的内涵与特征 \\ 005

　　1.2.1　纺织业的基本含义及分类 \\ 005

　　1.2.2　纺织业的特征 \\ 006

　　1.2.3　纺织业的定位 \\ 007

单元 1.3　纺织技术及其发展趋势 \\ 008

　　1.3.1　纺织技术 \\ 008

　　1.3.2　纺织技术发展趋势 \\ 010

02 模块 2
纺织纤维

单元 2.1　纺织纤维的分类及指标 \\ 018

　　2.1.1　纺织纤维的定义与要求 \\ 018

　　2.1.2　纺织纤维的分类 \\ 018

　　2.1.3　纺织纤维的形态及基本性质 \\ 020

单元 2.2　纺织纤维的基本性能
　　　　　特点 \\ 022

　　2.2.1　天然纤维的基本性能特点 \\ 022

　　2.2.2　化学纤维的基本性能特点 \\ 028

　　2.2.3　新型纤维的基本性能特点 \\ 034

单元 2.3　常见纺织纤维的鉴别 \\ 037

　　2.3.1　传统鉴别法 \\ 037

　　2.3.2　近代物理技术鉴别法 \\ 041

03 模块 3
纱线是怎样纺成的

单元 3.1　纺纱生产概述 \\ 044

　　3.1.1　纺纱基本原理及其作用过程 \\ 044

　　3.1.2　棉纺纺纱系统 \\ 045

　　3.1.3　原料的选配与混合 \\ 045

单元 3.2　开清棉 \\ 045

　　3.2.1　开清棉工序的任务 \\ 046

　　3.2.2　开清棉机械 \\ 046

单元 3.3　梳棉 \\ 047

　　3.3.1　梳棉工序的任务 \\ 047

　　3.3.2　梳棉机的工艺流程 \\ 047

单元 3.4　精梳 \\ 048

　　3.4.1　精梳工序的任务 \\ 049

　　3.4.2　精梳前准备 \\ 049

　　3.4.3　精梳原理 \\ 049

　　3.4.4　精梳后的并条或整条 \\ 050

单元 3.5　并条 \\ 050

　　3.5.1　牵伸方法 \\ 050

　　3.5.2　并条机的工艺流程 \\ 050

单元 3.6　粗纱 \\ 051

　　3.6.1　粗纱工序的任务 \\ 051

　　3.6.2　粗纱机的工艺流程 \\ 052

单元 3.7 细纱 \\ 052

3.7.1 细纱工序的任务 \\ 052

3.7.2 细纱机的工艺流程 \\ 052

单元 3.8 后加工 \\ 053

3.8.1 后加工各工序的基本任务 \\ 053

3.8.2 后加工的工艺流程 \\ 054

单元 3.9 新型纺纱技术 \\ 054

3.9.1 转杯纺纱 \\ 054

3.9.2 摩擦纺纱 \\ 055

3.9.3 喷气纺纱 \\ 055

3.9.4 紧密纺 \\ 055

3.9.5 赛络纺 \\ 056

3.9.6 赛络菲尔纺 \\ 056

3.9.7 嵌入式复合纺 \\ 056

单元 3.10 纱线的结构特征与性能
指标 \\ 057

3.10.1 纱线的结构特征 \\ 057

3.10.2 纱线的性能指标 \\ 057

04 模块 4
机织布是怎样织成的

单元 4.1 机织织造生产概述 \\ 062

4.1.1 机织工程的组成 \\ 062

4.1.2 机织织造的工作原理 \\ 062

单元 4.2 络筒 \\ 063

4.2.1 络筒主要任务和工序要求 \\ 063

4.2.2 络筒机的工艺流程 \\ 064

4.2.3 络筒工艺主要参数 \\ 064

4.2.4 络筒产量计算 \\ 065

4.2.5 络筒质量控制 \\ 066

4.2.6 自动络筒机 \\ 067

单元 4.3 整经 \\ 068

4.3.1 整经的目的和要求 \\ 068

4.3.2 整经的方法 \\ 068

4.3.3 整经工艺流程 \\ 069

4.3.4 整经张力 \\ 070

4.3.5 整经质量控制 \\ 071

4.3.6 整经工艺计算 \\ 072

4.3.7 整经机械 \\ 072

4.3.8 整经机的发展趋势 \\ 073

单元 4.4 浆纱 \\ 074

4.4.1 浆纱的目的和要求 \\ 074

4.4.2 浆料 \\ 074

4.4.3 典型浆纱机的工艺流程 \\ 076

4.4.4 浆液的质量控制 \\ 077

4.4.5 浆纱质量控制 \\ 078

4.4.6 新型浆纱技术 \\ 079

4.4.7 浆纱机 \\ 080

单元 4.5 穿结经 \\ 081

4.5.1 穿结经的目的与要求 \\ 081

4.5.2 穿经方法 \\ 081

4.5.3 穿经主要构件 \\ 081

4.5.4 结经方法 \\ 082

单元 4.6 纬纱准备和定捻 \\ 082

4.6.1 有梭织机的纬纱准备 \\ 082

4.6.2 无梭织机的纬纱准备 \\ 083

4.6.3 纬纱给湿定捻 \\ 083

单元 4.7 开口 \\ 084

4.7.1 梭口 \\ 084

4.7.2 开口机构分类 \\ 086

4.7.3 开口工艺参数 \\ 087

单元 4.8 引纬 \\ 088

4.8.1 有梭引纬 \\ 088

4.8.2 无梭引纬 \\ 088

单元 4.9 打纬 \\ 092

4.9.1 打纬机构 \\ 092

4.9.2 打纬机构的工艺要求 \\ 093

4.9.3 打纬工艺与织物的形成 \\ 093

单元 4.10　送经和卷取 \\ 094

4.10.1　送经机构 \\ 094

4.10.2　卷取机构 \\ 095

单元 4.11　下机织物整理 \\ 095

4.11.1　整理工序的目的和要求 \\ 095

4.11.2　整理工艺流程 \\ 096

单元 4.12　织物织疵与质量分析 \\ 096

4.12.1　常见织物织疵 \\ 096

4.12.2　织物质量分析 \\ 098

单元 4.13　织造技术的发展趋势 \\ 099

4.13.1　剑杆织机 \\ 099

4.13.2　喷气织机 \\ 099

4.13.3　喷水织机 \\ 100

4.13.4　片梭织机 \\ 100

单元 4.14　机织物的组织构成及其结构
　　　　　与特征 \\ 100

4.14.1　机织物的组织构成 \\ 100

4.14.2　机织物的组织结构与特征 \\ 100

05　模块 5
针织布是怎样织成的

单元 5.1　针织生产概述 \\ 105

5.1.1　针织及针织物的基本概念 \\ 105

5.1.2　针织物的主要物理指标和性能 \\ 110

5.1.3　针织机的分类和一般结构 \\ 113

5.1.4　针织生产工艺流程 \\ 116

单元 5.2　纬编生产及其织物结构与
　　　　　性能 \\ 117

5.2.1　纬编准备工序 \\ 117

5.2.2　纬编机主要成圈机件与成圈
　　　　过程 \\ 118

5.2.3　纬编针织物组织结构 \\ 120

单元 5.3　经编生产及其针织物结构与
　　　　　性能 \\ 131

5.3.1　经编准备工序 \\ 131

5.3.2　经编机的主要成圈机件与成圈
　　　　过程 \\ 132

5.3.3　经编针织物组织结构 \\ 133

06　模块 6
非织造技术

单元 6.1　非织造生产概述 \\ 142

6.1.1　非织造布的定义 \\ 142

6.1.2　非织造布的结构 \\ 142

6.1.3　非织造基本工艺过程 \\ 143

6.1.4　非织造主要成网与加固技术 \\ 144

6.1.5　非织造布用纤维原料 \\ 145

单元 6.2　干法成网 \\ 145

6.2.1　纤维准备 \\ 146

6.2.2　纤维网制备 \\ 146

单元 6.3　湿法成网 \\ 150

6.3.1　湿法成网的定义及特点 \\ 150

6.3.2　湿法成网的工艺原理和过程 \\ 151

单元 6.4　聚合物挤压成网 \\ 152

6.4.1　纺丝成网法 \\ 152

6.4.2　熔喷法 \\ 155

单元 6.5　纤网加固 \\ 157

6.5.1　针刺法 \\ 158

6.5.2　水刺法 \\ 160

6.5.3　缝编法 \\ 163

6.5.4　化学粘合法 \\ 165

6.5.5　热粘合法 \\ 168

07 模块 7
染整技术

单元 7.1　染整加工生产概述 \\ 173

单元 7.2　染整用水与表面活性剂 \\ 173
　7.2.1　染整用水及水的软化处理 \\ 173
　7.2.2　表面活性剂 \\ 175

单元 7.3　前处理 \\ 176
　7.3.1　棉织物的前处理 \\ 176
　7.3.2　其他织物前处理 \\ 182
　7.3.3　新型前处理工艺 \\ 185

单元 7.4　染色 \\ 186
　7.4.1　染色概述 \\ 186
　7.4.2　常用染料染色 \\ 191

单元 7.5　印花 \\ 195
　7.5.1　印花概述 \\ 195
　7.5.2　印花原糊 \\ 198
　7.5.3　织物直接印花 \\ 200
　7.5.4　拔染印花、防染印花与防印
　　　　印花 \\ 201
　7.5.5　特种印花 \\ 202

单元 7.6　整理 \\ 203
　7.6.1　整理概述 \\ 203
　7.6.2　织物的一般整理 \\ 204
　7.6.3　树脂整理 \\ 207
　7.6.4　绒面整理 \\ 207
　7.6.5　功能整理 \\ 209
　7.6.6　其他整理 \\ 210

单元 7.7　染整技术展望 \\ 211
　7.7.1　背景 \\ 211

　7.7.2　低温漂白技术 \\ 212
　7.7.3　活性染料无盐低碱非水染色
　　　　工艺 \\ 212
　7.7.4　泡沫整理技术 \\ 213

08 模块 8
纺织产品

单元 8.1　纺织产品及其分类 \\ 217
　8.1.1　纱线的分类 \\ 217
　8.1.2　机织物的分类 \\ 219
　8.1.3　针织物的分类 \\ 221
　8.1.4　非织造布的分类 \\ 222

单元 8.2　纺织产品的性质特征 \\ 224
　8.2.1　机织产品的性质特征 \\ 224
　8.2.2　针织产品的性质特征 \\ 234
　8.2.3　非织造布的性质特征 \\ 238

单元 8.3　纺织产品的品质评定 \\ 239
　8.3.1　纱线的品质评定 \\ 239
　8.3.2　棉本色布的品质评定 \\ 243
　8.3.3　棉针织内衣的品质评定 \\ 244

单元 8.4　纺织产品的应用 \\ 246
　8.4.1　服装用纺织品 \\ 246
　8.4.2　装饰用纺织品 \\ 248
　8.4.3　产业用纺织品 \\ 251

参考文献 \\ 255

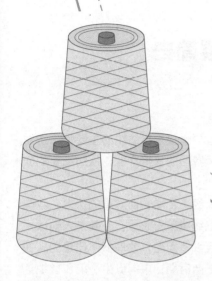

模块 1
纺织工业总论

教学导航

知识目标	1.阐述纺织业发展简史、文化； 2.阐述纺织业的内涵与特征； 3.阐述纺织技术及其发展趋势
知识难点	1.广义和狭义的纺织业的定义、分类； 2.新型织布机的发展
推荐教学方式	从纺织业的发展入手，通过网上、图书馆等相关渠道查阅材料，并通过团队PPT汇报展示查阅结果
建议学时	2学时
推荐学习方法	以学习任务为引领，通过线上资源掌握相关的理论知识和技能，结合课堂资源的实践，理论与实践相结合，完成对纺织行业的基本认识
技能目标	1.能阐述广义和狭义纺织业的概念； 2.能阐述纺织业的分类和技术发展趋势
素质目标	1.展现出对纺织行业的热爱； 2.培养学生的独立思考能力、总结归纳能力，培养学生勤奋工作的态度、团结协作的精神及沟通表达能力； 3.培养学生细心踏实、独立思考、爱岗敬业的职业精神

单元 1.1 纺织业发展简史

1.1.1 纺织业溯源

衣食住行，是每个个体都离不开的一部分，其中以衣为首，也显示出纺织的重要性。纺织业是历史悠久的传统产业，人类生存和发展离不开纺织。作为我国的优势产业，从纺织业的变化中，人们可以探出世界的精妙缩影。

从古时织布、纺纱到如今用机器代替传统手工，我国纺织经历了漫长而辉煌的历史。我国是世界上最早生产纺织品的国家之一，早期的纺织业处于手工纺织历史阶段，主要是人们以手工借助一些简单的工具、器械进行纺纱织布的，技术很粗糙且设备简陋，效率低、质量差。在新石器时代，人类利用葛麻、树皮等韧皮纤维纺纱织布。在夏商时期，中国诞生了麻和丝绸这两种纺织材料用于制作日常的服饰，从而有了简单的提花织造技术；到春秋战国时期，工具不断地更新换代，出现了缫车、纺车及织机等纺织机器。在这期间，纺织品的质量、产量及技术都得到了很大程度的进步；从汉朝开始，中国的丝绸纺织品大量地从陆路或海路向欧亚诸国输出，开创了历史上著名的"丝绸之路"，中国由此而被世界称为"丝绸之国"。

以棉作为纺织原料发源于我国南部和西南地区。三国时期，棉花种植开始遍及珠江、闽江流域。南宋时期，我国著名的棉纺织革新家黄道婆，从长江下游的松江地区来到南海，学习当地人加工棉花和棉纺织技术，并将棉纺织技术带回到长江下游及中原地区，进行创造性的改革，为我国棉纺织业的发展做出了贡献，被誉为纺织业的始祖。宋朝时期，棉花在中原及长江流域开始大量种植，使纺织业得到了迅速的发展。纺织工具也有了较大改进，出现了真正意义上的简易纺织机械，在生产技术、产品艺术设计、纺织原料等方面有了质的飞跃，为机器纺织业的兴起奠定了基础。

西方工业革命后，中国打开了国门，开始了近代化进程。大量大型纺织机器的使用让中国纺织业发生了翻天覆地的变化，逐渐建成了集体化大生产的纺织工厂体系。从工业化和经济发展的规律看，纺织业往往是一个国家或地区工业化初期的主导产业；在国际上纺织业一直在产业部门中占据着重要地位，并在国际贸易领域中令人瞩目。同时，纺织生产的大工业化又促进了纺织机器更多的革新与创造。1825 年，英国 R·罗伯茨制成动力走锭纺纱机，经不断改进，逐渐被推广使用。1828 年，先进的环锭纺纱机问世，并逐渐被广泛使用，到 20世纪 60 年代取代了绝大多数的走锭纺纱机。20 世纪中叶，各种新型纺纱方法相继产生，如自由端加捻的转杯纺纱、静电纺纱、涡流纺纱、包缠加捻的喷气纺纱、假捻并股的自捻纺纱等。

1.1.2 世界纺织工业发展简史

纺织工业是一门最具悠久历史的行业，也是世界工业发展史上率先走上社会化大生产道路的一个支柱产业。从世界纺织工业发展的轨迹来看，无论是穷国还是富国，纺织品在满足人们的生存需求、享受需求、发展需求等方面，始终起着其他产业难以替代的作用。

英法百年大战之后，英国大力发展纺织业，并通过一系列的发明，成为世界棉纺织强国，如 1733 年发明的飞梭、1764 年发明的珍妮机、1765 年发明的蒸汽机。18 世纪末，英国棉纺织率先实现机械化生产。1830—1840 年，机器生产也占据了英国纺织业的主导地位；19 世纪 50—70 年代，英国率先完成工业革命，成为世界工厂；19 世纪末，英国纺织品质量和加工技术停滞不前，逐渐被其他国家超越和取代。

第二次世界大战结束后，美国、西德、意大利、日本等国家如法炮制，大力发展纺织工业，这是纺织工业生产重心的第一次转移。美国由于专利法的实施，并且凭借棉花资源的优势，大力发展棉纺织业，棉纺锭数达 3 600 万锭；同时，凭着工业和技术优势，美国大力发展机械制造业和化纤工业。20 世纪初，纺织制造中心转移到美国；20 世纪 50 年代，美国纺织品生产技术和纺织机械水平处于世界领先地位，在化纤工业上，开启了工业化生产的先河。第二次世界大战结束后，随着经济水平的提高和劳动保护制度的健全，美国的新兴产业不断出现及劳动成本大幅度增加，开始将纺织等传统工业向外转移，并且全球纺织产业中心逐渐向日本转移。有相关数据表明，1957 年日本纺织品出口额全球排名第一，而此时合成纤维也开始被大量地应用于纺织品中。

1815 年之前，在德国，大量从事非农业生产的人口集中于纺织业；19 世纪 30 年代，随着新技术的采用和机械化水平的提高，纺织业在德国得到了迅速发展。之后，随着全球化的加深和国际大分工的推进，德国逐渐将劳动密集型的纺织业向发展中国家转移，开始专注于研发、生产、销售其他技术含量和附加值更高的技术型纺织品。目前，德国的纺织机械水平仍居于世界前列。德国与纺织业有关的化工企业世界闻名，特别是赫希司特、巴斯夫、拜耳三大化工企业。

1970 年后，纺织工业生产重心转移到亚洲新兴的工业化国家和地区，包括韩国、印度，以及我国香港、台湾地区等。2001 年，我国加入世界贸易组织（WTO），之后逐步成为全球纺织制造中心。2012 年之后，东南亚国家的劳动力优势明显，我国纺织产业向外逐步迁移。

如今，纺织生产面貌不断发生改变，纺织品除供御寒、装饰外，还越来越多地具有各种特殊功能，如卫生保健、安全防护、舒适易护理、娱乐欣赏等。纺织品不仅是服饰用料，而且更多地渗透到各行各业，如交通、国防、航空航天、农牧渔业、医疗卫生、建筑结构、文化旅游等各个领域。未来的纺织生产将逐步转变成技术密集型的生产，其特点是原料超真化、工艺集约化、设备智能化、产品功能化、环境优美化、营运信息化。

由于当今世界各国纺织工业的发展和国际分工的深化，各国之间的纺织经济联系日益加深，国际纺织品贸易的广泛发展是世界纺织经济国际化的一个重要表现。纺织工业是与人类相互依存的。纺织品、服装产品在世界各国的零售商场总是琳琅满目，对消费者具有永久的魅力，纺织工业绝对不是夕阳产业。

1.1.3　中国纺织工业发展简史

中国纺织技术的发展，大致经历了原始手工纺织时期、手工机器纺织时期及大工业化纺织时期。而中国近代纺织业可以认为是从 1840 年鸦片战争爆发后开始的。

课件：中国纺织
发展简史

视频：中国纺织
发展简史

西方资本主义的入侵促进了中国近代纺织工业的发展，他们在中国签订不平等条约，利用中国廉价的原料和劳动力，在中国土地上开设机器纺织工厂，大量倾销洋纱、洋布，获取巨额利润，并迅速挤占了中国市场。

1873 年，广东商人陈启源在南海创办了继昌隆缫丝厂，成为中国第一家机器缫丝厂，开启了中国机器纺织工业时代；1876 年，清朝陕甘总督左宗棠在兰州开办了甘肃织呢局；1890 年，清朝洋务派代表李鸿章在上海开办了织布局，输入人力织布机 500 台，成为中国第一个棉纺织工厂。到 1895 年，全国共有纺纱机 17.5 万锭，织布机 1 800 台。之后，民族资本家纷纷开办纺织工厂，掀起纺织业建设的第一次高潮。1905—1908 年，中国爆发了大规模的抑制洋资洋货运动，使得中国的纱布畅销，纱厂利润猛增，于是又掀起纺织业建设的第二次高潮。在中国近代史上的这两次建设高潮，基本发生在长江三角洲与珠江三角洲的沿海地区。从 1873 年在广东建设第一家机器纺织工厂起，到 1913 年第一次世界大战前的 40 年时间里，中国机器纺织工业发展到纺纱机 48.4 万锭，织布机 2 016 台。至此，中国机器纺织工业获得了初步的发展。

从 1914 年第一次世界大战爆发至 1931 年，帝国主义国家忙于战争，暂时放松了对中国的经济侵略，中国民族工业由此获得了空前发展。纺纱规模达到 245 万锭，织布机发展到 17 000 台。这十多年时间被称为民族资本纺织工业发展的黄金时期。

抗日战争时期，我国大量的纺织机械被损坏，纺织工业受到沉重打击。1945 年 12 月，中国纺织建设公司成立，开始统一管理中国的纺织工业。至 1947 年，全国共有纺纱机 492 万锭，织布机 6.6 万台。中华人民共和国成立以后，为尽快解决人们的穿衣问题，国家实行了重点发展纺织业的政策。中国的纺织工业就此进入了一个前所未有的大发展时期。1970 年开始，中国实行天然纤维和化学纤维并举、大力发展化学纤维的方针政策，将发展纺织业的重点逐步向化学纤维转移，化学纤维工业有了长足的发展。

进入 20 世纪 80 年代，由于实行改革开放政策，我国国民经济保持持续高速增长，社会发展突飞猛进，纺织工业也处于高速扩张与高速发展阶段。到 20 世纪 90 年代前后，纺织工业一度出现供过于求的形势，导致产品积压，市场竞争激烈，企业经营困难，影响和制约了纺织工业的发展。20 世纪 90 年代中后期，国家开始大力发展纺织原料，突出抓好化纤和化纤原料基地建设，加快开发新型纺织材料；以纺织面料开发为突破口，发展高附加值的高精深纺织品，带动纺织工业的全面发展；加快发展差别化纤维、高技术纤维和再生纤维技术及产业化；采用先进、适用技术改造提升传统工艺、装备和生产自动化控制水平，扩大产品的差别化比重，实现常规化学纤维产品的优质化。近几年，中国主要纺织纤维生产或总消耗量见表 1-1。

表 1-1   中国主要纺织纤维生产或总消耗量   万吨

年份	化学纤维	棉花	绵羊毛	丝	麻
2017	4 877.05	565.25	41.05	14.18	21.79
2018	5 011.10	610.28	35.66	8.65	20.31
2019	5 952.80	588.90	34.11	—	23.39
2020	6 025.00	591.05	33.36		24.90
2021	6 524.00	573.10	35.62	—	—

2011 年以来，尽管国际需求疲软，国内生产要素成本持续攀升，我国纺织服装出口依然保持了较快增长，占全球纺织服装出口份额逐年提高，纺织品占比份额增速快于服装。根据 WTO 数据，2019 年我国共计出口纺织品服装 2 720 亿美元，占同期全球出口纺织品服装金额 34%。中国纺织品出口竞争力有所提升，这也反映出我国纺织面料、化纤等产品在国际供应链中的作用提升。2021 年，我国出口纺织品服装 3 155 亿美元，同比增长 8.4%（以人民币计，同比增长 0.9%）。其中，我国纺织品对全球出口 1 452.2 亿美元，同比下降 5.6%，我国服装（含衣着附件，下同）全年出口 1 702.8 亿美元，同比增长 24.0%，为 2015 年以来最好水平。

从国内纺织工业在全球市场地位来看，2020 年，我国化纤产量为 6 025 万吨，同比增长 3.4%，占世界比重的 70% 以上。纺织品服装出口额达 2 990 亿美元，占世界的比重超过 1/3，稳居世界第一。

纺织工业在中国有较好的基础，特别是改革开放以来，纺织工业生产不仅规模迅速扩大，而且在加工深度和品种上都有较大的变化，形成了纤维、纺纱、织造、染整、服装及最终制成品的门类齐全的产业体系，具有上、中、下游结合配套的生产能力，向深加工发展的条件良好。

目前，我国纺织工业虽已奠定了相当的基础，成为世界纺织大国，但还不是纺织强国。我国纺织工业存在的主要问题包括：人口多，纺织品的平均消费水平还比较低；纺织品的出口额在世界纺织品总贸易额中，虽然占有较大比例，但产品档次较低；纺织业的科技水平和世界先进水平相比，仍有一定的差距等。这就要求纺织工业部门的从业人员发扬爱国主义精神，努力工作，开创纺织工业的新局面，加速实现纺织工业的现代化。

单元 1.2   纺织业的内涵与特征

纺织业的发展历史，可以说与社会的文明史同步。因为在人类历史上，纺织生产基本是与农业同时开始的，纺织生产的出现标志着人类脱离了茹毛饮血的原始状态，进入了文明社会。人类的文明史，从一开始便与纺织生产紧密地联系在一起。

1.2.1 纺织业的基本含义及分类

衣者，依也。人类的生存和发展离不开纺织。纺织业是国民经济的一个重要产业。纺织业的内涵可以从狭义和广义两个层次理解。狭义的纺织业是指采用天然纤维和化学纤维加工成各种纱、丝、绳、织物及其色染制

课件：纺织业的内涵与特征

视频：纺织业的内涵与特征

品的工业；广义的纺织业除包含狭义的纺织业内容外，还包括服装制造业、制帽业、制鞋业及专用设备制造业。

纺织业根据不同分类标准，分为以下类型：

（1）按所加工原料的性质不同，可分为棉纺织工业、麻纺织工业、丝纺织工业、毛纺织工业、化学纤维纺织工业等。

（2）按生产加工方法不同，可分为纺纱工业、织布工业、印染工业、针织工业、服装工业、其他纺制业等。另外，纺织机械制造业（包括纺织器材、纺织仪器设备制造业）、纺织助剂材料生产、纺织贸易等也属于纺织业的范畴。

（3）根据国民经济行业分类，纺织业主要包括棉纺织及印染精加工、毛纺织及染整精加工、麻纺织及染整精加工、丝绢纺织及印染精加工、化纤织造及印染精加工、针织或钩针编织物及其制品制造、家用纺织制成品制造、产业用纺织制成品制造等八个子行业。

1.2.2　纺织业的特征

纺织业是历史最为悠久的产业，也曾是世界工业革命的摇篮。在近代历史上，第一次产业革命就是从纺织行业开始的，并从此开创了工业化时代。目前，尽管纺织业的生产科技发展水平发生了翻天覆地的变化，但它始终是与人类社会的发展历史、世界科技革命和随之而来的产业革命浪潮相一致的。纵观纺织业的发展历史与现状，可以总结出其具有以下特征。

1. 纺织业是永续型产业

纺织业已有数千年的发展历史。可以认为纺织业的出现与发展是与人类社会的文明发展史同步的。纺织业是人类永恒的最基本的生活需要，人类对纺织产品的需求与人类社会的进步和发展紧密相连。随着社会的进步、人口的增长、人们生活水平的提高，对纺织品的消费需求必然增加；消费水平的提高是促进纺织业继续发展的内在动力。据统计，世界人口和世界纤维消费量的年增长率分别为 1%～2% 和 2%～3%，这表明，纺织品的消费需求是随社会的发展而逐步增加的。

据统计，2012—2017 年 6 年间，就有 24 项纺织成果获得国家科学技术奖，其中包括科学技术进步奖 19 项，技术发明奖 5 项，这些获奖成果无一不是与纺织业息息相关，契合了纺织的发展方向。将来，无论世界上出现多少尖端的高新技术，但就总体而言，纺织业将继续保持作为不可替代的重要产业而长期存在。

2. 纺织业是世界工业发展史上的先导产业

通常，先导产业是指能够较多地吸收先进技术，代表产业发展方向，为保持长期增长而需要超前发展，并对其他产业的发展具有较强带动作用的产业。

在世界工业的发展历史中，纺织机械引起对动力的需求，而蒸汽机应运而生。作为第一次工业革命中最早实行机械化生产的纺织业，它的产生和发展带动了冶金、机械、化工、交通运输等产业的发展，成为工业化浪潮中的先导产业。在我国，纺织业也是最先发祥的产业，并一直扮演着重要角色。只是由于历史和体制的原因，我国纺织工业的先导作用长期被掩盖。但纺织业在我国的先导作用还是实际存在的，如在我国工业化积累资金、出口创汇、扩大就业、繁荣市场、发展经济等方面，纺织业都做出了巨大贡献，特别是我国改革开放的前 20 年，纺织业取得了突飞猛进的发展，年平均增长速度高达 13%，为关联产业的发展，特别是后联较紧密的产业发展，起到了重要的先导作用。

3. 纺织业是二元结构型产业

二元结构型产业是一个从发展经济学中借用来的概念。二元结构的一般形态是现代工业部门与传统农业部门的两极对立。二元结构型产业主要指的是在一定时期内，纺织业既是劳动密集型产业，又是资金和技术密集型产业；既是传统产业，又是现代产业。纺织业的二元结构是纺织产业发展的不平衡及产业分化的结果。

目前,纺织业的二元结构主要表现在纺织原材料的二元结构、加工技术的二元性、生产设备的二元性。

首先是原材料的二元结构,世界纺织业的原料主要是纤维。其中,约一半是棉、毛、丝、麻等;另一半来自化学工业,由化学工业提供化学纤维、燃料及各种化工原料。比较世界各地区纺织业原料的二元结构,天然纤维和化学纤维将长期共存。更值得注意的是,天然纤维和化学纤维内部的结构二元化。天然纤维在现代农业技术和基因改造等工作中,出现了彩色棉花、丝等绿色产品和保健药物功能。化学纤维也出现了大量功能各异的纤维,差别化率日益提高。

在纺织技术方面,有传统加工技术和现代电子信息技术的二元结构,如日趋完善的纺织专用 CAD(计算机辅助设计系统)等现代纺织技术的开发和应用,不仅具有一般的快速、便捷,提高工作自动化程度等特征,还有助于美学、艺术创意;在纺织机械方面,有传统纺纱机和气流纺纱机的二元结构,还有有梭织机和无梭织机的二元结构。

从工业化的发展过程来讲,纺织业既是传统型产业,与小生产方式联系在一起;又是现代化产业,因为其与现代化的大机器生产联系在一起。二元结构的存在并非消极地表明纺织体系的内在矛盾。由传统的纺织业分化出二元结构,无疑是纺织产业进步和升级的象征,这是纺织业现代过程不可逾越的一个环节,是纺织业进步和升级的象征,又是纺织业发展的一般规律。

4. 纺织业是与人们生活息息相关的产业

衣着是人类的基本生活需要,这在社会尚不发达时期或在工业化初期,衣着或纺织品显得尤其重要。可以说,纺织业在国民经济和人们生活中扮演着十分重要的角色,是关系国计民生的重要产业。

1.2.3　纺织业的定位

纺织工业是我国国民经济传统的支柱产业。纺织工业与钢铁、汽车、船舶、石化、轻工、有色金属、装备制造业、电子信息及物流业等产业一起,是我国主要产业的构成。

2009 年,国务院发布了《纺织工业调整和振兴规划》将纺织工业明确定位为"国民经济的传统支柱产业和重要的民生产业,也是国际竞争力优势明显的产业"。进入 21 世纪后,纺织业仍是国民经济中举足轻重的支柱产业。其在满足人们衣着消费、吸纳劳动就业、增加出口创汇、积累建设资金及相关产业配套等方面都将发挥重要作用,也充分发挥了纺织业在我国工业化进程中的先导作用。

2021 年,中国纺织工业联合会在第四届第九次常务理事扩大会议上,发布了《纺织行业"十四五"发展纲要》及《科技、时尚、绿色发展指导意见》,明确表示:我国纺织行业在基本实现纺织强国目标的基础上,应当立足新发展阶段、贯彻新发展理念、构建新发展格局,进一步推进行业"科技、时尚、绿色"的高质量发展。

以党的十九大召开为标志,中国纺织工业正在以新的起点,进入以高品质高性能纤维、产业用纺织品、高端智能制造为代表的科技产业,以服装品牌、家纺品牌为代表的时尚产业,贯穿全产业链加工的绿色制造产业的发展新定位、新阶段。

"科技、时尚、绿色"正在成为中国纺织行业的新标签、产业的新定位。我们也应当打破传统行业与低附加值、劳动力密集型行业的印象锁定，使纺织行业真正成为创新驱动的科技产业、文化引领的时尚产业、责任导向的绿色产业，并倡导社会和公众对此予以积极的认可。

1. 创新驱动的科技产业

目前，我国纺织工业的生产制造能力与国际贸易规模长期居于世界首位。然而，科技创新正在改变全球产业发展的体系，纺织行业的发展不应只突出强调增量目标，而要将产业的质量提升与内涵拓展作为应变局、开新局的发力点和突破口。

到 2035 年我国基本实现社会主义现代化国家时，我们需要着重于关键技术和新科技的突破；重点围绕纤维新材料及装备、先进纺织制造成品与装备、纺织绿色制造技术及装备、纺织智能制造关键装备四个领域开展技术研发创新。

2. 文化引领的时尚产业

随着全球经济发展和需求结构的巨大变化，文化引领的时尚产业已成为中国纺织工业的新定位之一。纺织产业时尚化是世界各大时尚之都的成功经验，是产业高质量发展的趋势。

（1）提升价值，丰富品牌新内涵。如果想要提升纺织业品牌内涵，我们需要通过立足国内大循环格局，深入研究内需市场特色时尚内涵，提升文化自信、品牌自信，打造有中国特色、世界影响、时代特征的时尚生态，持续推进纺织非物质文化遗产品牌化和市场化发展。

除此之外，还需要进一步完善设计师培养体系；促进能够体现中国时尚话语权的重点时装周、重点展览会、高层次国际会议等平台的搭建和升级。

（2）提升时尚创意能力。通过提升产品创新能力，我们也需要推进提升中国品牌的引领作用，加强流行趋势研究，新材料、新技术应用，完善从纤维原料到终端产品的研发体系，建立纺织业的新定位；同时，利用人工智能技术开发色彩、图案、面料、款式，设立全产业链创意设计数据中心，智能化输出流行趋势动态。

3. 责任导向的绿色产业

随着资源消耗与经济风险的增多，越来越多的经济体将绿色发展作为短期经济复苏与长期可持续发展的重要战略抉择。习近平在 2020 年《气候雄心峰会》宣布，2030 年中国单位国内生产总值二氧化碳排放将比 2005 年下降 65% 以上。因此，纺织企业需要做出调整，将绿色发展纳入企业的战略体系、生产体系、创新体系和价值体系，才能赢得未来主动。在未来的发展中，纺织工业的各环节采用先进的节能装备和节能技术，提升全行业的节能水平；发展低能耗、低水耗、低污染物排放的绿色、生态加工技术。

单元 1.3　纺织技术及其发展趋势

1.3.1　纺织技术

纺织工程的任务是以纺织纤维为原料，经过各类纺织加工过程，生产形形色色的纺织最终产品。根据生产加工与产品流通的过程（图 1-1），纺织工业主要包括纺织原料的生产、纺纱、织造、染整（非织造产品主要为后整理）

课件：纺织技术及其发展趋势

视频：纺织技术及其发展趋势

等重要环节，并形成纺织产品流向服装用、装饰用、产业用三大终端应用。

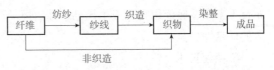

图 1-1　纺织生产加工与产品流通过程简图

因此，纺织工程主要涉及以下几个方面的核心知识与技术。

1. 纺织纤维

纺织纤维是构成纺织品的最小、最基本的单元，也是最主要的纺织材料（一般将用以加工制成纺织品的纺织原料、纺织半成品及成品统称为纺织材料，包括各种纤维、纱线、织物等）。通常，纺织纤维按纤维的来源可分为天然纤维和化学纤维两大类。凡是自然界原有的，或从经人工培植的植物中、人工饲养的动物中获得的纺织纤维称为天然纤维，其又可分为纤维素纤维、蛋白质纤维和矿物纤维；凡用天然的或合成的高聚物为原料，主要经过化学或机械方法加工制造出来的纺织纤维称为化学纤维，简称化纤，按原料、加工方法和组成成分的不同，化学纤维又可分为再生纤维、合成纤维和无机纤维。

2. 纺纱技术

纺纱技术就是以各种纺织纤维，通过纤维的集合、牵伸、加捻而纺织成纱线，以供织造使用的技术。纺织纤维制成纱线的过程称为纺纱工程。因采用的纤维种类不同，其生产设备、生产流程也有所不同，而可分为棉纺、毛纺、麻纺和绢纺四大专门的纺纱工程。由棉、毛、麻等天然短纤维或由废丝切成的丝短纤维和化纤短纤维，要经过开松、梳理、集合成条带状，再经牵伸加捻纺织成纱线，称为短纤纱。

3. 机织技术

由相互垂直排列的经纱系统和纬纱系统，在织机上按照一定的组织规律交织而成的纺织制品，称为机织物。由纺纱工程而制成的纱或线织成机织物的过程，称为机织工程。

在整个机织工程中，包括经纱、纬纱系统的准备工作和经纱、纬纱系统的织造两大部分。在织机上，经纱系统从机后的织轴上送出，经后梁、停经片、综丝和钢筘，与纬纱系统交织形成织物，由卷取辊牵引，经导辊而卷绕到卷布辊上。而机织物在织造过程中，包括开口（将经纱分为上下两层，形成梭口）、引纬（将纬纱引入梭口）、打纬（将纬纱推向织口）、送经和卷取（织轴送出经纱，织物卷离形成区）五大运动的作用。

4. 针织技术

针织技术是利用织针将纱线弯成线圈，然后将线圈相互串套而成为针织物的一门工艺技术。根据编织方法的不同，针织生产可分为纬编和经编两大类；针织物也相应地分为纬编针织物和经编针织物两大类。纬编针织物和经编针织物由于结构不同，在特性和用途等方面也有一些差异。

5. 非织造技术

现代非织造工业开始于 20 世纪 50 年代，是一种不需要纺纱织布而形成的织物。非织造技术是将纺织短纤维或长丝进行定向或随机排列，形成纤网结构，然后采用机械、热粘或化学等方法加固而成的方法。非织造布的特点是纤维在产品中呈不规则状态，因此，赋予产品各向异性的性能。由于非织造布生产工艺流程短、产量高和在产业界有着广泛的用途，因此，从 20 世纪 40 年代起，非织造布很快成了纺织工业中出现的一匹黑马，几十年间以高速针刺、纺粘、水刺为代表的非织造工业苗壮成长，同时，与其相连的下游整理和相关产业迅速形成。非织造布在土工布、医疗用布、卫生用品、建筑屋顶材料、过滤用品、农业用品等应用领域显示出明显的优越性。

6. 染整技术

纺织物除满足人们的衣着及其他日常生活外，还大量应用于工农业生产、国防、医药、装饰材料等各个领域。纺织物除极少数供消费者直接使用外，绝大多数要经过染整加工，制成美观大方、丰富多彩的纺织产品等。

纺织物染整加工是纺织物生产的重要工序，它可以改善纺织物的外观和服用性能，或赋予纺织物某些特殊功能，从而提高纺织物的附加价值，美化人们的生活，满足各行业对纺织品不同性能的要求。当前纺织物发展的总趋势是向精加工、深加工、高档次、多样化、时新化、装饰化、功能化等方向发展，并以增加纺织物的附加价值为提高经济效益的手段。

7. 纺织产品

纺织产品是指通过纺织技术制成的各种织物和纺织品。纺织品可以分为衣着用品、家居用品、工业用品等多个类别，如衬衫、裤子、连衣裙、床上用品、窗帘、沙发垫、汽车座椅套、医疗敷料等。纺织产品在日常生活中占有重要地位，它们不仅满足了人们的衣食住行等基本需求，也体现了纺织品的美感、时尚和文化价值。

本书重点按照上述核心知识与技术展开介绍和讨论。

1.3.2　纺织技术发展趋势

从纺织业的发展历史上看，纺织工业开创了世界的工业化时代。未来纺织工程技术的发展也必将与世界科技革命和随之而来的信息技术革命相一致，以更快的速度向前发展。在近代200多年的纺织科技发展历史中，纺织工程技术的发展经历了四次伟大的变革：第一次变革是18世纪中期，主要标志是纺织生产工具的革命，如纺纱机、动力织机的诞生等；第二次变革是19世纪中期，主要标志是电力在纺织工业中的广泛应用；第三次变革是20世纪初期，主要标志是化学纤维的发展；第四次变革是20世纪中期，主要标志是以计算机技术带头的电子技术、生物工程、光纤通信、海洋开发、空间技术、激光技术、新材料技术和新能源技术的广泛应用，使整个纺织科技领域发生了翻天覆地的变化。

1. 纺织纤维的发展趋势

纺织工业是加工工业，纺织产品的质量、品种、生产效率、产品成本、市场竞争力在很大程度上取决于纤维原料的质量和品种。整个20世纪80年代世界纤维消费结构化学纤维与天然纤维的比例始终保持在45∶55左右。2010年，我国化学纤维产量达到了3 089万吨，化学纤维产量占据纺织纤维总量的80%左右。随着产品结构的调整，纤维品种迅速增多，并且通过物理变形和化学改性等方法，改进了化学纤维的外观、手感、吸湿性和染色性。

随着化学纤维产品性能的提高及使用量的增加，通过对棉、毛、麻、丝等传统天然纤维进行了改性加工，开发了彩色棉、罗布麻、大麻、竹原纤、树皮等新型天然纤维。不同纤维原料经过混合、复合、变形、纺织及后整理加工，取长补短，生产出品类繁多的纺织新产品。随着纤维品种的不断发展，多种纤维原料的混纺、交织已成为纺织品生产和纺织染整工艺技术的发展趋势。其中，纺织纤维可分为天然纤维和化学纤维两大类。

（1）天然纤维。天然纤维是自然界中直接获得的纤维，包括纤维素纤维、蛋白质纤维和矿物纤维。

①纤维素纤维。纤维素纤维又称植物纤维，包括由植物种子上获得的纤维，如棉、木棉等；由植物果实上获得的纤维，如椰子纤维等；由植物茎、秆、韧皮中获得的纤维，如苎麻、亚麻、黄麻、槿麻、大麻、苘麻、罗布麻等；由植茎、秆、鞘壳中获得的纤维，如棕榈鬃等；由植物叶中获得的纤维，如剑麻、蕉麻、凤梨麻（菠萝麻）等。

②蛋白质纤维。蛋白质纤维又称天然动物纤维，包括从动物毛发中获得的纤维，如羊毛、山羊绒、骆驼绒、兔毛、牦牛毛、骆马毛等；由昆虫腺分泌物获得的纤维，如桑蚕丝、柞蚕丝、蓖麻蚕丝、木薯蚕丝等。

③矿物纤维。矿物纤维包括各类石棉，如温石棉、青石棉、蛇纹石棉等。这些纤维的主要组成物质都是无机的金属硅酸盐类，又称天然无机纤维。

由于生物技术的广泛应用，天然纤维的新品种不断出现，如彩色棉花、可纺竹纤维及改性蛋白纤维等，它对纺织工业的发展赋予新的活力。就天然纤维在纺织产品的应用而言，它属于"绿色"纺织品范畴，也是纺织材料的发展方向之一。

（2）化学纤维。化学纤维泛指经过化学方法加工制成的纤维。如今，化学纤维一般包括再生纤维、合成纤维、无机纤维等。其中，合成纤维是以石油、煤、天然气及一些农副产品等低分子化合物为原料制成单体后，经过化学聚合制成高聚物，然后纺织成的化学纤维，其一般常按聚合物成分分成聚酯纤维、聚酰胺纤维、聚丙烯腈纤维、聚丙烯纤维、聚乙烯醇纤维、聚氯乙烯纤维、聚氨酯弹性纤维等多种。

目前，化学纤维已成为国际纺织生产中的主体原料，化学纤维的品质、性能已取得了重大进展，其更能体现纺织生产技术的发展水平，也符合社会经济发展的需要。化学纤维的仿真技术、功能整理技术、纺织品产业应用技术成为纺织品开发研究的新课题，并且已经取得突破性进展。

2. 纺纱技术的发展

纺纱技术伴随着人类文明的推进而发展；其发展历程离不开松、梳理、牵伸和加捻四个过程。目前，纺纱技术也基本没有完全突破这些，只是在实现方式上有所区别或在细节方面有所丰富。从动力驱动和控制技术的角度来看，由于蒸汽机、电动机、变频技术和伺服电动机等的应用，极大地提高了纺纱效率和成纱质量的稳定性。当前的纺纱产业界，环锭纺占主导地位。其优势主要体现在所纺织出的纱线原料适应性强，成纱结构紧密，强力较高，成纱结构合理，适纺号数范围广等。但是环锭纺的缺点也非常明显：工序长、纺纱速度受限、卷装尺寸受限、用工相对较多，因而，对新型纺纱方法的研究也在进行。

除环锭纺外，还出现了赛络纺、数码纺、静电纺、转杯纺、摩擦纺、喷气涡流纺、自捻纺和离心纺等新型纺纱技术，特点包括产量高、卷装容量大、工艺流程短，开创了纺纱技术的新纪元。

3. 织造技术的发展

织造技术具有悠久的历史，它的发展经历了原始织布、普通有梭织机、自动有梭织机和无梭织机等阶段。原始手工纺织经历了漫长的历史演进形成了由原动机件、传动机件和工作机件三部分组成的纺织机器。手织机的全面形成是纺织技术发展史上的重大突破，它由中国传到西方与机械化结合后，使织造技术获得了新的发展，如防飞梭装置、提花装置、回转多梭箱、自动换纤、经纬纱自停装置等。

20世纪80年代以来，纺织机电一体化成为促进纺织工业发展的主要力量，直接推动了纺织技术向生产过程自动化迈进，实现纺织业由劳动密集型向技术密集型转变。19世纪中期起，无梭织机，包括喷气、喷水、剑杆、片梭等新型织机开始崛起。20世纪中期以来，出现了多梭口织机等新型织机，从而实现了连续引纬、连续开口、连续打纬的工艺路线。这些新型织机在织造技术的发展中起了主导作用，它们代表了织造技术的发展趋势和发展方向。

（1）无梭织机替代有梭织机是世界织机发展的总体趋势。有梭织机问世已有近300年的历史，这是因为它在很多方面具有无可争议的优点。但是近四十年来，随着生产的迅速发展，有梭织机逐步暴露了它的弱点。人们开始积极探索新的引纬方法，无梭织机取代有梭织机是织造技术发展的必然趋势。

有梭织机具有噪声大、车速低、生产率低、织机质量差、机物料消耗多、工人劳动强度大、用工多、安全性不高等缺点，而新型织机所使用的载纬器或载纬介质不仅体积小，而且质量轻，从而为采用小开口高度、短打纬行程的织造工艺创造了条件。而采用轻小的载纬器件、小开口、短打纬又为实现阔幅、高速、低噪声、节省机物料消耗创造了条件，这正是新型织机得以迅速发展的内在原因。

（2）机电一体化是织机发展的必然趋势。机电一体化是指机械、微电子和信息技术为实现机器整体最优化而进行的有机融合。从国际纺织机械展览会参展情况看，各类织机已普遍应用电子技术，如电子测长储纬、电子送经、电子卷取、电子提花开口、选纬、储纬、选色、喷射、监控、故障电子显示等；计算机也已普遍应用于纺织，如喷气织机的气量自适应系统、故障自我诊断系统、产量等自行统计系统、花纹图案和织造工艺参数设定的专家设计控制系统等；机械手在织机中也已有应用，如纬纱断头自我处理系统。织机实现机电一体化至少有以下几个方面的优点：

①拓宽了织机的功能。机电一体化使织机具有记忆、存储、计算、数据处理的功能，可以实行织机自我测试、自我报警，提高了自动化程度，改善了劳动条件，降低了工人的劳动强度。

②增强了织机的灵活性和应变能力。在不改变或少改变机械结构的条件下，只需改变电路板或程序，即可改变织造工艺和产品品种，增加了对市场变化的快速应变能力。

③提高了织机的可靠性。采用大规模集成电路，减少了电子器件的外围连接，降低了故障率。再加上故障自我诊断处理功能等，提高了织机运行的可靠性。

④创造了现代化管理的条件。由于机电一体化具有数据处理功能，为实现现代化管理提供了准确和及时的数据。再加上单织机计算机与上级计算机联网，便可实现分级监控和管理，组成具有相当规模的现代化控制管理系统。

（3）连续引纬前景十分广阔。多梭口织机与喷气、喷水、片梭、剑杆等无梭织机的引纬原理有很大差异，多梭口织机摒弃了后者的断续引纬原理，实现了连续化的引纬，从而开创了一条低速高产之路。尽管尚缺乏大规模工业化生产的经验，但它具有十分广阔的应用前景。

4. 针织技术的发展

从1589年第一台手动式粗针距袜机发明以来，针织机械在400多年间，经历了从无到有、从简单到复杂、从单一机种到近代各种针织机种的雏形的缓慢发展过程。

针织工业是纺织行业中起步比较晚的行业，针织工业转入正式工业化生产是在百年内实现的，特别是 20 世纪 50 年代以后针织工业的发展速度极为迅速。21 世纪以来，由于大众生活水平的改善，对服装的要求也越来越多样，推动了我国针织行业的多元化发展。针织工业的飞速发展表现在以下几个方面：

（1）针织设备的进步。20 世纪 50 年代末，特别是 20 世纪 60 年代以后，随着化学纤维工业的飞速发展促进了针织机械的飞速发展，国际上出现了各种非常先进的新型圆纬机、经编机、横机和袜机。20 世纪 70 年代以后，各种针织设备上开始了采用近代科学技术的成就，如强气流、光电和微电子技术。进入 20 世纪 80 年代，计算机、气流等现代科技成果在先进的针织设备上得到了迅速、广泛的应用。因而，针织企业目前大多拥有外形精美、制造精密且织造能力和提花能力较强的针织设备。

当前，世界针织工业的发展处于上升阶段，机械、控制、信息技术的发展推动了针织装备的快速发展，新型原料的研发、推广和新型整理技术的应用为针织面料的开发创造了良好条件。在织物生产中，针织产品的比例大致占 1/3。

针织产业集群和大型针织企业的兴起推动了针织产业向规模化、品牌化、国际化方向发展，针织研究机构对技术和设计的不断深入研究，带动了针织产品的外观、结构和功能创新。

（2）新原料的使用。随着化学纤维工业的发展，涌现出了各种新型纤维和新花式纱线，为针织新产品的开发提供了丰富的原料，也为针织工业的发展开辟了广阔的天地。

（3）印染后整理新技术的应用。化学整理新助剂的问世及印染整理新技术的开发，丰富了针织品的花色品种，美化了针织物外观，且进一步改善了针织物的物理机械性能和服用性能，极大地提高了实物质量，赋予了针织物各种特异的功能。同一种坯布经不同的染色、印花、整理可生产千百种具有截然不同外观的织物。

（4）针织物产量、品种的增加。针织工业的迅猛发展突出地表现在其产量、花色品种等方面。随着中国针织行业相关政策的不断落实，国内消费市场的不断扩大，产品销售网络的完善，中国针织行业市场规模将继续呈现温和增长态势，到 2024 年，中国针织行业规模以上企业营业收入有望达到 8 000 亿元左右。

从品种方面看，现代的针织品不仅突破了袜子、内衣、手套三类产品的老框架，也超越了衣饰用的范畴，扩展到室内装饰、工农业制品、医疗用品等各方面。

中国针织工业需要坚持技术创新，坚持生产的高速化、智能化和功能化发展方向，以自主创新推动针织产业升级，一定能推动行业技术进步，提升针织产业的国际竞争力。人们也相信，智能化针织将带来无限可能性。针织也成为未来纺织面料与先进复合材料的重要加工手段，中国也将成为世界上重要的针织技术研发、制造和供应基地。

5. 染整技术的发展

染整行业是一个竞争很强、技术含量较高、附加价值较大的行业。进入 21 世纪以来，随着经济一体化进程的加快及微电子技术、信息技术、化工技术等与染整技术相关的技术发展，染整行业更加向着资金密集型、技术密集型发展。在今后相当长的一段时间内，染整技术同时会向着小批量、多品种、快交货及应变市场、生态平衡、绿色环保、节能降耗、成本控制的方向发展。染料和助剂向绿色化和更加安全发展，染整产品呈现高品质、多功能、高附加值。

减少纺织染整工艺的能耗和用水量有助于减少全球二氧化碳的排放。通过节水降耗，纺织工业不仅可以节省大量资金，还有助于减缓气候变化。未来的染整技术趋势将会是生态染整、无水少水染整、物理染整、仿生染整、高信息网络高自动化染整、新纤维和新组织结构染整等，染整技术将会朝着生态和清洁方向发展。

总体来说，染整技术有以下发展趋势：

（1）无水或少水的染整加工技术。地球上可利用的淡水仅占总水量的 0.6%，而印染是用水量很大的行业，约占整个纺织行业的 80%，每生产 10^4 m 印染布耗水量为 $250 \sim 400$ m^3。用水量大，则染料、助剂、蒸汽、电力等能量的消耗就大，同时造成印染废水的排放量就大。所以要大力开发应用以下染整技术：

①合并工艺。缩短工艺流程的工艺，如短流程前处理工艺、染色—整理—浴法工艺等。

②低浴比染整技术。如超临界 CO_2 染色技术、喷雾低给液技术、泡沫染整技术等。

③涂料印花、涂料染色工艺。在涂料印花方面要开发应用能低温固着、坚牢度高而又柔软、耐化学药剂、覆盖性能优良不同性能的胶粘剂；涂料染色方面要解决手感硬、粘辊筒、摩擦及刷洗牢度差的问题。

④转移印花技术。开发应用除涤纶、锦纶织物外的棉纤维织物等天然纤维的转移和冷转移印花技术。

（2）有利于环境保护的染整加工技术。

①高效退煮漂技术（生物降解退煮漂工艺）；

②清洁生产新技术；

③生物酶整理技术；

④冷轧堆染色技术；

⑤无醛后整理技术；

⑥无火油涂料印花技术。

（3）高级整理加工技术。

①天然纤维高档后整理技术；

②化学纤维仿真整理技术；

③纳米阻燃、防水、防污、抗菌整理技术。

（4）节能技术。

①冷堆漂白技术；

②冷轧堆染色技术；

③定型机废气热能回收技术；

④印染太阳能热水技术。

（5）其他前沿的染整新技术。

① Single-Pass 快速数码印花技术；

②全固色印花技术；

③喷墨印花技术；

④低给液整理技术；

⑤计算机辅助设计生产的 CAD/CAM 技术、测色配色技术、分色制版技术；

⑥数字化网点印花技术；

⑦超声波染色技术；

⑧常压等离子体处理技术；

⑨针织物平幅连续加工技术。

（6）智能化印染生产技术和装备。印染智能化生产的创新实践，可以促进行业资源的集成共享，实现行业中各实体间及时有效的沟通和信息共享、协调与协作，并让企业间形成合作共赢发展的生态；有助于增强我国印染行业的国际竞争力。

通过印染工艺的精准执行及自优化技术，可以实现工艺参数执行数据的自动采集、分析、反馈与调整；可以研发染化料助剂精准配送技术、助剂自动配送装备及控制系统；可以研发印染生产优化排程技术，建立生产计划自动排程和调度反馈算法模型，大幅提升印染生产的智能化水平。

拓展资源

（1）2022年10月16日，中国共产党第二十次全国代表大会在北京人民大会堂隆重开幕，习近平总书记代表第十九届中央委员会向全体代表做了重要报告。报告中强调，必须坚持科技是第一生产力、人才是第一资源、创新是第一动力，深入实施科教兴国战略、人才强国战略、创新驱动发展战略，开辟发展新领域新赛道，不断塑造发展新动能新优势。

纺织行业是中国传统的优秀文化载体，也是现代化制造业的重要组成部分。它涵盖纤维加工、纺织、印染、辅料、机械等子行业，随着市场竞争的加剧，需要引入更多的创新元素来提升产品附加值和效率，是中国特色动力和高质量发展的主要推动力量。

然而，纺织行业目前面临着人力成本增加、产业链向东南亚国家转移、出口受贸易壁垒等多重压力，生产企业规模偏小、大部分企业仍生产低附加值产品，竞争力较低。因此，纺织品创新研发、产业链垂直一体化及智能化改造，是纺织行业未来的关键发展机遇。同时，纺织行业也必须与科技与设计创新、材料与装备升级相结合，延伸产品与应用，推进产业升级与消费升级。在"中国制造"向"中国创造"转变的过程中，纺织行业将不断推动文化创造性转化、创新性发展，为中华民族伟大复兴贡献力量。

（2）中国纺织工业联合会党委书记兼秘书长高勇指出，中国纺织强国的主要指标已经基本完成，这是多年不懈的努力的结果。早在"十五"时期，我国纺织业就开始构想建设纺织强国，并编制了《纺织强国纲要》。现在，中国的纺织业规模占全球50%以上，化纤产量占世界70%，贸易额占全球三分之一。不仅如此，从产业完整性看，中国的纺织工业链也是最完整的，产品品种最齐全的。从制造水平看，我国纤维原料、纺纱织布、服装家纺的工艺制造和装备水平都已处在国际先进水平。纺织业也是我国科技创新最为活跃的工业部门之一，它的创新渗透到各个行业，从衣被天下到国防军工，从交通运输到医疗卫生，从环境保护到新能源开发等。这些都说明，中国纺织业已经成为世界领先的工业之一。

（3）"一带一路"国际合作高级别视频会议于2020年6月18日在北京成功举行。国家主席习近平向会议发表书面致辞，指出各国命运紧密相连，人类是同舟共济的命运共同体。促进互联互通、坚持开放包容，是应对全球性危机和实现长远发展的必由之路，共建"一带一路"国际合作可以发挥重要作用。通过"一带一路"，中国逐渐开始"向世界分享中国经验"；大家的视野也开始关注西方以外的区域，如中东、中亚、北非、中东欧、拉美等。

纺织文化源远流长，是中华民族传统文化的精髓，并由"丝绸之路"向世界传播，对世界历史文明的发展做出了贡献。"丝绸之路"打开了中国看世界的视野，同时，也让世界更近距离、更真实地了解中国。而"一带一路"也以开放的姿态，将一个崭新的中国展露在世界面前。与沿线国家的深度合作，共建"一带一路"，使得彼此交融。截至 2019 年 3 月，已经有 123 个国家、29 个国际组织，同中国签署了共建"一带一路"的合作文件。世界上多数国家了解并支持中国提出的"一带一路"倡议，这为世界深入了解中国打开了大门，中国在世界的影响力也越来越大。

习 / 题

在线答题

学 / 习 / 评 / 价 / 与 / 总 / 结

指标	评价内容	分值	自评	互评	教师
思维能力	能够从不同的角度提出问题，并解决问题	10			
自学能力	能够通过已有的知识经验来独立地获取新的知识和信息	10			
学习和技能目标	能够归纳总结本模块的知识点	10			
	能够根据本模块的实际情况对自己的学习方法进行调整和修改	10			
	能够阐述纺织业的发展简史和文化	10			
	能够阐述纺织业的内涵与特征	10			
	能够了解纺织技术及其发展趋势	10			
素养目标	具有独立思考的能力、归纳能力、勤奋工作的态度	10			
	具有细心踏实、独立思考、爱岗敬业的职业精神	10			
	具有团结协作的精神及沟通表达能力	10			
总结					

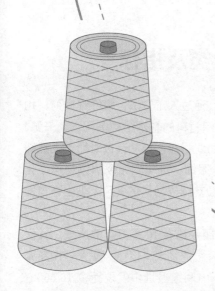

模块 2
纺织纤维

知识目标	1.掌握纺织纤维的分类和基本的性能指标; 2.了解常见天然纤维和化学纤维的基本性能特点; 3.熟悉常见纺织纤维的鉴别方法
知识难点	如何选择适当的方法对纺织纤维进行定性和定量的鉴别
推荐教学方式	1.宏观教学方法:任务教学法; 2.微观教学方法:引导法、小组讨论法、多媒体讲授法、案例教学法; 3.教学手段:多媒体教学、教学网站资源、纺织纤维样品
建议学时	6 学时
推荐学习方法	1.教材、教学课件、工作任务单; 2.网络教学资源、视频教学资料
技能目标	1.能鉴别常见的纺织纤维; 2.能掌握纺织纤维的分类、组成物质和形态结构; 3.能掌握纺织纤维的基本特性及其应用; 4.能掌握纺织纤维常用鉴别方法的内容、特点与适用条件
素质目标	1.培养学生分析问题和解决问题的能力; 2.培养学生良好的自主学习能力; 3.培养学生精益求精的工匠精神; 4.培养学生的科学精神与爱岗敬业的职业精神

单元 2.1 纺织纤维的分类及指标

纺织材料，是以微小的纤维单个体为基础，依据其性状，通过人工方法，将纤维排列、构造成具有一定实用结构、性质和形状的材料。纺织纤维是纺织材料的基本结构单元，其来源、组成、制备、形态、性能等，将直接影响纺织材料的性质。纺织材料已经从远古时期对天然纤维状物质的采摘、加捻成绳、编结成织物转化为遮寒蔽体的服饰，进化到如今的以物理、化学、生物等方式加工成的可用于服装、家纺、产业用的纤维及其制成品，来满足人类生存与发展的需求，足以显示出人类的才智和能力。

以绳和网为代表的纺织材料，是人类最早使用的工具，距今已有 10 多万年的历史，其促进了文字的产生、发展及传承，并且还孕育了印刷术。基于考古的发现，以色列犹大沙漠赫摩尔山洞发现距今 9 160—8 150 年的亚麻织物；南美洲安第斯山洞窟遗址中发现距今 10 600—7 780 年的毛织物残片；中国河南荥阳青台村仰韶文化遗址发现距今约 5 630 年的丝织物。当前，天然纤维的年消费量约为 3 000 万吨；而化学纤维的年消费量达到了约 6 180 万吨。

纤维之间的结合，可使刚性的纺织材料变得柔软，还可使柔性纺织材料变得刚硬；使部分三态（液态、固态、气态）物质能够自由出入，同时，使固体颗粒、水、微生物等物质无法通过。这是人类改造大自然的方式之一，将以柔对刚、以柔制刚、将刚变柔等方式相结合，不仅造福人类自身，且为现代纺织材料科学提供了丰富的素材。

2.1.1 纺织纤维的定义与要求

通常，纤维是指长径比在 1 000 以上，直径在纳米至微米尺度的柔软细长体。纤维不仅可以用于纺织加工，还可以作为填充料、增强体，或直接形成多孔材料，或组合构成刚性或柔性复合材料。

纺织工业所使用的纺织纤维，除上述对纤维性状的基本要求外，还必须满足使用场景及生产加工所需的条件。例如，纺织纤维需要满足必要的强度及变形能力、合适的吸湿性和耐久性及弹性；还要有对热、光、化学和生物作用的稳定性等。除此之外，对服用和装饰用纺织纤维，还要求其具有良好的染色性能，并且是无毒、无害、无过敏的生理友好物质；对产业用纺织纤维，则要求其环境友好，且满足性能与功能的可靠。2020 年 9 月，我国明确提出了"双碳"战略，即力争 2030 年前实现"碳达峰"和 2060 年前实现"碳中和"。所以，对当前的纺织纤维来说，都应考虑其循环利用或废弃容易处理的特点。

课件：纺织纤维及其分类

视频：纺织纤维及其分类

2.1.2 纺织纤维的分类

纺织纤维种类繁多，可按来源和习惯进行分类，还可以按纤维的外观形态、性能、加工方式、资源状态等方式进行分类。

1. 按来源和习惯分类

纺织纤维按来源和习惯可分为天然纤维和化学纤维两大类。天然纤维（生物质原生纤维）是指大自然中存在的及动植物生长过程中形成的纺织纤维；化学纤维是以天然或合成高分子化合物为原料，经过机械加工和化学处理所制成的纺织纤维。按英美的分类方式，化学纤维又可分为再生纤维和合成纤维。再生纤维是以生物质或其衍生物为原料制得的纤维；合成纤维是以煤、石油、天然气等石化产品为原料制得的纤维。常见的纺织纤维的分类如图 2-1 所示。

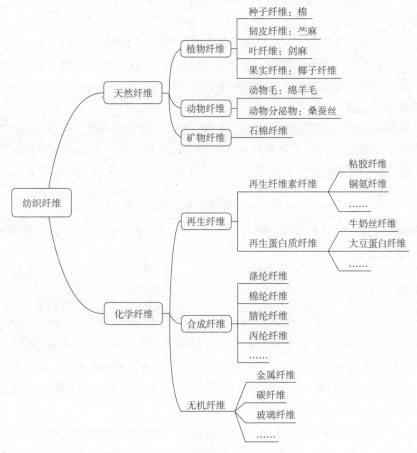

图 2-1　常见的纺织纤维的分类

2. 按长度分类

纺织纤维按长度进行分类，可分为长丝纤维和短纤维。

（1）长丝纤维：长度可达几十米或上百米，不用纺纱直接作为纱线使用，如蚕丝的长度可达 $800 \sim 1\,200$ m。

（2）短纤维：长度较短的纤维，如棉、毛和麻，长度一般为几十至几百毫米，使用时需要经过纺纱工序加工成连续的长条。而对于化学纤维，可根据最终的使用需要分别加工成长丝和短纤维，如涤纶（长）丝、锦纶（长）丝、丙纶（长）丝等。

纺织纤维按性能和功能进行分类，如性能差别化纤维，其依据是纤维所具有的力学、热学、光学、电学、染色性能等方面具有差异性；如功能或智能纤维，其依据是纤维具有高强、高模、耐高温或耐化学作用的高性能纤维，或具有抗菌、导电、屏蔽、过滤、吸湿排汗、阻燃等特殊功能。

2.1.3　纺织纤维的形态及基本性质

课件：纺织纤维的
基本性能指标

视频：纺织纤维的基本性能指标

纺织纤维的形态结构主要包含表面形态结构和内部形态结构。其中，表面形态是以纺织纤维的轮廓为主的特征，主要包括纤维的长短、粗细、截面形状、卷曲等几何外观形态。纺织纤维的形态结构特征不仅影响纤维的物理性能和纺织工艺性能，而且对其制成品的使用性能也具有重要的影响。近年来，随着电子技术、数据处理、图像处理技术的发展，已经形成了一系列的纺织纤维结构与种类识别的新模式。

1. 纺织纤维的长度

纺织纤维的长度是纤维表面形态结构的主要特征之一。纺织纤维的长度不仅是确定纺纱系统及工艺参数的重要依据，而且还影响纱线和成品织物的品质。常见纺织纤维的长度范围见表 2-1。通常，能够满足纺织加工使用性能要求的纤维，其长度和直径的比例处于 $10^2 \sim 10^5$。

表 2-1　常见纺织纤维的长度范围

纤维品种	长度 / mm	纤维品种	长度 / mm
陆地棉	23 ～ 31	细绵羊毛	40 ～ 100
海岛棉	33 ～ 46	绢丝	60 ～ 1 300
苎麻	20 ～ 200	毛型化纤	76 ～ 120
亚麻	12 ～ 24	棉型化纤	38 ～ 41

各种纺织纤维在自然伸展状态下，都存在不同程度的弯曲或卷缩，它的投影长度为自然长度。当纺织纤维在充分伸直状态下，其两端之间的距离，即纤维伸直但不伸长时的长度，称为伸直长度，也就是一般所指的纤维长度。到目前为止，纺织纤维长度的测量方法超过 40 类，相关测量仪器超过 100 种。

从纺织加工工艺的角度出发，纺织纤维长度越长，其加工性能越好，成纱品质也越好，纱线条干比较均匀，成纱表面光洁，纱线表面毛羽较少，从而可加工成高品质的纺织品。

2. 纺织纤维的细度

纺织纤维的细度是指纤维粗细的程度，以线密度或支数和几何粗细值来进行表征。纤维细度指标有直接和间接两种。直接指标是指纤维的直径和截面面积；间接指标是以纤维质量或长度确定即定长或定重时，纤维所具有的质量（定长制）或长度（定重制）来表达，其与截面形态无关。但由于天然纤维截面并非圆形，同时，也存在粗细不均匀，这使得测量十分麻烦，以往大都采用细度的表达。

（1）直接指标——直径（D）。纤维常用的直径度量单位是微米（μm），纱线常用的直径度量单位是毫米（mm）。只有当纤维截面接近圆形时，用直径来表达纤维的截面才比较合适。

（2）间接指标。

①线密度（N_t）。因纺织纤维通常都比较细，常采用线密度（N_t）表达纤维的线密度。

线密度（N_t）是指 1 000 m 长的纺织纤维所具有的标准（在公定回潮率时的）质量克数。

$$N_t = \frac{1\,000G_k}{L}$$

式中 G_k——纤维公定回潮率时的质量（g）；

L——为测量纤维的长度（m）。

②纤度 N_D。纤度 N_D 的定义为，9 000 m 长的纺织纤维所具有的标准（在公定回潮率时的）质量克数。

$$N_D = \frac{9\,000G_k}{L}$$

式中 G_k——纤维公定回潮率时的质量（g）；

L——测量纤维的长度（m）。

③公制支数 N_m。公制支数 N_m 是指在公定回潮率下，1 g 纺织纤维或纱线所具有的长度米数。

$$N_m = \frac{L}{G_k}$$

式中 G_k——纤维公定回潮率时的质量（g）；

L——测量纤维的长度（m）。

纺织纤维的细度及其离散程度，不仅会极大地影响纱线和织物的加工过程，而且会影响所加工制成的纺织织物的手感及风格。相比纺织纤维的长度不均匀和纤维种类的不同，纺织纤维的细度不均匀更容易导致纱线不均匀及纱疵。但从其他的角度出发，具有一定的异线密度纺织纤维，对纱线的某些品质（如丰满、柔软等毛型感）的形成反而是有利的。

3. 纺织纤维的强度

纺织纤维在纺织品的加工过程及使用过程中，会受到各种外力的作用，这就要求纺织纤维必须具有一定的抵抗外力作用的能力。通常，纺织纤维是柔性细长体，外力对其的作用形式主要是沿着轴向的拉伸作用，主要包含强力和伸长两个方面，具体评价指标主要有断裂强力、断裂强度、断裂延伸率及初始模量等。

（1）断裂强力。断裂强力是指纺织纤维受到外力被拉甚至断裂时所需要的力，又称为绝对强度、断裂负荷等。由于纺织纤维的线密度较细，所以，其强力单位通常用厘牛（cN）表示。

（2）断裂强度。断裂强度是指每特或每旦纺织纤维能承受的最大拉力，单位为 N/tex 或 N/旦，或 cN/dtex，或 cN/旦。断裂强度，是反映纺织纤维质量的一项重要指标。断裂强度越高，纺织纤维在纺织加工中越不容易断头，其加工制成的纱线和纺织品的牢度也越高。

（3）断裂延伸率。任何材料经受外力作用后都会产生形变，这两者是同时存在且同时发生的。断裂延伸率是指纺织纤维断裂时，纺织纤维伸长量与其初始长度的比值，以百分率表示。断裂延伸率是决定纺织纤维加工条件和纺织品使用性能的重要指标之一。断裂延伸率越大，纺织纤维的手感越柔软，在纺织加工过程中，断头越少。

（4）初始模量。初始模量也称为弹性模量或杨氏模量，是指纺织纤维受到拉伸后，当伸长达到原长的 1% 时所需要的应力。单位与应力相同，一般为 cN/tex 或 cN/dtex。初始模量的大小反映出纺织纤维在经受小应力的作用时，所呈现出的弹性或刚性。

4. 纺织纤维的吸湿性

通常，将纺织纤维材料从气态环境中吸收或放出气态水的能力称为吸湿性。纺织纤维的吸湿性，对纤维性能、纺纱加工、织物整理、服装服用性能具有重要的影响。同时，对纺织品的贸易中，尤其是当以质量计价时具有重要的影响。纺织纤维的吸湿性一般指的是在标准条件（温度为20 ℃、湿度为65%）下纺织纤维的吸水率，一般用回潮率和含水率两个指标进行表示。其计算公式分别如下：

$$W = \frac{G - G_0}{G_0} \times 100\%$$

$$M = \frac{G - G_0}{G} \times 100\%$$

式中　W——纤维的回潮率；

　　　M——纤维的含水率；

　　　G——纤维的湿重（g）；

　　　G_0——纤维的干重（g）。

根据《纺织材料公定回潮率》（GB/T 9994—2018），我国采纳的几种常见纺织纤维及其制品的公定回潮率见表2-2。

表2-2　几种常见纺织纤维及其制品的公定回潮率

纤维品种	公定回潮率 / %	纤维品种	公定回潮率 / %
原棉	8.5	普通粘胶	13
同质洗净毛	16	涤纶	0.4
异质洗净毛	15	锦纶	4.5
桑蚕丝	11	腈纶	2
苎麻	12	维纶	5
亚麻	12	丙纶	0
黄麻	14	氯纶	0

单元 2.2　纺织纤维的基本性能特点

2.2.1　天然纤维的基本性能特点

天然纤维（生物质原生纤维）是指大自然中存在的及动植物生长过程中形成的纺织纤维。常见的天然纤维有棉纤维、麻纤维、毛纤维、丝纤维等。

1. 棉纤维

棉纤维是当前最重要的天然纤维，其年产量约占天

课件：棉纤维的基本性能特点

视频：棉纤维的基本性能特点

然纤维的 80%。中国、印度、埃及、秘鲁、巴西和美国等是世界上主要的棉纤维产地。

（1）棉纤维的种类。棉纤维主要按照发现地命名与分类。

①陆地棉（细绒棉）种。陆地棉种发现于南美洲大陆的安第斯山脉，又称美棉或高原棉，是世界上棉花种植量最多的品种。陆地棉长度适中，纤维平均长度为 23～32 mm，一般用于纺织 10～100 tex 的棉纱。

②海岛棉（长绒棉）种。海岛棉种发现于北美洲东南部与南美洲北部的西印度群岛而得名。海岛棉种的纤维细而长，平均长度为 33～75 mm，是高档棉纺织产品的原料。

③亚洲棉（粗绒棉）种或非洲棉（草棉）种。亚洲棉种或非洲棉种由于产量低、品质差等原因，目前已基本处于停止种植的状态。

（2）棉纤维的形态及结构。棉纤维因沿根部被切断，故根端开口，顶端封闭，呈现具有中腔和扭转的扁平带状外观。棉纤维的主要成分是纤维素，同时，还有微量的半纤维素、可溶性糖类、蜡质、脂类、灰分等伴生物质，这些伴生物质在纺织品的印染加工中会被多种组合工艺除掉。棉纤维是天然高分子化合物。棉纤维大分子结构式如图 2-2 所示。

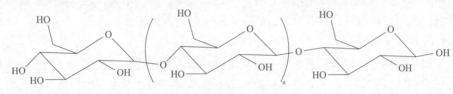

图 2-2　棉纤维大分子结构式

（3）棉纤维的主要性能指标。

①物理指标：我国棉纤维的主要物理指标见表 2-3。

表 2-3　我国棉纤维的主要物理指标

物理指标	长绒棉	细绒棉
上半部分平均长度 / mm	33～35	28～31
中段线密度 / dtex	1.18～1.43	1.43～2.22
断裂强度比 / (cN · dtex^{-1})	3.3～5.5	2.6～3.1
转曲度 / (个 · cm^{-1})	100～140	60～115
马克隆值	2.4～4.0	3.7～5.0
整齐度 / %	—	49～52
短绒率 / %	≤ 10	≤ 12
棉结 / (粒 · g^{-1})	80～150	80～200
衣分率 / %	30～32	33～41

备注：马克隆值是由马克隆气流仪测出来的棉纤维的一项重要性能指标，是反映棉纤维线密度和成熟度的综合性指标。

②吸湿性：棉纤维的公定回潮率为 8.5%，但是当棉纤维处于室温和相对湿度为 100% 时，其回潮率可以达到 25%～27%。这是由于天然棉纤维的结晶度为 65%～72%，水分无法渗透

进入棉纤维的结晶区种，但是棉纤维的多孔结构，可以使水分向棉纤维种无定形区中渗透，与纤维素分子链中自有的羟基形成氢键。

③耐酸性：棉纤维对酸非常敏感，酸可以使纤维素分子链中基本单元糖环之间的糖苷键水解，从而使纤维素的分子量下降，最终水解为水溶性的多糖。与有机酸相比，无机酸对纤维素的水解作用更强。

④耐碱性：与耐酸性相比，棉纤维具有较好的耐碱性。一般条件下，纤维素不会溶解在碱性溶液中。在棉织物的印染加工中，通常使用质量分数为 18% ～ 25% 的氢氧化钠水溶液，对棉织物进行"丝光"或"碱缩"整理，改善棉纤维物理结构的不均匀性。

⑤耐热性：棉纤维在纺织印染加工中，经历的高温处理并不多，而且时间也不长。棉织物在印染加工中烘燥的温度范围为 110 ℃ ～ 150 ℃。当棉纤维的处理温度超过 150 ℃ 时，其分子量会有一定程度的下降。

⑥染色性：经历过印染前处理的棉纤维具有优良的亲水性，其分子结构中有大量的羟基。目前，常用活性染料、还原染料、硫化染料等进行染色。

⑦防霉变性：随着环境湿度的增加，棉纤维的回潮率也急剧增大，这给细菌和霉菌提供了滋生的环境。所以，棉纺织品在存放的过程中，要做好防潮处理。

（4）棉纤维质量标识。

轧棉厂出厂的棉包上印有厂名、唛头、包重等标识。棉包唛头的标注，我国多以原棉的品级和手扯长度组成以数字表示的品级—长度代号。唛头第一个数字表示原棉的品级；第二个和第三个数字表示原棉的手扯长度（mm）；锯齿棉在三个数字上方加锯齿线，不加锯齿线的表示是皮辊棉。

类型代号：黄棉以字母"Y"标示，灰棉以字母"G"标示，白棉不作标示；

品级代号：一级至七级，用"1"……"7"标示；

长度级代号：25 毫米至 32 毫米，用"25"……"32"标示；

马克隆值级代号：A、B、C 级分别用 A、B、C 标示；

皮辊棉、锯齿棉代号：皮辊棉在质量标示符号下方加横线"—"表示；锯齿棉不作标志。

例如：二级锯齿白棉，长度 29 毫米，马克隆值 A 级，质量标识：229A；四级锯齿黄棉，长度 27 毫米，马克隆值 B 级，质量标识：Y427B；四级皮辊白棉，长度 30 毫米，马克隆值 B 级，质量标识：430B。

2. 麻纤维

麻纤维的大致分类十分简单，常以纤维所在的植物部位分类。但各种麻纤维的称谓多用俗称，纺织纤维中常见的麻纤维主要有苎麻、亚麻、黄麻、大麻、罗布麻等。麻纤维的吸湿性好、强度高、变形能力小，纤维以挺爽为特征。在中国秦汉时期，大麻布和苎麻布已是人们主要的服装材料，制作精细的苎麻夏布可以与丝绸媲美。

课件：麻纤维的基本性能特点

视频：麻纤维的基本性能特点

麻纤维有众多种类，不同麻纤维的主要区别是纤维素、半纤维素、果胶、木质素和其他成分构成等含量的不同，其共同特点是纤维素占大部分，故麻纤维的化学性质与上述棉纤维基本相同。常用麻纤维的基本组成和形态尺寸见表 2-4。

表 2-4   常用麻纤维的基本组成和形态尺寸

名称	化学组成 / %					单纤维细度 / μm	单纤维长度 / mm
	纤维素	半纤维素	果胶	木质素	其他		
苎麻	65 ~ 75	14 ~ 16	4 ~ 5	0.8 ~ 1.5	6.5 ~ 14	30 ~ 40	20 ~ 250
亚麻	70 ~ 80	12 ~ 15	1.4 ~ 5.7	2.5 ~ 5	5.5 ~ 9	12 ~ 17	17 ~ 25
黄麻	57 ~ 60	14 ~ 17	1.0 ~ 1.2	10 ~ 13	1.3 ~ 3.5	15 ~ 18	1.5 ~ 5
大麻	67 ~ 78	5.5 ~ 16.1	0.8 ~ 2.5	2.9 ~ 3.3	5.4	15 ~ 17	15 ~ 25
罗布麻	40 ~ 50	14.5 ~ 16.4	11.2 ~ 14.8	11 ~ 14	4.8 ~ 23.2	17 ~ 23	20 ~ 25

麻纤维通常比棉纤维粗硬，消费者在实际的使用过程中，容易有刺痒的感觉。麻纤维具有许多特点，但反映其可纺价值和质量的最主要指标是麻纤维的细度及均匀性，因为越细的麻越柔软，越不容易产生刺痒感，可纺的纱支越高。

3. 毛纤维

毛纤维是纺织工业的重要原材料，它具有众多优良服用性能，如弹性、吸湿性、保暖性、光泽柔和等。毛纤维的主要构成成分为蛋白质，所以又称为蛋白质纤维，毛纤维也是人类最早使用的纤维。

课件：毛纤维的基本性能特点

视频：毛纤维的基本性能特点

（1）毛纤维的分类。毛纤维的分类依据也比较多，可以按纤维粗细和组织结构进行分类，也可以按动物品种进行分类，甚至可以按剪毛季节进行分类。

大宗类羊毛（绵羊毛）的次级或其他分类较复杂，但通常以"动物名 + 毛（或毛纤维）"来进行命名。因生理功能和形态不同，毛纤维又可分为毛或绒两种，通常采用"动物名 + 毛或绒"来进行命名，如绵羊毛、山羊绒、马海毛、骆驼绒、牦牛毛等。在称谓里，毛和绒的主要区别：毛是指动物主体起支撑作用的毛发，其特点是较长且粗硬；绒是指动物主体簇生的纤维，其特点是较短且细软。

（2）毛纤维的形态及结构。从生物组织结构学的角度出发，基本上毛纤维都是由角质细胞堆砌而成的细长柔性体，从外到内，依次可分为鳞片层、皮质层和髓质层。但不同种类的毛纤维略有区别，如细毛纤维没有髓质层，而仅有鳞片层和皮质层。毛纤维的基本形态结构如图 2-3 所示。

（3）毛纤维的品质特征。

①物理特征。

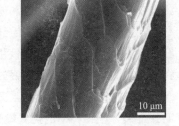
图 2-3   毛纤维的基本形态结构

a. 长度：一般用毛丛的自然长度来表示毛丛长度，用伸直长度来评价羊毛品质。把毛纤维的天然卷曲拉直，用尺子测量出其基部到尖端的直线距离，称为毛纤维的伸直长度。自然长度是指不伸直毛纤维，在保留毛纤维天然卷曲的情况下，毛纤维两端的直线距离。细绵羊毛的毛丛长度一般为 6 ~ 12 cm；半细绵羊毛的毛丛长度为 7 ~ 18 cm；长毛绵羊毛的毛丛长度为 15 ~ 30 cm。

b. 细度：毛纤维的横截面形状一般近似圆形，可用其直径的大小来表征羊毛的粗细。细度是评价毛纤维品质和使用价值的重要指标。随着绵羊品种、年龄、性别、毛生长部位和饲养条件等因素的变化，羊毛的细度也有相当大的区别。绵羊羊毛品质支数与平均直径的对应关系见表 2-5。

表 2-5　绵羊羊毛品质支数与平均直径的对应关系

国内		国外	
品质支数（S）	单纤维长度 / mm	品质支数（S）	单纤维长度 / mm
32	55.1 ～ 67.0	Supper80	19.25 ～ 19.75
36	43.1 ～ 55.0	Supper90	18.75 ～ 19.24
40	40.1 ～ 43.0	Supper100	18.25 ～ 18.74
44	37.1 ～ 40.0	Supper110	17.75 ～ 18.24
46	34.1 ～ 37.0	Supper120	17.25 ～ 17.74
48	31.1 ～ 34.0	Supper130	16.75 ～ 17.24
50	29.1 ～ 31.0	Supper140	16.25 ～ 16.74
56	27.1 ～ 29.0	Supper150	15.75 ～ 16.24
58	25.1 ～ 27.0	Supper160	15.25 ～ 15.74
60	23.1 ～ 25.0	Supper170	14.75 ～ 15.24
64	21.6 ～ 23.0	Supper180	14.25 ～ 14.74
66	20.1 ～ 21.5	Supper190	13.75 ～ 14.24
70	19.75 ～ 20.0	Supper200	13.25 ～ 13.74

c. 摩擦性能和缩绒性：羊毛表面有鳞片，鳞片的根部附着于毛干，尖端伸出毛干的表面而指向毛尖。由于羊毛鳞片的这一指向的特点，使得羊毛在经受外界的摩擦力时，存在定向摩擦效应，毛纤维集合体会逐渐收缩变得紧密，并互相穿插纠缠，直至交编毡化，从而形成了毛纤维的缩绒性。合理地利用毛纤维的缩绒性，可加工出一些具有蓬松、保暖、透气等外观效果的毛制品，但是缩绒性使毛织物在消费者的穿着洗涤过程中，也存在尺寸收缩、形变、起毛起球等不利影响。

②化学特征。在毛纤维的大分子结构中含有大量可呈现碱性和酸性的化学基团，因此，毛纤维在生产加工中具有酸性和碱性并存的两性性质。

a. 酸的作用：主要是将毛纤维大分子结构中的盐式键断开，并与游离氨基相结合。在羊毛纤维的洗毛加工中，通常会使用浓硫酸来去除原毛中存在的纤维素类杂质，所以总的来看，毛纤维尤其是羊毛纤维具有较好的耐酸能力。

b. 碱的作用：相比酸对毛纤维的作用，碱对毛纤维的作用会更加剧烈一些。碱不仅可以使毛纤维大分子结构中的盐式键断开，也会将大分子结构中的二硫键水解掉。当遇到高温处理后，羊毛还会发生黄变。

c. 氧化剂和还原剂的作用：氧化剂（如双氧水）和还原剂（如亚硫酸钠）不仅可以作用于毛纤维的鳞片层，还可以作用于毛纤维的本体结构。因此，氧化剂和还原剂主要用于毛纤维的漂白、防缩、丝光等。

4. 丝纤维

我国是桑蚕丝和柞蚕丝的发源地，桑蚕丝距今已经

课件：丝纤维的基本
性能特点

视频：丝纤维的基本
性能特点

有 6 000 多年的历史，柞蚕丝也有 3 000 多年的历史。远在汉唐时期，我国的丝绸制品就畅销中亚和欧洲各国，形成了有名的"丝绸之路"。

（1）丝纤维的分类。丝纤维，通常是按照蚕食用植物的名称或昆虫的名称进行分类。所以，其命名主要为"植物名＋蚕丝"或"昆虫名＋丝"。其中，蚕又有人工家养和野生，所以，蚕丝又有家蚕丝（桑蚕丝）和野蚕丝（柞蚕丝）之分。

（2）丝纤维的形态及结构。以桑蚕丝为例，桑蚕茧由外向内分为茧衣、茧层和蛹衬三部分，如图 2-4 所示。其中，茧层可用作丝织原料，而茧衣与蛹衬因细而脆弱，所以只能用作绢纺原料。桑蚕丝是以两根单丝平行黏合而成，各自中心是丝素，外围是丝胶。桑蚕丝的主要成分为丝素蛋白，其次是丝胶。除此之外，其还含有色素、蜡类物质、糖类物质、矿物质等少量杂质。

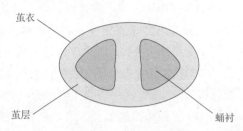

图 2-4　桑蚕茧的结构

（3）丝纤维的品质特征。

①长度、细度和均匀度：桑蚕和柞蚕的茧丝长度和直径的变化范围见表 2-6。

表 2-6　桑蚕和柞蚕的茧丝长度和直径的变化范围

纤维种类	长度 / m	平均直径 / μm
桑蚕茧丝	1 200 ～ 1 500	13 ～ 18
柞蚕茧丝	500 ～ 600	21 ～ 30

②力学性质：影响茧丝的力学性质的因素主要有蚕的品种、产地、饲养条件、茧的舒解等。不同细度生丝的干断裂比强度和干断裂伸长率见表 2-7。

表 2-7　不同细度的生丝的断裂强度和断裂延伸率

性能类别	组数				
生丝平均线密度 / dtex	16.7	23.3	25.6	33.3	51.1
生丝平均纤度 / 旦	15	21	23	30	46
干断裂比强度 / (cN · dtex^{-1})	3.4	3.4	3.4	3.4	3.6
干断裂伸长率 / %	17.6	18.6	18.7	18.9	19.5

③回潮率：在标准条件（温度为 20 ℃、相对湿度为 65%）下，桑蚕丝的回潮率可以达到 11% 左右。如果桑蚕丝含有丝胶的比例增加，由于丝胶比丝素更容易吸湿，所以，桑蚕丝的回潮率还会增加。

④光学性质：丝纤维的光泽包含颜色和光泽两个方面。丝纤维的颜色通常以白色和黄色最为常见；而丝纤维的光泽是其对光的反射所引起的感官感觉。茧丝是具有多层丝胶和丝素蛋白的层状结构，当光线射到丝纤维表面后，对光进行多层发射，同时，并发生光的互相干涉，因此产生出柔和的光泽。

⑤化学性质：与毛纤维相同，丝纤维也是同时具有酸性基团和碱性基团，呈现两性的性质，所以，酸、碱、氧化剂和还原剂等化学试剂对丝纤维的作用原理与毛纤维基本相同。

2.2.2　化学纤维的基本性能特点

课件：化学纤维的共性　　视频：化学纤维的制备及共性

虽然天然纤维的使用具有悠久的历史，但是天然纤维的产量容易受到种子、土地、气候、肥料等因素的影响。在 20 世纪 50 年代以后，天然纤维的产量已经无法满足全球消费者对纺织品的需求。而化学纤维是以天然或合成高分子化合物为原料，在第二次世界大战结束以

视频：常见化学纤维的性能特点

后，随着精细化工技术的进步，化学纤维的产量逐渐超过了天然纤维，在当前已经成为全球消费者主要使用的纺织原材料。化学纤维的品种繁多，原料及生产方法各异，其生产过程可概括为以下四个工序。

①原料制备：高分子化合物的合成（聚合）或天然高分子化合物的化学处理和机械加工。其中，再生纤维原料的制备，是将天然高分子化合物经一系列化学处理和机械加工，除去杂质，使其满足生产所需的物理和化学性能。合成纤维原料的制备，是将有关单体通过一系列化学反应聚合成具有一定官能团、一定相对分子质量和分布的线型聚合物。

②纺前准备：纺丝熔体或纺丝溶液的制备。其中，对于纺丝熔体的制备，是在纺丝前将切片进行干燥，然后加热至熔点以上、热分解温度以下，将切片制成纺丝熔体，主要包含切片干燥和切片熔融两道工序。对于纺丝溶液的制备，目前只有腈纶既可采用一步法，又可采用两步法纺丝，其他品种主要使用两步法生产工艺。主要包含成纤聚合物的溶解、纺丝溶液的混合、过滤和脱泡等工序。

③纺丝：纤维的成形，主要有熔体纺丝和溶液纺丝法。熔体纺丝，是切片在螺杆挤出机中熔融后，送至纺丝箱中的各个纺丝部位，再经纺丝泵定量送至纺丝组件，过滤后从喷丝板的毛细孔中压出而成为细流，并在纺丝甬道中冷却成形的工艺过程。熔体纺丝法见图 2-5。湿法纺丝，是纺丝液经混合、过滤和脱泡等纺前准备后，送至纺丝机，通过纺丝泵计量，经烛形过滤器、鹅颈管进入喷丝头，从喷丝头毛细孔中挤出的溶液细流进入凝固浴中析出，形成初生纤维的工艺过程。溶液纺丝法见图 2-6。

④后加工：纤维的后处理，主要包含拉伸、热定型和上油等。

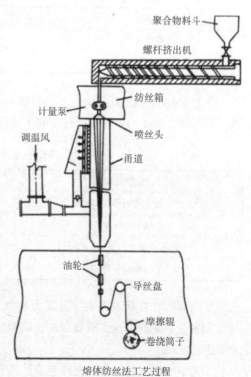

熔体纺丝法工艺过程

图 2-5　熔体纺丝法

化学纤维的共性如下：

①细度和长度，可根据需要进行人为控制，例如短纤维通常有棉型、中长型和毛型三种规格。

②强度和断裂伸长率较大，且可通过不同的拉伸倍数来人为控制。

③光泽可控制，化学纤维光泽强且耀眼，特别是没有卷曲的长丝。

④化学稳定性好，大多数化学纤维具有不霉不蛀，耐酸、耐碱及耐气候性良好的特点。

⑤力学性能：化学纤维一般都有强度高、伸长能力大，弹性优良，耐磨性好，纤维的摩擦力大，抱合力小，容易起毛起球的特点。

⑥吸湿能力差，静电现象严重，织物易洗快干。

⑦特殊的热学性质，主要是指合成纤维，具有熔孔性、热收缩性和热塑性。

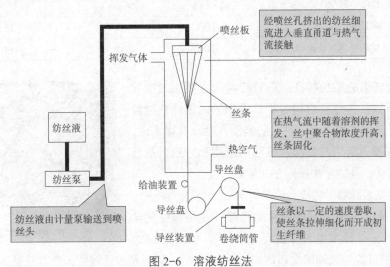

图 2-6   溶液纺丝法

在近 10 年内，以粘胶纤维为代表的再生纤维和以聚酯（PET）纤维为代表的合成纤维一直占据全球化学纤维年消耗量的前列。下面将重点介绍粘胶纤维和聚酯纤维。

1. 粘胶纤维

粘胶纤维是以自然界中广泛存在的不可纺，但富含纤维素或其衍生物的植物（如棉短绒、木材纤维、禾本植物等），通过适当的机械加工和化学处理提纯制造粘胶溶液后纺丝而成。

（1）粘胶纤维的分类和特点。粘胶纤维的命名，通常按照来源的植物进行命名，即"植物名+浆+纤维"或"植物名+粘胶"，如木浆纤维或木粘胶；竹浆纤维或竹粘胶；麻浆纤维或麻粘胶。

①普通粘胶纤维：其特点是成本低，吸湿性好，抗静电性能优良；缺点是湿态时的强力和模量低，湿干强度比为 45%～55%。

②高湿模量粘胶纤维（富强纤维或莫代尔纤维）：通过改变普通粘胶纤维的溶液纺丝工艺条件而开发出来的纤维。其湿干强度比明显提高，为 75%～80%。

③强力粘胶纤维：以提高再生纤维素大分子结构的取向度和改善结晶颗粒尺寸与分布的方式，形成全皮层结构的粘胶纤维，湿干强度比为 65%～75%。其广泛应用于工业生产，经过深加工后，可制成帘子布。

④新溶剂法粘胶纤维（如莱赛尔纤维）：以专用溶剂（N-甲基吗啉-N-氧化物，简写为NMMO）溶解纤维素，用干湿法纺制的再生纤维素纤维。其主要特点是加工过程所用溶剂可获得 99.9% 以上的回收，对环境基本无污染。

不同种类粘胶纤维物理性能对比见表 2-8。

表 2-8 不同种类粘胶纤维物理性能对比

性能	莱赛尔纤维	普通粘胶纤维	高湿模量粘胶纤维
纤维线密度 / dtex	1.7	1.7	1.7
干断裂强度 /(cN·dtex^{-1})	4.0 ～ 4.2	2.2 ～ 2.6	3.4 ～ 3.6
湿强度 /(cN·dtex^{-1})	3.4 ～ 3.8	1.0 ～ 1.5	1.9 ～ 2.1
干断裂伸长率 / %	14 ～ 16	20 ～ 25	13 ～ 15
湿断裂伸长率 / %	16 ～ 18	25 ～ 30	13 ～ 15
公定回潮率 / %	11.5	13	12.5
5% 伸长湿模量 /(cN·dtex^{-1})	270	50	110

（2）粘胶纤维的结构特征。粘胶纤维的主要组成成分是纤维素，所以，其分子结构与棉纤维相同。普通粘胶纤维在湿法纺丝的过程中，由于粘胶纺丝液在喷丝孔喷出时，表层和内层在凝固浴中与凝固液接触的速度不一致，从而形成了皮芯结构。具体结构如图 2-7 所示。

（3）普通粘胶纤维的性能。

①吸湿性和染色性：粘胶纤维的吸湿性能是传统化学纤维中最好的，在标准条件（温度为 20 ℃、相对湿度为 65%）下，粘胶纤维的回潮率可以达到 12% ～ 15%。普通粘胶纤维的染色方法基本与棉纤维相同，但是得色量要高于棉纤维。

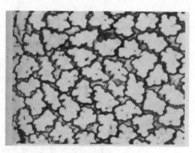

图 2-7 粘胶纤维皮芯结构

②热学性质：普通粘胶纤维由于在制备时，相对分子质量发生了下降，所以，其耐热性能一般要差于棉纤维。

③耐酸耐碱性：其原理基本与棉纤维相同。

2. 聚酯（PET）纤维

聚酯（PET）纤维是指以对苯二甲酸或对苯二甲酸二甲酯与乙二醇进行缩聚而得到聚对苯二甲酸乙二酯，其大分子链中的各链节通过酯键连接。我国将聚对苯二甲酸乙二酯含量大于 85% 的纤维称为涤纶，也称聚酯纤维。国外也有很多的商品名称，如达克纶、特托纶、特恩卡等。聚酯纤维是我国合成纤维中的年产量最高的，我国先后在广东佛山、江苏仪征、福建厦门等地建成了大中型聚酯纤维生产基地。

（1）聚酯长丝的分类。

①常规纺丝：又称为低速纺丝。其纺丝速度为 1 000 ～ 1 500 m/min，可纺制成 33 ～ 167 dtex 的长丝。

②中速纺丝：纺丝速度为 1 500 ～ 3 000 m/min。

③高速纺丝：纺丝速度为 3 000 ～ 6 000 m/min。在高速下，纤维产生一定的取向度，结构比较稳定。

④全拉伸丝：生产工艺采用低速纺丝、高速拉伸，且两道工序在一台纺丝拉伸联合机上完成。全拉伸丝质量比较稳定，毛丝断头较少。

（2）聚酯纤维的结构特征。采用熔融纺丝技术制备的聚酯纤维具有圆形实心的横截面，纵向均匀而无条痕，如图 2-8 所示。

（3）聚酯纤维的性能。

①力学性能：聚酯纤维的大分子结构属于线性结构，侧链上并没有比较大的连接基团和支链，所以，聚酯纤维大分子酯键排列比较紧密，使其具有较高的强度。

②吸湿性：涤纶的大分子链中基本不含有亲水性的化学基团，所以，在标准条件（温度为 20 ℃、相对湿度为 65%）下，涤纶纤维的回潮率仅为 0.6% ～ 0.9%。较低

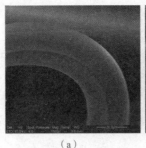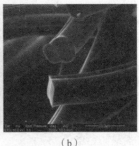

图 2-8　聚酯纤维
(a) 横向结构；(b) 纵向结构

的吸湿性使聚酯纤维所加工成的服用纺织品具有易洗快干的特性。

③热性能：聚酯纤维的 T_g（玻璃化转变温度）随着聚集态结构而变化，完全无定形的聚酯纤维的 T_g 为 67 ℃，部分结晶的聚酯纤维的 T_g 为 81 ℃，取向且结晶的聚酯纤维的 T_g 为 125 ℃。聚酯纤维在无张力的情况下，在 100 ℃ 的热空气中的收缩率为 4% ～ 7%，在 200 ℃ 的热空气中的收缩率可达 16% ～ 18%。

④化学稳定性：酸碱都可以对聚酯纤维起到水解作用，其中碱的作用更剧烈一些。在印染加工中，使用热的碱液对聚酯织物进行水解，可以获得仿真丝的效果。聚酯纤维由于大分子链中为酯键，而且一般亲水性也比较差，所以，对氧化剂和还原剂相对稳定性更高一些。

⑤其他性能：聚酯纤维由于吸湿性差，所以，其表现出了较高的电阻性，容易产生静电，同时，也容易起毛起球，给消费者在实际使用过程中带来不舒适感。

3. 锦纶（PA）纤维

聚酰胺（PA）纤维是世界上最早实现工业化生产的合成纤维，也是化学纤维的主要品种之一。聚酰胺（PA）纤维有许多品种，目前工业化生产及应用最广泛的仍以聚酰胺 66 和聚酰胺 6 为主，两者产量约占聚酰胺（PA）纤维的 98%。各国的商品名称不同，我国称聚酰胺纤维为"锦纶"，美国称为"尼龙"，德国称为"贝纶"，日本称为"阿米纶"。

（1）锦纶纤维的分类。

①由二元胺和二元酸缩聚而得到。最常见的锦纶 66，就是由己二胺 [$H_2N(CH_2)_6NH_2$] 和己二酸 [$HOOC(CH_2)_4COOH$] 缩聚制得的。

②由 ω- 氨基酸缩聚或由己内酰胺开环聚合制得的聚酰胺。最常见的锦纶 6，就是由含有 6 个碳原子的己内酰胺开环聚合而制得的。

（2）锦纶纤维的性能。

①断裂强力和伸长。锦纶纤维因为结晶度、取向度高及分子间作用力大，所以强度也比较高。一般纺织用锦纶长丝的断裂强度为 4.457 dN/tex。锦纶纤维的断裂伸长随品种而异，强力丝断裂伸长为 20% ～ 30%，普通长丝为 25% ～ 40%。

②弹性和耐疲劳性。锦纶纤维的回弹性极好，例如锦纶 6 长丝在伸长 10% 的情况下，回弹率为 99%，在同样伸长的情况下，涤纶长丝的回弹率为 67%，而粘胶长丝的回弹率仅为 32%。由于锦纶纤维的弹性好，因此它的打结强度和耐疲劳性也很好。普通锦纶纤维长丝的打结强度是断裂强度的 80% ～ 90%，较其他化学纤维和天然纤维高一些。

③耐磨性。锦纶纤维是所有纺织纤维中耐磨性最好的纤维，其耐磨性是棉纤维的 10 倍、羊毛纤维的 20 倍、粘胶纤维的 50 倍。

④吸湿性。锦纶纤维的吸湿性要比天然纤维和再生纤维低一些，在标准大气环境中回潮率为 4.5%，但在合成纤维中，除聚乙烯醇纤维外，锦纶纤维的吸湿性算是比较高的了。

⑤密度。锦纶纤维的密度较小，在所有纤维中，其密度仅高于聚丙烯纤维和聚乙烯纤维。

⑥染色性。锦纶纤维的染色性能虽然不及天然纤维和再生纤维，但在合成纤维中算是比较容易染色的。

⑦耐光性。锦纶纤维的耐光性比较差，在长时间的日光和紫外光照射下，强度下降，颜色发黄，通常在纤维中加入耐光剂，可以改善耐光性能。

⑧耐热性。锦纶纤维的耐热性能不够好。在 150 ℃下经历 5 h 后即会变黄，而且强度和延伸度会显著下降，收缩率增加。但在熔融纺丝的合成纤维中，其耐热性已经好于聚烯烃类纤维。

4. 腈纶（PAN）纤维

聚丙烯腈（PAN）纤维是由以丙烯腈为主要链结构单元的聚合物纺制的纤维。在国内，丙烯腈纤维或改性丙烯腈纤维商品名称为腈纶。丙烯腈含量占 35% ～ 85% 的共聚物制成的纤维，称为改性聚丙烯腈纤维。腈纶纤维具有许多优良的性能，有"合成羊毛"之称。腈纶纤维的分类及性能如下：

①抗静电聚丙烯腈。普通聚丙烯腈纤维在标准状态下的电阻率为 1 013 Ω·cm。抗静电聚丙烯腈纤维的性能已达到断裂强度 1.5 ～ 2.6 cN/dtex，断裂伸长率为 30% ～ 50%，比电阻 10 ～ 103 Ω·cm。可用于制作学生服装、晚礼服、抗静电工作服等。

②高吸湿吸水聚丙烯腈纤维。在标准大气环境中，聚丙烯腈纤维的回潮率为 2% 左右，由其制成的服装穿着时有闷热等不舒服感。日本钟纺生产的高吸湿吸水聚丙烯腈纤维（AqualoN），其横截面为椭圆形，纤维表面有沟槽，孔隙率为 20% ～ 30%，因此吸收性高，吸水速度快。

③阻燃聚丙烯腈纤维。阻燃聚丙烯腈纤维大多使用氯乙烯基单体与丙烯腈共聚而成，其 LOI（限氧指数）一般为 26.5% ～ 29%。

④抗起球聚丙烯腈纤维。普通聚丙烯腈纤维制品在经常受摩擦的部位容易起球，而影响制品的美观。抗起球聚丙烯腈纤维，除具有普通聚丙烯纤维的一般特点外，还具有蓬松而不起球、柔软而滑爽的手感，纯纺或与羊毛混纺都具有抗起球的效果。

⑤高收缩聚丙烯腈纤维。高收缩聚丙烯腈纤维的收缩率是普通腈纶纤维的 5 ～ 10 倍，是生产聚丙烯腈纤维膨体纱的主要原料之一。高收缩聚丙烯腈纤维与普通聚丙烯腈纤维混纺制成的人造毛皮仿真效果更加逼真。

5. 维纶（PVA）纤维

聚乙烯醇（PVA）纤维是合成纤维的重要品种之一，其常规产品是聚乙烯醇缩甲醛纤维，国内将其简称为维纶。产品以短纤维为主。维伦纤维的性能如下：

①强度和耐磨性。维纶短纤维的外观形状接近棉纤维，但强度和耐磨性都要优于棉纤维。用 50/50 的棉维混纺织物，其强度比棉织物高 60%，耐磨性要高 50% ～ 100%。

②密度。维纶的密度为 1.21 ～ 1.30 g/cm³，其密度要比棉纤维小 20% 左右，用同样质量的纤维可以纺织成较多相同厚度的织物。

③吸湿性。在标准大气环境中，维纶的回潮率可达 5% 左右，在几大合成纤维中名列前茅。

④染色性。维纶可用直接、硫化、还原、酸性、不溶性偶氮等染料进行染色，但染着量较一般天然纤维和再生纤维低，色泽也欠鲜艳。

⑤耐酸碱性。在 10% 盐酸或 30% 硫酸的作用下，几乎无变化，但在浓盐酸、硝酸和硫酸中发生溶胀和分解。在 50% 氢氧化钠溶液中和浓氨水中强度几乎没有降低。

⑥耐溶剂性。维纶不溶解于一般的有机溶剂，如乙醇、乙醚、苯、丙酮、汽油、四氯乙烯等，能在热的吡啶和甲酸中溶胀或溶解。

⑦热性能。干热软化点为 215 ℃ ～ 220 ℃，熔点不明显，能燃烧，燃烧后变成褐色或黑色不规则硬块。

6. 氨纶（PU）纤维

聚氨酯纤维是指以聚氨基甲酸酯为主要成分的一种嵌段共聚物制成的纤维，简称氨纶。国外商品名称有莱卡（Lycra）、内欧伦（Neolon）、多拉丝弹（Dorlastan）等。氨纶纤维的性能如下：

①线密度。氨纶弹性纤维的线密度范围为 22 ～ 2 778 dxte，最细的可达 11 dtex。

②强度和延伸。氨纶弹性纤维的断裂强度，湿态为 0.35 ～ 0.88 dN/tex，干态为 0.5 ～ 0.9 dN/tex。氨纶弹性纤维的伸长率达 500% ～ 800%，瞬时弹性回复率为 90% 以上。

③密度。氨纶弹性纤维的密度为 1 ～ 1.3 g/cm³，略高于橡胶丝，但在化学纤维中仍属于较轻的纤维。

④吸湿性。在标准大气环境中，氨纶的回潮率可达 0.8 ～ 1% 左右，虽然较棉、羊毛及锦纶等小，但是优于涤纶和丙纶。

⑤热性能。钢纶的软化温度约为 200 ℃，熔点或分解温度约为 270 ℃，优于橡胶丝，在化学纤维中属于耐热性能较好的纤维。

⑥染色性。由于氨纶纤维具有类似海绵的性质，因此可用所有类型的染料进行染色。在使用裸丝的场合，其优越性更加明显。

7. 丙烯（PP）纤维

聚丙烯（PP）纤维是以丙烯聚合得到的等规聚丙烯为原料纺制而成的合成纤维，在我国的商品名称为丙纶。

①密度。丙纶纤维的密度为 0.9 ～ 0.92 g/cm³，在所有化学纤维中是最轻的，它比锦纶纤维还轻 20% 左右，比聚酯纤维轻 30%，比粘胶纤维轻 40% 左右。

②强度、耐磨、耐腐蚀。丙纶纤维强度高，耐磨性好和回弹性好；抗微生物，不霉不蛀；耐化学性要优于一般纤维。

③电绝缘性和保暖性。丙纶纤维的电阻率很高，可达 $7 \times 1\,019\,\Omega \cdot cm$，导热系数小。因此，与其他化学纤维相比，丙纶纤维的电绝缘性和保暖性好。

④耐热及耐老化性能。丙纶纤维的熔点低，处于 165 ℃ ～ 173 ℃，对光、热稳定性差，所以丙纶纤维的耐热性、耐老化性能差。

⑤吸湿性及染色性。丙纶纤维的吸湿性和染色性在化学纤维中是最差的，回潮率小于0.03%，普通的染料均不能使其着色，有色丙纶纤维多数是采用纺前着色生产的。

8. 氯纶（PVC）纤维

氯纶纤维是由聚氯乙烯树脂纺制而成的纤维，在我国简称为氯纶。

①难燃烧性。氯纶纤维的限氧指数 LOI 值为 37.1%，在明火中发生收缩并碳化，离开火源

便自行熄灭，其产品特别适用于易燃场所。

②耐溶剂性。氯纶纤维对无机试剂的稳定性相当好，在室温下大多数无机酸、无机碱、氧化剂和还原剂中，其强度几乎没有损失或很少降低。

③保暖性。由于氯纶纤维导热性小且易积聚静电，其保暖性比棉纤维和羊毛还要好。

④耐热性。氯纶纤维只适宜于 40 ℃ ～ 50 ℃ 以下使用，在 65 ℃ ～ 70 ℃ 下会发生软化，并产生明显的收缩。

⑤染色性。一般常用的染料很难使氯纶纤维上色，因此在实际生产中，有色氯纶纤维多采用原液着色。

2.2.3　新型纤维的基本性能特点

课件：新型化学纤维

随着科技的进步与发展，新的纺织纤维不断地涌现，特别是随着航空航天、新能源、生物医疗、通信技术等高新技术产业的迅速发展，对纤维材料性能的要求也不断提高，与此同时，也促进了新型纤维材料的研究与工业化。具有高强度、高模量、耐高温、耐气候、耐化学试剂等的高性能纤维，得到了迅速的发展，如新型棉纤维、改性毛纤维、改性麻纤维、改性丝纤维、超高分子量聚乙烯纤维、碳纤维、芳香族聚酰胺纤维等。

1. 新型棉纤维

（1）彩色棉花。彩色棉花是利用现代生物工程技术培育出来的一种在棉花吐絮时，棉纤维本身就具有天然色彩的新型纺织原料。当前彩色棉花的颜色有浅蓝色、粉红色、浅黄色及浅褐色等。彩色棉花，不再需要染色加工，只需要进行纺纱、织造、后整等工序。彩色棉花减少了有色废水的排放，所以由彩色棉花加工成的纺织品可归为环保纺织品或绿色纺织品等。

（2）转基因棉。转基因棉，是将具有高产、方面管理、少施或不施农药等特点的基因，转入棉花受体，并得到稳定的遗传性能，从而定向培育出的棉花。

（3）有机棉。有机棉，就是不使用任何杀虫剂、化肥和转基因产品进行生产和加工，并经独立认证机构认证的原棉。其中，有机棉需要满足以下两个严格的条件：种植有机棉的 200 平方公里范围内的土地无工业污染，土壤中无重金属离子和有害氰化合物酸根离子；有机棉种植中严禁使用化肥、农药、除草剂和人工合成的生长调节剂等。

2. 改性毛纤维

（1）表面变性羊毛。羊毛变性处理，主要是使羊毛纤维直径能变细 0.5 ～ 1 μm，手感变得柔软和细腻，吸湿性、耐磨性、保暖性、染色性能等均有提高，光泽变亮。

（2）超卷曲羊毛。对于纺纱和产品风格而言，纤维卷曲是一项重要的性质。相当一部分的杂种毛、粗羊毛卷曲很少甚至没有卷曲。通过对羊毛纤维外观卷曲形态的变化，改进羊毛及其产品的有关性能，使羊毛可仿性提高，可纺线密度降低，成纱品质更好。

（3）拉细羊毛。羊毛可纺线密度取决于羊毛细度，纺低线密度或超低线密度毛纱需要的细于 18 μm 的羊毛仅澳大利亚能供应，但产量极少。拉细处理的羊毛长度伸长、细度变细约 20%。拉细羊毛改变了羊毛纤维原有的卷曲弹性和低模量特征，提高了弹性模量，减小了直径，增加了光泽，提高了丝绸感。

3. 改性麻纤维

采用生物酶处理的方法，使麻纤维变得柔软和光滑，穿着舒适，并具有一定的抗皱性能。

4. 改性丝纤维

在缫丝过程中用生丝膨化剂对蚕丝进行处理，使真丝具有良好的蓬松性，由此加工成的织物具有柔软、丰满、挺括、不易起皱和富有特性的特点。

5. 牛奶纤维

牛奶纤维是一种再生蛋白质纤维，它是以奶蛋白为原料生产的新型环保纤维。其性能与蚕丝相近，手感光滑柔软，光泽优雅独特，触感轻滑舒适，能保持自然水分，也能迅速吸收和传递汗液，有良好的温湿度舒适性。

6. 大豆纤维

化学名称为大豆蛋白复合纤维，是 16%~50% 大豆蛋白与聚乙烯醇等通过接枝、共聚、共混生产的纤维，属我国原创发明。大豆蛋白纤维为天然金黄色，具有亲肤、吸湿排汗、负氧离子、远红外和抗紫外线功能；其拉伸性能、吸湿能力与蚕丝接近；具有羊绒的手感与外观，被誉为"植物羊绒"。

7. 壳聚糖纤维

壳聚糖又称为甲壳素、壳质、几丁质，是一种带正电荷的天然糖高聚物。壳聚糖是甲壳质大分子脱去乙酰基的产物。一般来说，从虾、蟹壳中提取甲壳质比较方便，提取的甲壳质经脱盐、脱蛋白质和脱色等处理形成壳聚糖，再把它溶解在合适的溶剂中形成纺丝液，经纺丝及后加工制得的甲壳质纤维。可纺制成长丝和短纤维两大类，长丝主要用于制成可吸收医用缝合线，短纤维经纺纱织成各种规格的医用纱布。

8. 超高分子量聚乙烯纤维

（1）超高分子量聚乙烯（UHMWPE）纤维的结构特征。超高分子量聚乙烯纤维的大分子结构呈平面锯齿形构象结晶密度小，分子链柔性强，在有机纤维材料中理论强度和理论模量是最高的。

（2）超高分子量聚乙烯（UHMWPE）纤维的性能特征。超高分子量聚乙烯纤维的性能特征见表 2-9。

表 2-9　超高分子量聚乙烯纤维的性能特征

类别		性能
耐化学试剂性能	回潮率	0
耐化学试剂性能	耐酸性	好
	耐碱性	好
热性能	熔点 / °C	144 ~ 155
	沸水收缩率 /%	< 1
电性能	电阻 /Ω	>4

超高分子量聚乙烯纤维具有良好的疏水性、耐化学品性、抗老化性、耐磨性、耐疲劳性和柔软弯曲性，同时，又耐水、耐湿、耐海水、抗震等。超高分子量聚乙烯纤维已被广泛用于防弹服、装甲车外壳、雷达罩、绳索、电缆增强材料、体育用品、纤维增强复合材料等方面。

9. 碳纤维

碳纤维是在化学组成中，碳元素的含量占到总质量 90% 以上的纤维。它是由有机纤维经固相反应转变而成的纤维状聚合物碳。最早的商业用途碳纤维可以追溯到爱迪生用棉纤维和竹纤维，将其碳化后制成白炽灯的灯丝,而真正具有实际使用价值的碳纤维,则出现在 20 世纪 50 年代。

（1）碳纤维的分类。碳纤维的分类依据也比较多,可按力学性能进行分类,也可以按加工原料进行分类,甚至可以按使用功能进行分类等。下面按加工原料进行分类:

①粘胶基碳纤维:该纤维是一种重要的再生纤维素纤维,其被加热后,不到熔融状态时,即可分解为碳的残渣,是工业中最早被用作碳纤维原丝的化学纤维。

②聚丙烯腈基碳纤维:该碳纤维最早由日本的研究所于 20 世纪 50 年代末研制成功,目前所使用的高强型和超高强型碳纤维中,约 90% 的碳纤维是聚丙烯腈基碳纤维。

③沥青基碳纤维:沥青是一种以缩合多环芳烃化合物为主要成分的烃类混合物,含有少量的氧、硫或氮的化合物。如果要制备高性能沥青基碳纤维,其工艺过程相对复杂,技术难度较大。

（2）碳纤维的结构。碳纤维并不具备理想的石墨点阵结构,属于乱层石墨结构。

（3）碳纤维的主要性能。表 2-10 和表 2-11 分别为日本东邦人造丝公司聚丙烯腈（PAN）基碳纤维和沥青基碳纤维的主要性能参数。

表 2-10　日本东邦人造丝公司聚丙烯腈（PAN）基碳纤维的主要性能参数

类型	牌号	单丝数 / 根	密度 /（g·cm⁻³）	抗张强度 /MPa	弹性模量 /MPa	断裂延伸率 /%
高强度	HTA	1, 3, 6, 12	1.77	3 650	235	1.5
高伸长	ST-3	3, 6, 12	1.77	4 350	235	1.8
中模量	IM-500	6, 12	1.76	5 000	300	1.7
高模量	HM-40	6, 12	1.83	2 650	387	0.7
高强、高模	HMS-45	6	1.87	3 250	430	0.7

表 2-11　日本东邦人造丝公司沥青基碳纤维的主要性能参数

项目	S-230（短纤维）	F-140（长丝）	F-500（长丝）	F-600（长丝）
密度 /（g·cm⁻³）	1.65	1.95	2.11	2.15
抗张强度 /MPa	800	1 800	2 800	3 000
弹性模量 /GPa	35	140	500	600
断裂伸长率 /%	2.0	1.3	0.55	0.50
热分解温度 / ℃	410	540	650	710
碳含量 /%	> 95	> 98	> 99	> 99

碳纤维综合性能优异,既具有碳材料固有的特性,又兼具纺织纤维柔软可加工性;吸能减振,对振动有优异的衰减功能;化学性能与碳十分相似,在室温下是惰性的,除能被氧化剂氧化外,一般酸碱对碳纤维不起作用;在空气中,当温度高于 400 ℃ 时,碳纤维发生氧化反应,生成二氧化碳和一氧化碳,并从碳纤维的表面逸出,但在惰性气体中,碳纤维的耐热性能十分突出,当温度超过 1 500 ℃ 时,碳纤维的强度才开始降低。

10. 芳香族聚酰胺纤维

聚酰胺纤维是一类分子主链由酰胺键连接的合成纤维。聚酰胺纤维是世界上最早实现工业化生产的合成纤维。聚酰胺在全球有多种商品名称,我国将聚酰胺纤维称为锦纶。锦纶 6 和锦纶 66 等脂肪族聚酰胺,在纺织工业中具有普遍的应用。而芳香族聚酰胺属于高性能纤维,因高性能纤维具有性能突出、用途专一、利润高等特点，是纺织工业的技术进步到一定程度才可以研发并生产的纤维。

（1）芳香族聚酰胺纤维的分类。芳香族聚酰胺纤维是酰胺键直接与两个芳环连接而成的线型聚合物。在我国，芳香族聚酰胺（Aramid）纤维的商品名为芳纶。

芳香族聚酰胺纤维中最具代表性的是由杜邦公司开发的聚对苯二甲酰对苯二胺（PPTA）。其商品名称为"凯夫拉（Kevlar）"，我国将其称为芳纶1414。其具有高强度、高模量和耐高温的特点。

聚间苯二甲酰间苯二胺（PMIA）纤维简称为芳纶1313。其同样最早为杜邦公司研发并进行工业化生产，该纤维最突出的特点是耐热性好和耐燃性好。

（2）芳香族聚酰胺纤维的结构与性能。聚对苯二甲酰对苯二胺的大分子链刚性很强，缠结较少，流动取向效果显著，纺丝成形并经适当热处理后，可获得具有较高取向度和结晶度的纤维。聚对苯二甲酰对苯二胺的分子链几乎处于完全伸直状态，这种结构不仅使聚对苯二甲酰对苯二胺具有很高的强度和模量，而且还使其表现出良好的热稳定性。

聚对苯二甲酰对苯二胺对普通有机溶剂、盐类溶液等具有很好的耐化学试剂的特点，但耐强酸、强碱性较差，而且其对紫外线也相对比较敏感，不适合直接暴露在日光下使用。

单元 2.3　常见纺织纤维的鉴别

纤维制品的性能与纤维的形态、性质直接相关，故在分析成品织物中的具体纤维组成、纤维的配比及对未知纤维进行剖析、研究和仿制，以及科学研究、考古断代、公安甄别、进出口商检时，都需要对纤维进行鉴别。纤维鉴别就是依据各种纤维的外观形态、结构与组成和内在性质的差异，采用物理或化学方法来将其区分。常用的方法有手感目测法、显微镜观察法、燃烧法、溶解法、着色法等。其中，手感目测法和燃烧法相对比较主观，而着色法不适用于有色纤维。近代物理测量方法与测试仪器的普及，使红外光谱、质谱技术、X射线衍射技术等在纺织材料结构、组成和性能的表征中得到普遍应用。可见，纤维鉴别是一项既实用且技术性很强的工作。

视频：纤维成分检测

拓展资源：纤维成分检测

课件：常见纺织纤维的鉴别的方法介绍

视频：常见纺织纤维鉴别的方法介绍

2.3.1　传统鉴别法

在现代纺织品的贸易中，对于纺织纤维的鉴别来说，纺织纤维的定量鉴别与定性鉴别同样重要，因此，下面主要介绍常用的既可定性又可定量鉴别的手段。

1. 手感目测法

手感目测法主要是根据纺织纤维的长度、细度、色泽、手感等特征，来区分纺织纤维是天然纤维还是化学纤维，是长丝纤维还是短纤维。

视频：燃烧法理论及实操演示

①纤维长度：如果纤维长度比较长，那可能是天然纤维中的蚕丝，或者是化学长丝中的粘胶长丝、涤纶长丝、锦纶长丝、氨纶长丝等。如果是短纤维，长度不整齐的，可能是天然纤维中的棉、毛、麻等；长度整齐的，可能是化学纤维中的粘胶、天丝、涤纶、维纶等。

②纤维细度：纤维较粗且不均匀的，应该是麻纤维。纤维很细的可能是超细纤维，或者天然纤维中的棉纤维或者是蚕丝。

③纤维色泽：天然乳白色的，可能是棉纤维；羊毛纤维绝大多数是土棕色；化学纤维一般为漂白色。

④纤维手感：手感柔软的，可能是粘胶纤维、蚕丝纤维或超细纤维。手感较硬的，可能是麻纤维或涤纶纤维。

2. 燃烧法

燃烧法是用镊子夹住一小束纤维，使其接近火焰，观察纤维在接近火焰、火焰中或离开火焰三个过程中，纤维是否熔融、燃烧速度、气味以及燃烧后的灰烬等。常见纺织纤维的燃烧特征见表 2-12 所示。

表 2-12　常见纺织纤维的燃烧特征

纤维名称	接近火焰	在火焰中	离开火焰	燃烧时的气味	燃烧后的残渣特征
棉	不缩不熔	迅速燃烧	继续燃烧	烧纸味	细丝状松软状的灰黑色灰烬
麻	不缩不熔	迅速燃烧	继续燃烧	烧纸味	细丝状松软的白色色灰烬
羊毛	收缩不熔	较慢燃烧	不易延燃	毛发烧焦味	块状松脆的灰
蚕丝	收缩不熔	较慢燃烧	不易延燃	毛发烧焦味	松脆的黑颗粒
粘胶	不缩不熔	迅速燃烧	继续燃烧	毛发烧焦味	细丝松软状的灰黑色灰烬
天丝	不缩不熔	迅速燃烧	继续燃烧	毛发烧焦味	细丝状松软状的灰烬
醋酯	收缩熔融	先熔后烧	继续燃烧	醋味	较硬的黑块
大豆蛋白	收缩熔融	先熔后烧	继续燃烧	烧豆渣味	块状松脆颗粒
牛奶丝	收缩不熔	较慢燃烧	不易延燃	毛发烧焦味	块状松脆的灰
涤纶	收缩熔融	先熔后烧	继续燃烧	特殊的芳香味	较硬的黑球
锦纶	收缩熔融	先熔后烧	继续燃烧	氨臭味	较硬的黑褐色球
腈纶	收缩熔融	先熔后烧，速度较快	继续燃烧	辛辣味	黑色不规则小球
氨纶	收缩熔融	先熔后烧	不易延燃	臭味	黑胶状
维纶	收缩熔融	先熔后烧	继续燃烧	特殊甜味	黑色不规则硬球
丙纶	缓慢收缩	先熔后烧	继续燃烧，有蜡状溶液滴下	烧石蜡味	黄褐色硬球
氯纶	收缩熔融	先熔后烧，燃烧火焰很低	自行熄灭	刺鼻气味	黑色不规则硬球

3. 显微镜观察法

显微镜观察法即采用显微镜来观察纤维的纵向和横截面形态特征来鉴别纤维的方法。通常，纺织工业所用的纤维，其直径在微米尺度（1 ～ 100 μm），可通过光学显微镜（其原理如图 2-9 所示）和扫描电子显微镜（其原理如图 2-10 所示）进行有效的观察，而扫描电子显微镜

课件：显微镜观察法理论及实操演示

视频：显微镜观察法理论及实操演示

还可以观察纳米尺度（1 ~ 100 nm）的纺织纤维。

　　该方法主要对纺织品交易中常用的纤维，尤其是对天然纤维进行观察和分析，具有简单和直观的特点。由于合成纤维，如涤纶、丙纶、锦纶等外观结构比较相近，所以，需要借助其他鉴别方法。常见纺织纤维的横截面形状和外观形态结构特征见表2-13。

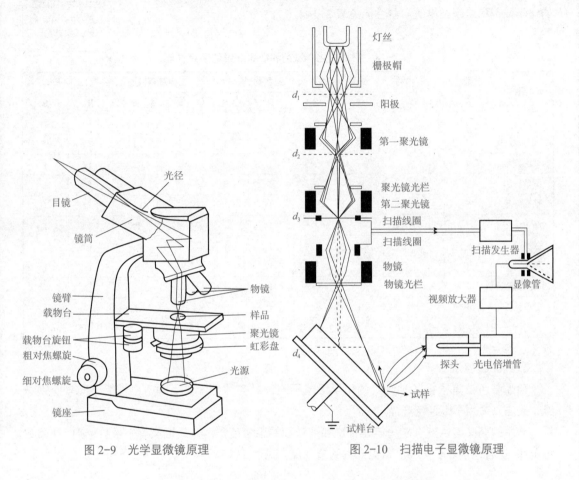

图 2-9　光学显微镜原理　　　　　　　图 2-10　扫描电子显微镜原理

表 2-13　常见纺织纤维的横截面形状和外观形态结构特征

纤维种类	纵向形态	横截面形态
棉纤维	天然扭曲	腰圆形、有中腔
苎麻纤维	横节竖纹	腰圆形，有中腔，胞壁有裂纹
绵羊毛	鳞片呈环状或瓦状	近似圆形或椭圆形，有的有毛髓
桑蚕丝	平滑	不规则三角形
粘胶纤维	多根沟槽	锯齿形、皮芯结构
涤纶	平滑	圆形
氨纶	平滑	不规则圆形或土豆形

4. 溶解法

溶解法是依据各种纤维在不同化学试剂中的溶解性能的差异来鉴别纤维的。它适用于各种不同化学组成的纺织材料。该方法具有操作简单、试剂制备容易、准确性高、不受纤维染色、混合和掺杂等因素的影响。溶解法是纤维鉴别和混纺比测量的常用方法。由于一种化学试剂能溶解多种纺织纤维，必要时需要进行几种化学试剂的组合溶解试验，才能确定纺织纤维的类别及具体含量。常用的化学试剂和纺织纤维的溶解性能见表2-14。

视频：化学溶解法
理论及实操演示

表2-14　常用的化学试剂和纺织纤维的溶解性能

纤维种类	盐酸（36%～38%）		硫酸（70%）		强氧化钠（5%）		二甲基甲酰胺		二甲苯	
	R	B	R	B	R	B	R	B	R	B
棉纤维	I	P	S	S_o	I	I	I	I	I	I
麻纤维	I	P	S	S_o	I	I	I	I	I	I
羊毛纤维	I	I	—	I	I	S	I	I	I	I
蚕丝纤维	P	S	S_o	—	I	S	I	I	I	I
粘胶纤维	S	S_o	S	S_o	I	I	I	I	I	I
涤纶纤维	I	I	I	I	I	I	I	PS	I	I
锦纶6纤维	S_o	—	S_o	I	I	I	I	S	I	I
腈纶纤维	I	I	I	S	I	I	SP	S_o	I	I
聚乙烯纤维	I	I	I	—	I	I	I	I	I	S
氨纶纤维	I	I	S	S	I	I	I	S_o	I	I

注：S_o—立即溶解；S—溶解；P—部分溶解；I—不溶解。溶解时间：常温（R）下5 min、煮沸（B）下3 min

5. 药品着色法

药品着色法是根据各种纤维的化学组成不同，对各种化学药品的着色性能不同来鉴别纤维，此法只适用于未染色产品。

常用的药品着色剂有碘—碘化钾饱和溶液和锡莱着色剂A，最近又有1号着色剂、4号着色剂和HI着色剂等若干种。常见纤维的着色反应见表2-15。

表2-15　常见纤维的着色反应

纤维名称	碘－碘化钾	着色剂A	HI着色剂	1号着色剂	4号着色剂
棉	不着色	蓝色	灰色	蓝色	红青莲
羊毛	浅黄	鲜黄	红莲	棕色	灰棕色
蚕丝	浅黄	褐色	深紫	棕色	灰棕色
麻	不着色	紫蓝	青莲	蓝色	红青莲
粘胶	黑蓝青	紫红	绿色	蓝色	红青莲
醋酯	黄褐色	绿黄	橘红	橘红	绿色
涤纶	不着色	微红	红玉	黄色	红玉
锦纶	黑褐色	浅黄	绛红	绿色	棕色
腈纶	褐色	微红	桃红	红色	蓝色

续表

纤维名称	碘－碘化钾	着色剂 A	HI 着色剂	1 号着色剂	4 号着色剂
维纶	蓝灰	褐色	玫红	—	—
丙纶	不着色	不着色	鹅黄	—	—
氯纶	不着色	不着色	—	—	—

备注 1. 碘－碘化钾：将 20 g 碘溶解于 100 mL 的碘化钾溶液中配制而成，测试时，将纤维浸入溶液中 30～60 s。
2. 1 号着色剂：3 g 分散黄，2 g 阳离子红，8 g 直接耐晒蓝，100 g 蒸馏水。
3. 4 号着色剂：3 g 分散黄，2.5 g 阳离子蓝，3.5 g 直接桃红，100 g 蒸馏水。

2.3.2　近代物理技术鉴别法

1. 红外光谱法

采用连续不同频率的红外线照射纺织纤维样品时，当某一频率的红外线与纺织纤维大分子结构键的振动频率一致时，将会对光线产生共振而被吸收的现象，从而得到纺织纤维的红外吸收光谱，并且所测试的纤维的大分子结构中所含有的基团数量越多，其对该种波长的光线吸收越多。根据纺织纤维的红外线光谱图，可判定纺织纤维的品种类别进行鉴别。

2. 核磁共振法

在核磁共振技术中，对物质进行鉴别的常用方法主要包含核磁氢谱（^{1}H）和核磁碳谱（^{13}C）。对于纺织纤维这样的高分子材料来说，一般采用核磁共振碳谱（^{13}C）来进行分析。核磁共振碳谱（^{13}C）可提供纺织纤维大分子链中碳原子所处的不同化学环境，以及碳原子之间的关系。依据这些信息，可以确定纺织纤维分子结构的组成、不同原子之间的连接方式及大分子的空间结构。

🔘 **拓展资源**

"世界棉花看中国，中国棉花看新疆"。新疆维吾尔自治区的长绒棉，因其柔软细腻、光泽度好，成为棉花界明星般的存在。新疆棉的发展背后，是多领域的持续攻坚与付出。过去，我国没有种植长绒棉，特纺工业所需原料全部依赖进口。1954 年，新疆应农业部要求开展引种试验，并获得成功；1955 年以后，引进国外长绒棉品种继续鉴定试验，建立科研机构，开展新品种选育和栽培技术研究。在棉花的生产用种上，过去主要是草棉和部分混杂退化的陆地棉；中华人民共和国成立后，从引进苏联品种逐渐发展为应用自育品种。经过多年数次换种，生产用种已实现自育品种化。另外，新疆还利用高科技生产出天然彩色棉，在国际市场上每吨售价 4 000 美元，展示出良好的发展前景。

新疆与国内其他产棉区相比，具有更多有利的气象条件。新疆空气干燥、云量少、晴天多、日照充足，有利于棉纤维生长，能显著降低烂铃率，提高单位面积产量。新疆是我国日照时间最长的省区，棉花每年可享受 2 500～3 500 h 的"日光浴"。昼夜温差大，有利于棉花干物质积累及经济产量形成；而丰富多样的光热资源，有利于各类型棉花生长。来自天山和昆仑山的雪山融水，堪称"水中贵族"，为新疆棉花提供了充足、稳定且优质的水源。总体而言，新疆已经成为我国棉花产业的中心地带之一，而且新疆棉的品质、效益和开发潜力不断提升。通过持续技术创新和发展，新疆棉将在未来继续展现出更加优异的表现。

新疆棉生长季节水热同季（水热同季是指这个气候区降水和气温的最大值出现在同一季节），给了种植在绿洲灌溉农业区棉花十足的"安全感"。干燥的气候及冬季极寒天气，也不利于害虫的生长繁殖。因而，棉花在生长过程中，病虫害这一老大难问题也被完美规避，生产成本大大降低，质量优良。

目前，新疆也是国内唯一大量生产长绒棉的地区。截至2020年棉花生产季结束，新疆棉总产、单位面积产量、种植面积、商品调拨量均名列全国第一。你可能想不到，这四个"第一"，新疆棉花已连拿了26年。

习 / 题

在线答题

学 / 习 / 评 / 价 / 与 / 总 / 结

指标	评价内容	分值	自评	互评	教师
思维能力	能够从不同的角度提出问题，并解决问题	10			
自学能力	能够通过已有的知识经验来独立地获取新的知识和信息	10			
学习和技能目标	能够归纳总结本模块的知识点	10			
	能够根据本模块的实际情况对自己的学习方法进行调整和修改	10			
	能够掌握纺织纤维的基本分类、组成物质和形态结构	10			
	能够掌握纺织纤维的基本特性及其应用	10			
	能够掌握纺织纤维的常用鉴别方法	10			
素养目标	能够具有精益求精的工匠精神	10			
	能够具有独立思考的能力、归纳能力、勤奋工作的态度	10			
	能够具有细心踏实、独立思考、爱岗敬业的职业精神	10			
总结					

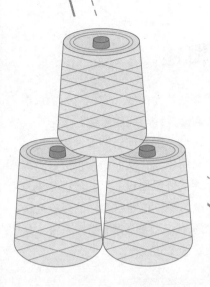

模块 3
纱线是怎样纺成的

知识目标	1. 熟悉棉纺的基本流程； 2. 准确阐述几种新型纺纱技术； 3. 准确阐述表征纱线的基本性能
知识难点	棉纺的基本流程及几种新型纺纱技术
推荐教学方式	结合企业生产案例，通过对精梳纱 40 英支的工艺设计，让学生了解纺纱的生产工艺流程
建议学时	6 学时
推荐学习方法	借助虚拟仿真软件，先设计出合理的生产工艺参数，生产精梳纱 40 英支的棉纱，然后在数字化纺纱实训室进行试纺，让学生更好地掌握棉纺的生产工艺流程
技能目标	1. 能了解纱线是如何纺成的； 2. 能识别不同的纺纱机； 3. 能对着实际典型纺纱设备辨认出设备主要部件及其主要作用
素质目标	1. 展现出对纺纱的热爱； 2. 养成精益求精的工匠精神； 3. 培养学生自主学习的能力； 4. 具有较强的问题分析判断及解决能力； 5. 具有良好的沟通交流能力

单元 3.1　纺纱生产概述

由纺织纤维构成的细而柔软并具有一定力学性质的连续长条统称为纱线。它们可以由单根或多根连续长丝组成，或由许多根不连续的短纤维组成。纱线实际是纱与线的总称。

纺纱过程就是以各种纺织纤维为原料，通过纤维的集合、牵伸、加捻而纺制成纱线，以供织造使用。因采用的纤维种类不同，其生产设备、生产流程也有所不同，从而纺纱也被分为棉纺、毛纺、麻纺和绢纺四大纺纱工程。各种纺纱工程可根据不同的纤维原料、工艺流程分成若干纺纱系统。例如，棉纺工程的粗（普）梳系统、精梳系统、废纺系统；毛纺工程的粗梳毛纺系统、精梳毛纺系统、半精梳毛纺系统；麻纺工程的苎麻纺纱系统、亚麻（湿）纺纱系统、黄麻纺纱系统；绢纺工程的绢丝纺系统等。本模块以棉纺来说明纺纱工艺流程。

3.1.1　纺纱基本原理及其作用过程

1. 纺纱基本原理

各种纺纱工程和不同的纺纱系统所选用的机械设备和工艺流程有很大差异，具有自己独立的特点，但其纺纱的基本原理（作用）是一致的，一般都需要经过开松、梳理、牵伸、加捻等基本过程，如图 3-1 所示。

课件：纺纱生产概述

视频：纺纱基本原理及作用过程

图 3-1　纺纱的基本作用过程

纺纱厂使用的纤维原料多数以压紧包的形式运送到工厂，纤维原料是杂乱无章的块状集合体。在纺纱加工中，需要先把压紧包中的纤维原料中间原有的局部横向联系（纤维间的交错、纠结）彻底解除（这个过程称为"松解"），并牢固建立首尾衔接的纵向联系（这个过程称为"集合"），纺制成纱线。在现代纺纱技术中，松解和集合都不能一次完成，需要经过开松、梳理、牵伸和加捻四个步骤或作用。

2. 纺纱作用过程

图 3-1 所示的纺纱基本作用过程是能否成纱的决定性步骤，这些步骤在纺纱加工中是不可缺少的，而实际的纺纱加工中，为了能获得较高质量的纱线，往往还需要有各种步骤或作用（除杂、混合、精梳、并合、卷绕等）的共同配合。一个完整的成纱作用可分为几个部分的综合作用，如图 3-2 所示。

图 3-2　纺纱的完整作用过程

3.1.2　棉纺纺纱系统

棉织物服用性能良好，价格低，且棉纺工序比较简单，故在纺织工业中占首要地位。在实际生产中，棉纺厂的进厂原料是经过初加工的棉包，纺纱时应根据不同的原料和不同的成纱要求来确定纺纱系统。棉纺加工一般有粗梳（普梳）系统和精梳系统。各系统的工艺流程如下。

1. 纯棉纺纱

（1）粗梳系统。粗梳系统也称普梳系统，一般用于纺制中、低特纱，也可用于纯化纤纺纱，供织造普通织物用。其工艺流程：配棉与混棉→开清棉→梳棉→并条（头道）→并条（二道）→粗纱→细纱→后加工。

（2）精梳系统。精梳系统用于纺制高档产品。其工艺流程：配棉与混棉→开清棉→梳棉→精梳准备→精梳→并条（头道）→并条（二道）→粗纱→细纱→后加工。

2. 棉与棉型化纤混纺

以涤棉混纺纱为例，其工艺流程如下：

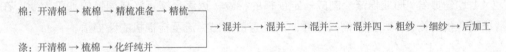

棉：开清棉 → 梳棉 → 精梳准备 → 精梳──┐
　　　　　　　　　　　　　　　　　　　　├→ 混并一 → 混并二 → 混并三 → 混并四 → 粗纱 → 细纱 → 后加工
涤：开清棉 → 梳棉 → 化纤纯并──────┘

3.1.3　原料的选配与混合

原料的选配与混合是在纺纱之前，对不同品种、等级、性能和价格的纤维原料进行选择，按一定比例搭配使用，混合成质量一定的混合原料，以确保同一批号纱线质量的长期稳定。原料合理的搭配使用，有利于保持生产的连续进行和成纱质量的长期稳定，有利于节约原料和降低成本。

1. 配棉

棉纺厂一般不采用单一唛头的原棉纺纱，而是根据实际要求将几种唛头的原棉相互搭配后使用，做到不同性质的原棉相互搭配、优势互补，从而节约用棉和降低成本。

配棉的方法有分类排队法和计算机配棉法。对于天然彩棉纺纱和色纺纱，还要考虑不同色彩的搭配。

2. 混棉

混棉就是确保混合棉中的各种成分，在纺纱时混合均匀，以提高成纱的条干均匀度。混棉的方法主要有棉包混合、棉条混合以及小量称重混合三种。生产中应根据原料的性质，合理选取混棉方法。纯纺时多采用棉包混合；性状差异较大的混纺原料一般采用棉条混合。

单元 3.2　开清棉

棉花的初步加工通常称为轧花，也可称轧棉，轧棉的主要任务是把棉籽上生长着的纤维与棉籽分离开。轧下来的棉纤维称作皮棉或原棉，它是纺纱厂的主要原料。

将原棉或各种短纤维加工成纱需要经过一系列纺纱过程，开清棉是棉纺工艺过程的第一道工序。纺纱厂使用的纺织原料多数以压紧包的形式运输到工厂，纺织原料中又含有各种各样的杂质和疵点。

课件：开清棉任务与流程

视频：开清棉任务与流程

3.2.1 开清棉工序的任务

开清棉工序的主要任务是开松、除杂、混合及均匀成卷 / 形成棉流。

（1）开松。通过开清棉联合机各单机中的角钉、打手的撕扯和打击作用，将棉包或化纤包中压紧的块状纤维松解成小棉束，为除杂和混合创造条件。

（2）除杂。在开松的同时去除原棉中 50% ～ 60% 的杂质，尤其是棉籽、籽棉、不孕籽、砂土等大杂。

（3）混合。将各种原料按照配棉比例充分混合。

（4）均匀成卷 / 形成棉流。制成一定规格的棉卷，以满足搬运和梳棉机的加工需要。在采用清梳联合机的情况下，则不需要成卷，而是直接输出棉流至梳棉机的储棉箱。

3.2.2 开清棉机械

开清棉的任务是由一套开清棉联合机组共同完成的。开清棉联合机组因所采用的原料不同而有不同的排列组合。常见的排列组合如图 3-3 所示。组成联合机组的工艺原则是混合充分，成分正确，不同原棉合理打击，多松少返，早落少碎，棉卷均匀，结构良好。排列次序为抓棉机械→混棉机械→开棉机械→给棉机械→清棉成卷机械。

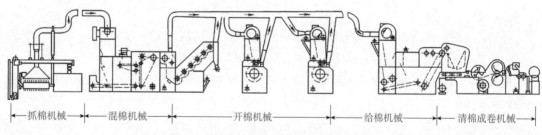

|←—抓棉机械—→|←—混棉机械—→|←———开棉机械———→|←——给棉机械——→|←—清棉成卷机械—→|

图 3-3 开清棉联合机组常见的排列组合

（1）抓棉机械。抓棉机械从棉包（或化学纤维包）中抓取棉块或棉束，送给下一机台，具有开松与混合作用。

动画：抓棉机

（2）混棉机械（棉箱机械）。混棉机械对抓棉机械送来的原料进行充分混合，同时完成一定的扯松和除杂作用。

（3）开棉机械。开棉机械主要是对原料进行有效的开松，并清除大部分杂质。

（4）给棉机械。给棉机械靠近清棉成卷机械，以均匀给棉作用为主，同时对原料进行扯松与混合。

（5）清棉成卷机械。清棉成卷机械可以对原料进行较为细致的开松和除杂，并通过给棉机构和成卷机械制成均匀的棉卷。在使用清梳联合机时，不需要成卷，直接输出均匀棉流。开清棉工序的各单机通过凝棉器、配棉器、管道和联动装置连接组成开清棉联合机组。

动画：六仓混棉机

动画：自动混棉机

动画：豪猪开棉机

动画：成卷机

单元 3.3　梳棉

梳理是松解纤维集合体的主要生产工艺，它通过大量梳针与纤维群之间的相互作用，解除纤维间的横向联系，同时，逐步建立纤维首尾相搭的纵向联系。按梳理作用的侧重点和所达到的不同工艺要求，梳理可分为普梳和精梳。粗梳为自由梳理，即梳棉；精梳为握持梳理。

3.3.1　梳棉工序的任务

经过开清棉工序的加工，棉卷或棉流中的纤维多数呈松散棉块、棉束状态，并含有 1% 左右的杂质，其中多数为较小的带纤维或黏附性较强的杂质和棉结。所以，必须将纤维束彻底松解成单纤维。同时，要继续清除残

课件：梳棉任务与流程

视频：梳棉任务与流程

留在棉束中的细小杂质。伴随分梳和除杂工作，还应充分混合配棉成分的纤维，制成均匀的棉条，以满足下道工序加工的要求，因此梳棉的工序任务如下：

（1）分梳。在少损伤纤维的前提下，对喂入棉层进行细致而彻底的分梳，使束纤维分离成单纤维状态。

（2）除杂。继续消除残留在棉层中的杂质和疵点，如带纤维籽屑、破籽、不孕籽、软籽表皮、棉结及短纤维和梳不开的纤维束与尘屑等。

（3）均匀、混合。利用梳棉机针布梳理的"吸""放"功能，使纤维间充分混合，并使生条保持质量均匀。

（4）成条。制成一定线密度的均匀棉条，并有规则地圈放在条筒内，供下道工序使用。

3.3.2　梳棉机的工艺流程

应用于棉纺的盖板式梳理机（梳棉机）的梳理原理如图 3-4 所示。其梳

动画：梳棉机

理工艺过程：置于棉卷罗拉上的棉卷依靠摩擦退解（采用清梳联合机时，由清棉机输出的棉流经管道喂入棉箱），在给棉罗拉与给棉板的共同握持下，喂给刺辊进行分梳。表面包覆锯条的刺辊高速回转，使慢速喂入的棉层受到穿刺、分割。刺辊上方的刺辊吸罩向机外吸气，可以防止由于刺辊高速回转引起尘杂和短绒飞扬，并稳定气流。分梳后的纤维随刺辊一起向下运动时，经过两块刺辊分梳板。分梳板的前部各有一把除尘刀，以完成除杂作用。

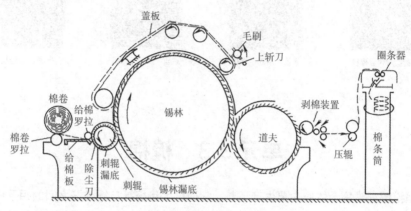

图 3-4　梳棉机的梳理原理

纤维在受到分梳板上锯齿的分梳作用后，通过刺辊与锡林连接处的三角形小漏底后被锡林高速剥取。锡林剥取的纤维随锡林向上运动，经过 3 块后固定盖板的梳理后，进入锡林盖板梳理工作区。经过锡林与盖板两个针面的反复梳理、除杂作用后，充塞到盖板针齿内的纤维（主要是短纤维）和杂质在盖板走出工作区后，被盖板花吸点吸走。由锡林带出的纤维通过 4 块前固定盖板的梳理，一部分凝聚到道夫的针面上，由剥棉罗拉剥取后收拢成条，经大压辊压紧后输出，通过圈条器有规律地圈放在条筒内；另一部分未被道夫凝聚的纤维，则随锡林经大漏底与新喂入的纤维混合后进入锡林盖板工作区，再一次受到梳理作用。梳棉机的主要梳理机件（刺辊、锡林、盖板及道夫）上包覆有锯条或针布，其规格参数设计是否合理，制造质量的好坏，对梳理质量影响颇大。梳棉工艺要求针齿能抓取纤维，并使纤维经常处于针端接受另一针面的梳理，而且纤维易从一个针面向另一针面转移。针齿尖应经常保持锋利、光洁、平整，且耐磨，以做到相邻针面间紧隔距，达到强分梳的要求。

单元 3.4　精梳

　　精梳为握持梳理。从梳理机下来的生条中还含有较多的短纤维和杂质、疵点（棉结、毛粒等），纤维的伸直平行度和分离度也不够，难以满足高档纺织品的纺制要求。因此，对质量要求较高的纺织品，如细洁挺括的涤棉织物、轻薄凉爽的高档汗衫、柔滑细密的细特府绸，都需要使用经过精梳纺纱系统纺制成的纱线。

虚拟仿真：精梳机

3.4.1　精梳工序的任务

（1）排除过短的纤维：为了纺制细特纱，必须除去纤维条中的过短纤维，以提高纤维长度的整齐度，改善纤维的可纺性，减少纱线表面毛羽，提高成纱条干的均匀性及成纱强度。

课件：精梳任务与精梳纱特点

视频：精梳任务与流程

（2）清除结杂：较为彻底地除去纤维条中由各种纠缠、扭结纤维形成的结子、粒子及细小的草屑、籽屑等杂质，以减少细纱断头、成纱杂质和疵点，提高成纱质量。

（3）伸直、平行、分离纤维：精梳后，纤维条中的弯钩纤维明显减少，纤维的伸直、平行、分离度均有明显提高，这有利于提高成纱的条干均匀性、强度和光泽。

（4）均匀混合纤维：通过喂入和输出条子的并合作用，使各种不同成分、不同性状的纤维得到进一步均匀混合，以提高成纱质量。

3.4.2　精梳前准备

精梳前的准备工序主要有以下三种形式的工艺流程：

（1）预并条→条卷工艺流程。例如，梳棉棉条→FA302 型并条机→FA331 型条卷机。此工艺的特点是机台结构比较简单，对纤维的伸直作用较好，加工的小卷定量可偏重一些。

（2）条卷→并卷工艺流程。例如，梳棉棉条→FA334 型条卷机→FA344 型并卷机。此工艺制成的小卷的横向均匀度较好，有利于精梳钳板的可靠握持，使每枚梳针作用的纤维数比较均匀，精梳落纤较少。

（3）预并条→条并卷联合工艺流程。例如，梳棉棉条→FA302 型并条机→FA355 型条并卷联合机。此工艺的牵伸倍数较大，并合数较多，这可以改善纤维的伸直、平行程度及小卷均匀性，有利于提高精梳机产量，节约用棉，但条并卷联合机占地面积大，小卷易粘连，对车间温度、湿度的控制要求较高。

3.4.3　精梳原理

精梳机根据其形式可分为直型精梳机和圆型精梳机。直型精梳机适合加工长度为 30～100 mm 的各种纺织纤维。直型精梳机的主要特点是梳理作用为间歇式周期性工

动画：精梳机

动画：精梳

作，其去除结粒、杂质的效果好，精梳落纤较少，但产量也比较低。直型精梳机根据其分离（拔取）部分及钳板部分的摆动形式不同，又可分为前摆动式直型精梳机、后摆动式直型精梳机和前后摆动式直型精梳机三种。圆型精梳机适合加工 75 mm 以上的长纤维原料。圆型精梳机根据其工作形式，可分为连续作用式圆型精梳机和分段作用式圆型精梳机。棉精梳机属于后摆动式直型精梳机，其梳理运动是一种周期运动，每个运动周期称为一个钳次，可分为互相连续的四个阶段，即锡林梳理阶段、分离前准备阶段、分离接合阶段和锡林梳理前准备阶段。梳理原理是输出的棉

层被周期性地断开，纤维的一端被积极握持而梳理其另一端，可以将未被握持的短纤维、杂质梳理掉，并且纤维两端均先后受到积极梳理，梳理后的棉层再依次接合成棉网，连续地输出；输出的棉网经切向牵引集棉区而汇集成棉条，一定数量的棉条再经过牵伸、合并，集束成精梳棉条。

3.4.4 精梳后的并条或整条

由于精梳后的须条是由各个须丛叠合而成的，须条内的纤维分布并不十分均匀，精梳须条的条干存在周期性不均匀，所以，还必须经过 2～4 道并合、牵伸，以进一步改善、提高精梳须条的质量，此工艺过程称为并条或整条。

单元 3.5 并条

并条是将 6～8 根梳理须条或精梳须条进行并合、牵伸，以降低须条的长片段（5 m）重量不匀率，使纤维伸直平行，同时对纤维做进一步的混合。并条过程的主要作用是牵伸和并合。牵伸时，须条中的纤维沿长度方向做定向运动，在纤维间摩擦力、抱合力的作用下，须条中的纤维进一步伸直、平行。由于牵伸区中浮游纤维的随机性，牵伸将使须条的条干均匀性变差。为了弥补因牵伸引起须条条干均匀性变差的缺陷，往往要进行并合。并合作用可以提高须条的条干均匀性，改善须条的结构不均匀。

课件：并条任务与流程

视频：并条任务与流程

动画：并条机

动画：压力棒牵伸

3.5.1 牵伸方法

实现牵伸的方法主要有两种：一种是罗拉牵伸；另一种是气流牵伸。

（1）罗拉牵伸。罗拉牵伸是依靠表面速度不同、隔距与纤维长度相当的前后两对罗拉的作用而实现的，在传统纺纱工艺中的应用十分普遍。

（2）气流牵伸。气流牵伸是借助气流的作用而实现牵伸，其被应用在非传统的纺纱工艺中。另外，借助离心力、静电力等的作用也能实现牵伸。

3.5.2 并条机的工艺流程

并条是在并条机上完成的。如棉纺并条机，在棉并条机后的导条高架两侧放 6～8 个棉条筒；棉条在导条罗拉的牵引下并排到达集束板，被集束罗拉收拢的并列须条进入牵伸机构，经牵伸后的须条进入集束管，输出后通过喇叭口再导入紧压辊，在圈条器的作用下，有规律地圈放在输出条筒内。并条过程如图 3-5 所示。

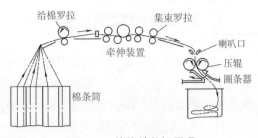

经过并条后的须条，通常称为熟条。熟条的重量不匀率随着并合数的增加而降低。但并合数太大或并合道数太多，对须条长片段均匀度的改善并不显著，而短片段均匀度（条干均匀度）随并合道数也就是牵伸次数的增多而恶化，因此，棉纺一般采用两道并条。涤棉混纺一般采用涤纶

图 3-5　棉纺并条机原理

条和精梳棉条在并条机上混合，采用三道并条。在混合要求高时，涤纶生条先经一道预并（纯并），可进一步减小混合比的偏差，从而减少混纺色差。对于并条后棉条的质量，生产上主要控制棉条定量（g/5 m）、标准定量的差异范围（长片段重量不匀率）及棉条条干不匀率。

单元 3.6　粗纱

在传统纺纱工艺中，粗纱工序是纺制细纱前的准备工序。目前，除转杯纺纱机等新型纺纱机可用须条直接喂入外，由于环锭细纱机的牵伸能力只有 30 ～ 50 倍，而由须条到细纱需 150 倍以上的牵伸，所以，在并条与细纱之间还必须经过粗纱工序。

课件：粗纱任务与流程

视频：粗纱任务与流程

动画：粗纱机

3.6.1　粗纱工序的任务

（1）牵伸。将须条拉细成具有一定线密度的粗纱。须条经牵伸后制成的粗纱应适应细纱机的牵伸能力，在牵伸过程中使纤维进一步伸直、平行，粗纱的牵伸倍数一般为 5 ～ 12 倍。

（2）加捻。须条经牵伸后，纱条截面中纤维根数减少，虽然纤维的伸直、平行度提高了，但纱条强力较低。因此，粗纱工序必须对输出纱条施加适当的捻回，使粗纱具有一定的强力，以承受加工过程中的张力，防止意外牵伸。加捻是借助锭翼进行的，锭翼每转动一圈，粗纱就获得一个捻回；加捻方向由锭子和锭翼的回转方向决定，要求与纺制的细纱捻向一致，加捻方向决定了纱条内纤维的倾斜方向（图 3-6），常用英文字母 S 和 Z 的中段倾斜方向来表示，若纱条内纤维由下向上、自右向左倾斜的称作 S 捻（又称顺手捻），自左向右倾斜的称作 Z 捻（又称反手捻）。适当的捻度可以使粗纱具有一定的强度，防止在卷绕和退绕时有意外伸长，但捻度太大，会影响下一道工序（细纱）的牵伸。

（3）卷绕。粗纱被卷绕在筒管上，制成一定形状的卷装，以便于搬运、储存，并适应细纱机喂入和退绕的需要。值得注意的是，亚麻粗纱要进行煮练和漂白，这是亚麻纺纱的特色。其目的是改善湿纺车间的劳动条件，也使煮练后的粗纱洁净度提高，纤维的细度更细，提高了纤维的纺纱性能，提高了细纱强度而降低了强度不匀率。

3.6.2 粗纱机的工艺流程

粗纱工序是将末道并条的须条牵伸拉细，以减轻细纱机的牵伸负担，并加上适当的捻度，使纱条具有一定强度，最后卷绕在筒管上。粗纱的加工工艺过程：将熟条从机后的条筒中引出，经导条辊和其前方的喇叭口而喂入牵伸装置，熟条在此被牵伸成规定线密度的须条，并由前罗拉输出，经过锭翼加捻成粗纱，并卷绕到筒管上。棉纺粗纱机加工工艺过程如图3-7所示。

图3-6 捻向

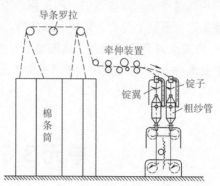

图3-7 棉纺粗纱机加工工艺过程

单元 3.7 细纱

细纱工序是成纱的最后一道工序。其作用是将粗纱纺制成具有一定线密度和物理机械性能，符合质量标准的细纱，并卷绕成一定卷装，供制线、织造使用。

虚拟仿真：
细纱生产流程

课件：细纱任务与
流程

3.7.1 细纱工序的任务

（1）牵伸。将喂入的粗纱进一步均匀地抽长拉细到成纱所要求的线密度。

（2）加捻。将牵伸后的须条加上适当的捻度，使细纱具有一定的强度、弹性、光泽和手感等物理机械性能。

（3）卷绕成型。将纺制成的细纱按一定的成型要求卷绕在筒管上，便于运输、储存和后道工序的加工。

视频：细纱任务与
流程

动画：细纱机

3.7.2 细纱机的工艺流程

细纱的加工工艺过程：将粗纱从吊锭上的粗纱管退绕下来，经过导纱杆及缓慢往复运动的横动导纱喇叭，喂入牵伸装置进行牵伸。牵伸后的须条由前罗拉输出，经过导纱钩、穿过钢丝圈、经加捻后绕到紧套在锭子上的纱管上。棉纺细纱加工工艺过程如图 3-8 所示。

细纱机为多锭位机台，每一锭位喂入单根粗纱，牵伸倍数为 10 ～ 50 倍，依所纺的纱线线密度而定。纱线的加捻是通过锭子的高速回转，借助纱条张力的牵动，使钢丝圈沿着钢领高速回转，纱条由此获得捻回。钢丝圈每转一转，纱条得到一个捻回。加捻的程度（捻度）视纱线的具体要求而定，捻度的大小决定纱线的强力、弹性、伸长、光泽和手感。锭子是细纱机加捻和卷绕的重要机件，锭子转速很高，为 14 000 ～ 17 000 r/min，且与成纱质量密切相关，所以，生产上对锭子的要求较高，如运转要平稳、振幅要小、使用寿命要长、功率消耗小、噪声低、承载能力大、结构简单可靠、制造方便、易于维修等。

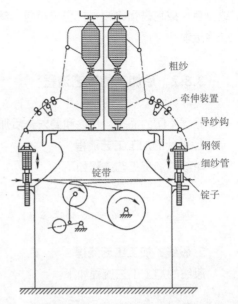

图 3-8 棉纺细纱加工工艺过程

单元 3.8 后加工

棉纺厂生产采用原棉及各种化学纤维作为原料，其成品为多种规格的单纱及股线。这些成品有的是供本厂织布用的自用纱线，有的是供其他织布厂、巾被厂、线带厂等使用的售纱线。细纱（管纱）的容量小（一般只有几克），纱上还存在各种疵点，因此，须进行进一步加工制成合适的卷装，并提高产品质量，便于售纱运输、存

课件：后加工概述

视频：后加工概述

储及为使用厂的相关工序准备。细纱工序以后的这些加工统称为后加工，一般包括络筒、并纱、捻线、摇纱、成包等工序，成品为筒子纱线或绞纱线。

3.8.1 后加工各工序的基本任务

（1）络筒。络筒是将细纱工序送来的管纱在络筒机上退绕并连接起来，经过清纱张力装置，清除纱线表面附着的杂质、棉结、粗节、细节等疵点，使纱在一定的张力下卷绕成符合规定要求的筒子，便于运输和后道工序的高速退绕。

（2）并纱。并纱是指将两根及以上（最多 5 根）的单纱在并纱机上加以合并，经过清纱张力装置，清除纱上的结杂和疵点，制成张力均匀的并纱筒子，以提高捻线机的效率和股线质量。

（3）捻线。捻线是指将并纱筒子的合股线在捻线加上适当的捻度，制成符合不同用途要求的股线，并卷绕成一定形状的卷绕，供络筒机络成线筒。捻线可提高纱线条干均匀度和强力，增加耐磨性。

（4）摇纱与成包。摇纱是指在摇纱机将纱线摇成一定质量或一定长度的绞纱，以便于漂练

或染色。成包是指将绞纱打包成小包，然后打包成中包或大包，包装体积必须符合规定，以便长途运输和存储。

3.8.2 后加工的工艺流程

根据不同的品种、用途和要求，后加工工艺流程常分为以下两种。

1. 单纱的加工工艺流程

单纱的加工工艺流程如下：

2. 股线的加工工艺流程

股线的加工工艺流程如下：

单元 3.9　新型纺纱技术

传统的纺纱采用环锭细纱机进行，虽然锭速已高达18 000 r/min，但纺纱速度及卷装大小仍受到极大的限制。在新型的纺纱方法中，比较成熟的纺纱方法有转杯纺纱、摩擦纺纱和喷气纺纱等。它们都具有较高的纺纱速度，且省去了传统的粗纱和络筒两个工序，把粗纱、细纱和络筒三合为一，因而缩短纺纱流程，直接得到大卷装的筒子纱。

课件：新型纺纱概述

视频：新型防纱概述

3.9.1 转杯纺纱

转杯纺纱（国内习惯称气流纺纱）是一种自由端加捻纺纱。其加捻原理如图 3-9 所示。

转杯纺纱是将连续喂入的纱条断裂，形成单纤维流的自由端，并利用自由端随同加捻器一起回转，而达到使纱条获得真捻的目的。自由端加捻过程具有独立性，可以与卷绕过程分隔。卷绕速度有较大潜力，可允许加捻速度进一步加快。转杯纺纱的工艺过程：由分梳辊将喂入的熟条握持分梳成单纤维状态，与空

动画：转杯纺纱

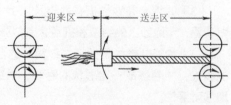

图 3-9　自由端纺纱原理

气混合成单纤维流，经输纤通道供给转杯。转杯是加捻器，利用其高速回转产生的负压将单纤维流凝聚成自由端，并获得加捻的成纱，用络筒的方式将转杯加捻的成纱卷绕起来，制成筒子纱。转杯纱与传统的环锭纱在结构、性能上有一定的不同。环锭纱在显微镜下可观察到纱表面清楚的加捻螺旋线，纤维伸直平行度高，成纱强力较高，但耐磨性能差。而转杯纱表面的螺旋线被大量的缠绕纤维所扰乱，显得比较松软和紊乱，有保护纱芯的作用，因此，其具有耐磨性好、条干均匀、保暖和染色性能良好、棉结杂质和毛羽少等特点，但成纱强力低，一般纺制粗特纱线。

3.9.2　摩擦纺纱

摩擦纺纱（又称尘笼纺纱）是一种自由端加捻纺纱。它是利用具有网眼的吸网凝聚纤维，用搓捻使纱条获得捻度而成纱。其工艺过程：由喂给系统和分梳辊将并合喂入的棉条分梳成单纤维，分梳辊表面的单纤维，在吹风管道送出剥棉气流和楔形凝聚槽的负压合在一起的吹吸作用下，剥下带状单纤维流，在楔形凝聚槽内形成自由端。此自由端受两个网眼纺纱滚筒（尘笼）的切向摩擦，连续搓转加捻，形成纱线，经引纱罗拉，再由槽筒络成筒子纱。摩擦纺纱的径向捻度分布为由纱芯向外层逐渐减小，因而具有内紧外松的结构。纤维的伸直平行度差，因而纱的强力低，但纱线蓬松、丰满，弹性好，手感好。一般纺制粗特纱线用于织制机织地毯、手工地毯、起绒毛毯和装饰用织物。

3.9.3　喷气纺纱

喷气纺纱是一种非自由端纺纱，是利用喷射气流对牵伸装置输出的须条施加假捻，并使露出在纱条表面的头端自由纤维包缠在纱芯上，形成具有一定强力的喷气纱。其工艺过程：喂入的熟条经超大牵伸装置牵伸至一定线密度后，由前罗拉送出，被加捻管吸入。加捻管由两个喷嘴串联组成，喷出两股方向相反、高速旋转的气流。须条经过两股旋转气流的作用，使自须条中分离出来的头端自由纤维，紧紧包缠在芯纤维的外层，因而获得捻度。然后由引纱罗拉输出，经络纱槽筒络成筒子纱。喷气纱由于纺纱过程采用罗拉牵伸装置，因而纤维的伸直度比较好，且纺纱张力较低，可以纺制出细特纱线。纱线的结由无捻的芯纤维束和外层包缠纤维组成。外层包缠纤维捻度大，定向度差，因而手感硬挺、粗糙，但成纱条干好、细节少，摩擦因数大，所织成的织物经纬纱之间打滑现象少。

动画：喷气纺纱

3.9.4　紧密纺

紧密纺是在改进的新型环锭细纱机上进行纺纱的一种新型纺纱技术。其纺纱机理主要是：在环锭细纱机牵引装置前增加了一个纤维凝聚区，基本消除了前罗拉至加捻点之间的纺纱加捻三角区。纤维须条从前罗拉前口输出后，先经过异形吸风管外套网眼皮圈，须条在网眼皮圈上运动，由于气流的收缩和聚合作用，通过异形管的吸风槽使须条集聚、转动，逐步从扁平带状转为圆柱体，纤维的端头均捻入纱线内，因此成纱非常紧密，纱线外观光洁、毛羽少。

紧密纺的目的是在纱线加捻前使纤维之间尽可能平行并接近，对于高质量的紧密纺纱线这是重要的评判标准。使纤维尽可能平行并保持一致在加捻前是其优势的前提。由于须条中各纤维受力均匀，抱合紧密，使成纱结构和质量得到全面提升，毛羽、强力、条干，耐磨性，纱线外观有了显著的改善。

3.9.5　赛络纺

赛络纺是在传统环锭细纱机上纺出类似于股线结构的纱线的一种纺纱方法，是在细纱机上喂入两根保持一定间距的粗纱，经牵伸后，由前罗拉输出这两根单纱须条，并由于捻度的传递而使单纱须条上带有少量的捻度，并合后被进一步加捻成类似合股的纱线，卷绕在筒管上。

赛络纺与环锭纺之间的比较如下：

（1）条干的改善：因为赛络纺由双根粗纱喂入，在牵伸区并合，所以条干、粗细节均有不同程度的改善。

（2）毛羽的改善：因为在纺纱三角区单纱先轻微加捻，并合后再加捻。须条在主加捻点处已变成圆柱体，有利于纤维端缠入纱体。

（3）强力的增加：因为须条在前罗拉输出处有个三角形加捻区，须条受张力作用捻合在一起，形成类似股线的双中心纱条，在受力时，两个须条相互挤压，使纤维间不易滑脱，且毛羽低，纤维利用率高，因此强力大。

3.9.6　赛络菲尔纺

赛络菲尔纺是在赛络纺基础上发展而来的，赛络菲尔纺是将一根长丝和一根短纤维粗纱分别喂入，并与前牵引罗拉握持点之间保持固定距离，它们组成三角区，一起加捻而形成赛络菲尔复合纱。长丝不经过牵伸，直接从前罗拉钳口后侧喂入，与牵伸后的粗纱须条捻合成纱。

传统环锭纺是由一根短纤维须条加捻成纱；赛络纺采用两根短纤维须条加捻成纱，两须条的质量、模量和转动惯量均相同；但赛络菲尔纺中，由一根短纤维须条和一根长丝加捻成纱，且须条和长丝的质量、模量和转动惯量是完全不同的。赛络菲尔纺中长丝与须条间需保持一定的距离，从前罗拉钳口到粗纱与上次汇聚点会形成一个加捻三角区，间距的变化会引起加捻三角区形态的变化，并对成纱质量产生一定的影响。随着间距加大，加捻三角区对须条浮游纤维的控制作用增强，使毛羽指数降低。当长丝与粗纱的间距为零时，所纺制的纱就是包芯纱，长丝是芯，粗纱短纤维为外包纤维。

3.9.7　嵌入式复合纺

嵌入式复合纺是我国近年来出现的具有自主知识产权的新型纺纱技术。其特征可以形象地理解为两个赛络菲尔纺的结合，两根短纤维粗纱由后喇叭口保持一定距离平行喂入，另两根长丝则通过导丝装置分别在粗纱须条的外侧由前罗拉直接喂入，两根粗纱与长丝分别先初步汇集并预加捻，然后再汇集在一起加捻成纱。

在前钳口外侧形成两个小加捻三角区和一个大加捻三角区，这种捻合方式形成了一种独特的股线成纱结构，纱线强度主要由长丝承担，加捻过程实现了短纤维内外转移并由嵌入的长丝固定下来，其结构与传统环锭纺中纤维的内外转移有本质的区别。

嵌入式复合纺纱线的纱体结构紧密、强伸性能和耐磨性能得到明显改善，并减少了毛羽数量，尤其适合于多组分纤维混纺纱的开发。由于该技术问世不久，仍有许多问题需要不断完善和解决，如纱架改造、长丝退绕机构和双导丝轮的添加与完善等。

单元 3.10　纱线的结构特征与性能指标

纱线是由纺织纤维组成的具有一定长度、线密度、强力和均匀度的纺织制品。纱线的结构性能主要包括：纱线的细度及细度不匀、纱线的捻度和纱线毛羽等；纱线在纺织加工和纺织品使用过程中都要受到各种外力的作用，纱线的力学性质就是指纱线在受到各种机械外力作用时的性质。纱线的拉伸强力是表示纱线内在质量的重要指标，纱线的力学性质与纺织制品的坚牢度、服用性能关系密切。

课件：纱线的性能

视频：纱线的性能

3.10.1　纱线的结构特征

纱线的结构特征主要可体现在纤维在纱中的几何配置上。纤维在纱中的几何配置是有一定规律的，首先是受纺纱方法的影响，不同的纺纱方法，纤维在纱中有不同的几何配置规律。如环锭纺纱，纤维的伸直平行度较高，纤维间排列较紧密，纱的表面有清晰的加捻螺旋线，因而成纱强力较高，但耐磨性略差。纤维在纱中的几何配置规律，其次是受纤维本身的特性所决定。长度较长的纤维，在纺纱张力作用下受到的作用力大，向心压力也大，容易向内层转移；而短纤维受到的作用力小，向心压力也小，多分布在纱的外层。线密度较小（较细）的纤维，容易弯曲，向心压力大，容易向内转移而分布在纱的内层；粗纤维则相反，多分布在纱的外层。在化学纤维和天然纤维混纺时，利用这一原理，可以纺出比天然纤维效果更好的混纺纱线。

3.10.2　纱线的性能指标

1. 纱线的细度

纱线的细度，对纱线的用途有很大的决定意义。纱线较细，则能织制较精致、细腻、优良的织物。纱线细度可以直接用纱线的直径表示，称直接指标；但更多的是用长度和重量的关系间接表示，称间接指标。因直接测量纱线的直径比较困难，而且又缺乏代表性，所以较少采用。纱线细度的间接指标有定长制的线密度（特克斯，tex）、纤度（旦尼尔，旦）和定重制的公制支数（公支）、英制支数（英支）之分。线密度的法定计量单位为特克斯（tex）。

（1）定长制。定长制是指一定长度纱线的质量，它的数值越大，表示纱线越粗。

①特克斯：指 1 000 m 长纱线在公定回潮率时的质量，其计算式如下：

$$N_t = \frac{G_k}{L} \times 1\,000 \qquad (3-1)$$

式中　N_t——纱线的线密度（tex）；

　　　L——纱线的长度（m 或 mm）；

　　　G_k——纱线在公定回潮率时的质量（g 或 mg）。

例如，1 000 m 长的纱线在公定回潮率时的质量为 30 g，则该纱线的线密度是 30 tex。

②旦尼尔：化学纤维和天然蚕丝的细度单位仍保留旦（denier）作单位，它是指 9 000 m 长的纱线在公定回潮率时的质量，其计算式为：

$$N_D = \frac{G_k}{L} \times 9\,000 \qquad (3-2)$$

式中　N_D——纱线的纤度（旦）。

例如，9 000 m 长的化纤长丝在公定回潮率时的质量为 75 g，则该丝的纤度是 75 旦，折算成线密度为 8.25 tex。

（2）定重制。定重制是指一定重量纱线的长度，它的数值越大，表示纱线越细。

①公制支数：是指在公定回潮率时每克纱线的长度，其计算式为

$$N_m = \frac{L}{G_k} \qquad (3-3)$$

式中　N_m——纱线的公制支数（公支）。

例如，在公定回潮率时 1 g 的纱线，若长度为 50 m，则其公制支数是 50 公支。毛纱线、麻纱线仍保留公制支数作为细度单位。

②英制支数：是指在公定回潮率时，每磅纱线长度的 840 码的倍数。其计算式为

$$N_e = \frac{L}{840 \times G} \qquad (3-4)$$

式中　N_e——纱线的英制支数（英支）；

　　　L——纱线的长度（码）；

　　　G——纱线的公定重量（磅）。

例如，在公定回潮率时 1 磅重的纯棉纱，若长度为 840 码的 21 倍，则该纱线的细度是 21 英支，折算成线密度为 28.1 tex。对于棉纱线，纺织企业仍然采用英制支数，特别是出口产品。

2. 纱线的捻度和捻系数

衡量纱线加捻程度的指标有两个，即捻度和捻系数。捻度是指单位长度纱线上所加的捻回数。捻度的长度单位：公制为 1 m，特数制为 10 cm。实际仪器测定时所用的捻度单位常用捻回数/10 cm。捻度越大，纤维与纱条轴线的夹角（捻回角）越大，纤维所受纺纱张力作用力越大，纤维排列更加紧密，成纱强力越大；但捻度越大，纤维的轴向平行度越小，当捻度大到一定程度，随着捻度的加大，成纱强力反而降低。对于粗细不同的纱线，在同样单位长度上加 1 个捻回，其表面纤维与纱条轴线的夹角是不相同的，则表示纤维受到的扭转、加捻程度也不同。因此，对于不同粗细的纱线，如捻度相等，并不等于加捻程度相等。所以要比较不同粗细的纱线间的加捻程度，最好采用捻回角作指标。但因角度计算不便，实际上改用与捻回角的正切值成比例的一个数值，即捻系数来表示。

3. 纱线的强度

纱线在使用中经常要经受外力拉伸,所以强度是纱线的主要质量指标之一。强度指标有多种表达方式,具体表达如下。

(1)单纱强力。拉断单纱所需的力叫作单纱强力,以牛顿(N)为单位。

(2)缕纱强力。拉断每圈周长为 1 m 共 100 圈小绞纱所需的力叫作缕纱强力,以千克力(kgf)为单位。

(3)强度。比较不同粗细纱线的耐拉伸程度,已不能用单纱强力来比较,通常要折算成同样的粗细,即用相对强度来表示,以 N/tex 为单位。

(4)断裂长度。把纱线悬吊起来,靠本身重量就足以使纱线断裂时的最短长度,叫作断裂长度,以千米(km)为单位。这是纱线常用的强度指标。

4. 纱线的毛羽

在成纱过程中,纱条中纤维由于受力情况和几何条件的不同,会有部分纤维端伸出纱条表面,纱线毛羽即是这些纤维端部从纱线主体伸出或从纱线表面拱起成圈的部分。毛羽的情况错综复杂,千变万化,伸出纱线的毛羽有端、有圈及表面附着纤维,而且具有方向性和很强的可动性。纱线毛羽的常用指标有三种:

(1)单位长度的毛羽根数及形态;

(2)重量损失的百分率。

(3)毛羽指数。毛羽指数是指在单位纱线长度的单边上,超过某一定投影长度(垂直距离)的毛羽累计根数,单位为根 / 10 m。这一点和 USTER 毛羽率是不同的。我国与日本、英国、德国、美国等都常用毛羽指数来表征纱线上毛羽的多少。

◉ 拓展资源

(1)纺纱技术在我国的发展历史悠久,考古出土最早的纺轮可以追溯到距今 8 000 多年前;纺织之祖黄道婆在宋末元初时期使手摇纺车技术不断完善,极大地推进了我国棉纺织技术的发展,为我国"海上丝绸之路"的形成产生了积极的影响。

在习近平总书记倡议的"一带一路"建设中,黄道婆文化精神依然提供强大的文化软实力。我国古代先人们在手摇纺车的基础上又发明了脚踏纺车、水力纺车等,持续不断把我国的纺纱技术向前推进,使得我国的纺织技术在清代以前在世界上一直处于领先地位。马王堆汉墓出土的"轻若烟雾,薄如蝉翼"的素纱蝉衣,质量仅为 49 g,是世界上最轻的素纱蝉衣和最早的印花织物,代表了我国西汉初期养蚕、缫丝、织造工艺的最高水平;新疆尼雅遗址出土的"五星出东方利中国"汉代织锦护臂,织造采用五重平纹经锦,向世人展示了我国汉代精湛的纺丝、印染及织造技术。

(2)赵梦桃(1935—1963),女,汉族,中共党员,1935 年 11 月生,河南洛阳人,生前是原西北国棉一厂工人。1952 年,国营西北第一棉纺织厂成立,17 岁的赵梦桃积极响应党和国家号召,以忘我的工作热情,积极投身到中华人民共和国的社会主义建设中。1952 年至 1959 年期间,她创造了月月完成生产计划、年年均衡生产的好成绩。在她的影响和带动下,"人人当先进,个个争劳模"蔚然成风。在纺织厂工作的 11 年时间里,她把毕生心血都倾注给了纺织事业,由于表现优异、贡献突出,赵梦桃被评为各级先进生产者 42 次,被授予全国劳动模范称号两次，荣获全国三八红旗手称号，并光荣地出席了党的第八次全国代表大会。在她的影响和带动下，纺织厂的每个人都争先进、争当劳模，为纺织事业做出了积极的贡献。赵梦桃是我国纺织战线上的一面旗帜，她的事迹将永载史册。

在中华人民共和国成立70周年前夕，咸阳纺织集团赵梦桃小组全体成员给习近平总书记写信汇报了该小组的发展历程和近年来的工作成绩，表达不忘初心、将"梦桃精神 代代相传"的决心和扎实做好班组建设与生产工作的信心。习近平总书记在汇报后，亲切勉励他们，希望他们以赵梦桃同志为榜样，勇于创新、甘于奉献、精益求精，在工作中争做新时代的最美奋斗者，将"梦桃精神"一代代传承下去。

习/题

在线答题

学/习/评/价/与/总/结

指标	评价内容	分值	自评	互评	教师
思维能力	能够从不同的角度提出问题，并解决问题	10			
自学能力	能够通过已有的知识经验来独立地获取新的知识和信息	10			
学习和技能目标	能够归纳总结本模块的知识点	10			
	能够根据本模块的实际情况对自己的学习方法进行调整和修改	10			
	能够了解纺纱的基本原理和流程	10			
	能够识别不同的纺纱机	10			
	能够准确阐述纱线的基本性能	10			
	能够准确阐述几种新型纺纱技术，并对着实际典型纺纱设备辨认出设备主要部件及其主要作用	10			
素养目标	能够具有独立思考的能力、归纳能力、勤奋工作的态度	10			
	能够具有细心踏实、独立思考、爱岗敬业的职业精神	10			
总结					

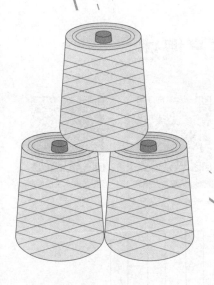

模块 4
机织布是怎样织成的

教学导航

知识目标	1. 准确阐述机织准备的工艺流程和目的; 2. 准确阐述机织织造五大运动的目的和机器型号; 3. 了解下机织物整理、常见织物织疵、机织物的组织结构
知识难点	机织准备工序和机织织造五大运动的机器工作原理与性能特点
推荐教学方式	案例切入、任务驱动、线上线下混合、引导讨论答疑
建议学时	8 学时
推荐学习方法	借助虚拟仿真软件,在数字化织造实训室进行织造,让学生更好地掌握织造的生产工艺流程
技能目标	1. 能掌握机织准备和机织织造的工艺流程和目的; 2. 能熟悉相关设备原理与性能特点; 3. 能熟悉下机织物整理、常见织物织疵、机织物组织结构
素质目标	1. 展现出对织造行业的热爱; 2. 培养学生分析问题、解决问题的能力; 3. 培养学生的实事求是、工匠精神、团队合作、创新精神、精益求精、知行合一等素质,促进学生全面发展

单元 4.1 机织织造生产概述

由相互垂直排列的经纱系统和纬纱系统，在织机上按照一定的组织规律交织而成的纺织制品，称为机织物。由纺纱工程而得的纱或线制织成机织物的过程，称为机织工程。机织物主要应用于西装、牛仔、衬衫等服装，以及窗帘、桌布、床上四件套等家纺产品。

视频：机织生产概述

虚拟仿真：机织生产流程

机织工程的一般生产流程如图 4-1 所示。

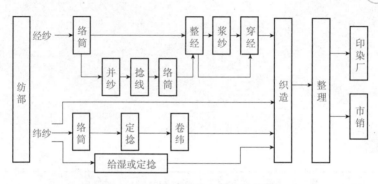

图 4-1　机织工程的一般生产流程

4.1.1　机织工程的组成

在整个机织工程中，包括了经纱、纬纱系统的准备工作和经纱、纬纱系统的织造两大部分。

在织造过程中，纱线要经受多次反复的摩擦、拉伸等机械性破坏。从纺部进入织部的原纱，或由纺纱厂购进的原纱一般是管纱、绞纱或筒子纱。这些纱线的卷装形式和纱线质量目前不能满足织造的需要。因此，要经过一系列的织前准备工程。织前准备工程简称机织准备，或称准备工程。准备工程的任务有下列两个方面：

（1）改变卷装形式。经纱在准备工程中，由单纱卷装（管纱）变成具有织物总经纱数的织轴卷装；纬纱在准备工程中，可不经改变直接用来织造，也可再经络筒、卷纬工序后，进行织造。

（2）改善纱线质量。经纱经准备工程后，其外观疵点得到适当清除，织造性能也得到提高。通常，改善纱线质量的方法是进行清纱和给经纱上浆。

机织准备是机织工程的前半部分，准备工程的优劣与织造工程能否顺利进行及织物的质量都有密切关系。因此，有经验的生产组织者经常将重要的关注度放在机织准备上。

4.1.2　机织织造的工作原理

机织织造的工作原理如图 4-2 所示。在织机上，经纱系统 1 从机后的织轴 2 上送出，经后梁 3、停经片、综丝和钢筘 7，与纬纱系统交织形成织物，由卷取辊 9 牵引，经导辊 10 而卷绕到卷布辊 11 上。在织造过程中，通过开口（将经纱分为上下两层，形成梭口）、引纬（将纬纱引入梭口）、打纬（将纬纱推向织口）、送经和卷取（织轴送出经纱，织物卷离形成区）五大运动的作用形成了机织物。机织物在织机上的形成，是经过织机五大运动机构的相互配合，使经纱和纬纱交织的结果。

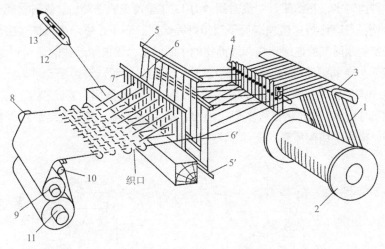

图 4-2　机织织造的工作原理

1—经纱；2—织轴；3—后梁；4—分绞棒；5，5′—综框；6，6′—综丝眼；
7—钢筘；8—胸梁；9—卷取辊；10—导辊；11—卷布辊；12—梭子；13—纡管

单元 4.2　络筒

络筒是将管纱或绞纱卷绕成筒子的工艺过程。络筒是织前准备工程的第一道工序，其质量对后道工序有直接的影响。

4.2.1　络筒主要任务和工序要求

课件：络筒概述　　视频：络筒

1. 主要任务

（1）接长纱线，合理卷装形式，提高后道工序的生产效率。

（2）清除纱线上的疵点和杂质，提高纱线的均匀度和光洁度，以利于提高织物的质量和风格。

2. 工序要求

（1）络纱张力均匀，筒子密度适当，以保证筒子质量。

（2）筒子结构合理、成型良好，有利于高速退绕。

（3）容纱量尽量大，以利于提高络筒和整经的生产效率。

（4）适当清除纱线上的疵点、杂质，以利于提高织造效率和成品质量。

（5）接头小而牢，保证纱线质量，以防止脱结和断头等。

（6）尽可能减少回丝和材料消耗，节约成本。

4.2.2 络筒机的工艺流程

络筒机的种类较多，在纺织厂中最常用的为 1332 型槽筒式络筒机。这种槽筒式络筒机结构简单、操作方便，具有络纱速度快、筒子质量好等优点。图 4-3 所示为槽筒式络筒机的工艺流程。其中，槽筒中深而窄的连续离槽和浅而宽的中断回槽，控制了纱线的运动和筒子的成型。

图 4-4 所示为自动络筒机的工艺流程。其中，下剪刀 3 和预清纱器 5 可防止脱圈纱进入张力装置 7 和电子清纱器 8；探纱器 6 用来探测和鉴别断纱的原因，判定换管；防绕杆 10 防止断头卷绕在槽筒 11 上。自动络筒机实现了换纱、接头、落筒、清洁直至装纱理管自动化，采用电子清纱器，提高了络筒质量。

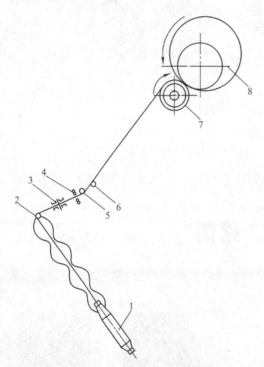

图 4-3　槽筒式络筒机的工艺流程

1—管纱；2—导纱器；3—圆盘式张力装置；4—清纱器；
5—导纱杆；6—探纱杆；7—槽筒；8—筒子

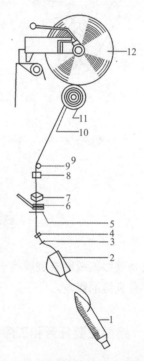

图 4-4　自动络筒机的工艺流程

1—管纱；2—气圈破裂器；3—下剪刀；4—下导纱器；
5—预清纱器；6—探纱器；7—张力装置；8—电子清纱器；
9—上导纱器；10—防绕杆；11—槽筒；12—筒子

4.2.3 络筒工艺主要参数

络筒工艺的主要参数有络筒线速度、导纱距离、络筒张力、清纱器形式、清纱板隔距、结头形式、筒子的卷绕密度等。其选择和调节依据品种的不同而改变。

1. 络筒线速度

络筒线速度取决于纱线线密度的大小、原纱的质量、挡车工的看台能力和络筒机械的性能等因素，以保证良好的纱线、卷装质量和最高的劳动生产率为选择原则。如低特纱或断头较多的纱线，则选择较低的络纱速度。若为棉纱，则 1332MD 型络筒机络筒线速度一般选用 500 ～ 800 m/min，而质量较高的络筒机络筒线速度为 1 000 m/min 以上。

2. 导纱距离

根据络筒速度的大小，选择脱圈和断头最少的导纱距离。如普通络筒机在不妨碍换管操作的条件下尽量采用短导纱距离，一般为 60 ～ 100 mm。当络筒线速度超过 600 m/min 时，应使用气圈破裂器。而自动络筒机多采用 500 mm 的长导纱距离。

3. 络筒张力

根据原纱质量、络筒线速度、纱线线密度和织物的性质来选择张力垫圈及调节张力。在不影响筒子成型的条件下，尽量采用较小的张力，络纱张力不应超过原纱断裂强度的 15% ～ 20%。

4. 清纱器的选择

清纱器有机械式清纱器和电子清纱器两种。高档织物一般使用电子清纱器，其检测配置由织物质量的要求而定。中、低档织物使用机械式清纱器，所选择的隔距大小依据纱线原料及纱线粗细而定，一般为纱线直径的 1.5 ～ 2.5 倍。

5. 结头形式

一般采用结头小而紧的织布结，外表光洁、易于脱结的尽量采用坚牢可靠的自紧结，对布面质量要求高的织物最好采用捻结器进行的无结接头。

6. 筒子的卷绕密度

筒子的卷绕密度受到络纱张力及筒子用途的影响，其大小以络筒紧密且具有一定的弹性为原则。用于高速退绕的筒子宜采用较大的密度，以防止退绕时脱圈。用于染色用的筒子应采用较小的卷绕密度，以利于染色均匀。

4.2.4　络筒产量计算

1. 理论产量 G_1 [kg/（台 · h）]

$$G_1 = 60 \times A \times V \times T_t \times 10^{-6}$$

式中　V——络筒线速度（m/min）；

　　　A——每台络筒机的锭数；

　　　T_t——纱线线密度（tex）。

2. 生产效率 η（%）

$$\eta = \frac{t_1}{t} \times 100\%$$

式中　t_1——有效生产时间；

　　　t——生产延续时间。

3. 实际产量 G_2 [kg/（台 · h）]

$$G_2 = G_1 \times \eta$$

4.2.5　络筒质量控制

1. 筒子的形式

由于纱线的种类和筒子最终使用的目的不同，筒子的卷绕形式也不同。筒子一般分为有边筒子和无边筒子。图 4-5（a）所示为圆柱形有边筒子，绕纱各层纱圈相互接近平行卷绕，其容量小，切向退绕，退绕速度低，张力波动大，丝麻、黄麻生产中尚有使用。图 4-5（b）、（c）所示为圆柱形无边筒子，其容量较小，一般做切向退绕，用于低速整经生产。图 4-5（d）、（e）所示为圆锥形无边筒子即宝塔形筒子，绕纱各层纱圈倾斜地交叉卷绕，其容量大，绕纱长，轴向退绕，有利于高速退绕，且张力均匀，使用广泛。图 4-5（f）所示为三圆锥形无边筒子即菠萝形筒子，它除具有一般圆锥形无边筒子的优点，且结构稳定、不易塌，容量大，多用于化学纤维长丝的卷装生产中。

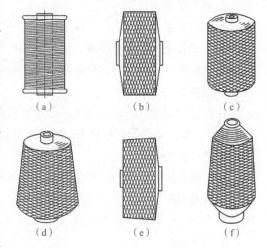

图 4-5　筒子形式

（a）圆筒形有边筒子；（b）、（c）圆柱形无边筒子；
（d）、（e）圆锥形无边筒子；（f）三圆锥形无边筒子

2. 络筒疵点

络筒过程中若产生各种疵点，则会增加后道工序的断头而降低生产率，且影响产品的质量，因此，防止和清除络筒的疵点极为重要。常见的疵点主要可分为以下几项：

（1）松结头和长尾结。松结头和长尾结主要由操作不良造成。松结头由于结头不紧或纱尾太短造成，在整经和织造时会松脱而停车。长尾结是由切除原因而造成的，在织造时会缠连邻纱而造成开口不清等疵病或断裂，也会影响纱线在综眼和筘齿中的顺利通过。

（2）乱结头。接头时，没有找出筒子上的断头纱尾而拉断筒子的纱圈与管纱头连接，会影响后道工序的退绕。

（3）搭头。接头时，没有找出筒子上的断头纱尾而将管纱头搭在筒子上，会影响筒子的结构与成型质量。

（4）蛛网筒子。蛛网又称为滑边、脱边或攀边，它的形成与操作不良、机械因素有关。蛛网筒子退绕时会造成断头。

（5）重叠筒子。因筒管、锭子、防叠位置不当或运动不良而使纱线重叠成带状，影响筒子成型，并会造成退绕断头或张力不均匀。

（6）葫芦筒子。槽筒沟槽边缘有毛刺、张力装置不当、清纱板缝隙阻塞时，使导纱动程变小，形成葫芦状的筒子，需要重新倒筒。

（7）包头筒子。筒管没插到底或筒管孔眼太大或筒子移动再络而造成，应该倒下来或割除。

（8）凸环筒子。纱未断而筒子抬起，使纱圈重叠成条带，形成凸环，整经退绕时易断头。

（9）铃形筒子。锭子位置不正或退绕张力太大而呈铃形，会影响整经退绕。

（10）菊花芯筒子。筒子芯部因纱线张力松弛而挤出于小端外，将影响退绕张力均匀等。

其他疵点有油污纱、原料混杂、飞花或回丝附着等。图 4-6 所示为部分有疵点的筒子。

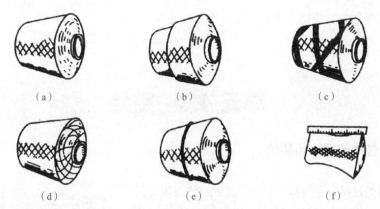

图 4-6　有疵点的筒子

（a）蛛网或脱边筒子；（b）葫芦筒子；（c）重叠筒子；（d）包头筒子；（e）凸环筒子；（f）铃形筒子

4.2.6　自动络筒机

一般普通络筒机的络筒速度慢、质量差，工人操作频繁、劳动强度大，且生产效率低。自动络筒机实现了操作自动化，改善了纱线的质量，提高了成品的产量及质量。

1. 自动络筒机的分类

自动络筒机的种类很多，按自动络筒机的自动化生产的程度可进行以下分类。

（1）半自动络筒机。如大批锭式型，能按锭节循序完成换管、找头、打结、开车等主要工艺操作，明显降低了工人的劳动强度，提高了络筒的产量及质量，但中间断头处理、管纱入库、络满筒及故障处理等需要人工完成。

（2）自动络筒机。自动络筒机是在半自动络筒机的基础上，增设打结机构，设置回转式纱库、自动络筒装置、自动喂管和自动运输机构等，它克服了半自动络筒机的不足。

2. 自动络筒机的发展趋势

（1）全面计算机控制。计算机控制系统对络筒全过程进行监测和控制，使用者通过键盘可将各种络筒参数进行设定。该系统不仅能反映生产的各种运行数据、运行状态，显示故障原因，还可以进行图表分析。

（2）全面自动化。管纱的理管、生头、管纱输送、管纱补给、换管、接头、换筒及筒子的运输等工作全部实现自动化，既减轻了工人的劳动强度，又提高了看台能力。由于各项工作均由机器自动完成，消除了人为操作的影响，保证了络筒质量。

视频：络筒机的发展趋势

（3）高速、高效、大卷装。自动络筒机的最高速度可达 2 000 m/min，筒子纱的最大卷绕直径可达 300 mm。使用单锭式自动络筒机，生产效率能保持 90% ～ 95%。

（4）品质优良的筒子纱。采用多种措施生产优良品质的筒子。如使用跟踪式气圈控制器、采用气动立式张力装置、使用捻接器接头、使用多功能电子清纱器等。

（5）不间断生产。在细纱机和络筒机之间增加一个连接系统，把细纱机自动落下来的管纱自动运输到自动络筒机，并在管纱退绕完成后自动将空管运回，称为细络联。细络联将细纱和络筒两个工序合二为一，实现不间断生产，减少了半成品的流动环节，提高了效率，有利于生产管理和半成品质量的提高，且减少了占地面积。

单元 4.3 整经

4.3.1 整经的目的和要求

整经的目的是将一定根数、一定长度的经纱按照工艺的要求，平行、均匀地卷绕在整经轴或织轴上。整经工序的质量对浆纱工序能否顺利进行和保证织物的外观质量有着重大的影响，因此，整经工序必须满足以下要求：

课件：整经

视频：整经

（1）整经张力要适当一致，尽可能保持经纱的强力和弹性等物理机械性能。

（2）单根和全片经纱张力排列要均匀，使经轴表面平整，成型良好，卷绕密度均匀，降低织造断头，提高织物质量。

（3）整经长度、整经根数和纱线配列要符合工艺要求。

（4）接头小而牢，符合标准要求。

（5）整经生产率要高，回丝要少。

4.3.2 整经的方法

织物品种不同，整经的方法也各不同。按其工艺特征，整经可分为分批整经法、分条整经法、分段整经法和球经整经法四种方法。

1. 分批整经法

分批整经法是将全幅织物所需的总经根数分成若干批，分别平行卷绕在若干个经轴上，每个经轴上的经纱根数尽可能相等，每批纱片的宽度都等于经轴的宽度，然后把这几个经轴通过浆纱机浆纱或过水并合，按规定的工艺长度卷绕成一定数量的织轴。国产 1452 型、1452A 型，GA121 型、GA113 型均为分批整经机。

虚拟仿真：分批整经流程

分批整经法将数只经轴并合成织轴时，不易保持色纱的排花顺序，因此，它适用于生产大批量原色或单色织物的整经，少数色纱排花顺序不很复杂的色织物也可应用。其整经速度快、效率高，但回丝较多，且对多色花纹织物或隐条隐格织物的整经比较困难。

虚拟仿真：分条整经工作原理

2. 分条整经法

分条整经法是根据经纱的配列循环和筒子架的容量，先将全幅织物所需的总经根数分成经纱根数尽可能相等的若干条带，再将这些条带按工艺所规定的幅宽和长度依次平行卷绕于整经滚筒上，最后由再卷机构将全部经纱条带从滚筒上再卷到织轴上。

分条整经是分条带逐带卷绕，故张力不易均匀，又需经再卷机构，速度慢，生产效率低，适用于不需浆纱或并轴而直接获得织轴的生产。能准确地得到不同捻向、不同色经纱的排列顺序，花色品种变换方便，广泛应用于小批量、多品种的色织生产中，且回丝少。国产 G121B 型、G122B 型均为分条整经机。

3. 分段整经法

分段整经法与分条整经法相似，是根据工艺要求先将全幅织物所需的经纱数分别平行地卷绕到数只窄幅的经轴上，再将若干只窄幅经轴并列地穿在芯轴上形成织轴。数只经轴的卷绕密度、并合总幅宽和织轴相同，多用于对称花型多色织物和针织经编织物的整经生产。

4. 球经整经法

球经整经法是根据工艺要求先将全幅总经根数按筒子架容量分成若干条纱束，分别卷绕成具有网眼结构的圆柱状球经，经绳状染色机染色，再由整经机卷成经轴，上浆后成织轴。球经染色较均匀，适用于牛仔布等织物的整经生产。

4.3.3 整经工艺流程

1. 分批整经工艺流程

如图 4-7 所示，从筒子架 1 的筒子上引出的经纱，经过张力装置、导纱瓷眼 4、断头自停装置 5 和一对玻璃导棒 6、6′后，进入伸缩筘 7，形成宽度适宜、排列均匀的经纱片，纱片绕过导纱辊 8 卷到经轴上，由滚筒的摩擦带动紧压在滚筒上的整经轴 9 回转而卷绕纱线。

视频：整经工艺流程

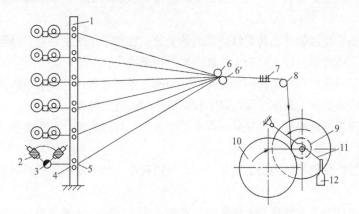

图 4-7 分批整经机工艺流程

1—筒子架；2—圆锥形筒子；3—张力装置；4—导纱瓷眼；5—断头自停装置；6、6′—玻璃导棒；
7—伸缩筘；8—导纱辊；9—整经轴；10—滚筒；11—经轴臂；12—重锤

2. 分条整经工艺流程

如图 4-8 所示，从筒子架 1 的筒子 2 上引出的经纱，经导杆、后筘 4、导杆、经纱断头自停装置 6、分绞筘 7、定幅筘 8、测长辊 9 及导辊 10 逐条卷绕到滚筒 11 上，最后全部经纱再卷到织轴 12 上。

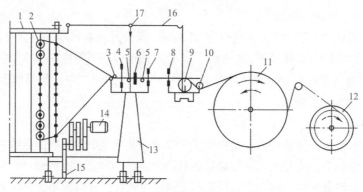

图 4-8　分条整经机工艺流程

1—筒子架；2—筒子；3、5—导杆；4—后筘；6—经纱断头自停装置；7—分绞筘；8—定幅筘；9—测长辊；
10—导辊；11—滚筒；12—织轴；13—分绞架；14—电动机；15—齿条；16—钢丝；17—圆环

4.3.4　整经张力

整经时，纱线退绕时的初张力、张力装置的作用及纱线与各导纱机件的摩擦作用、筒子的不同配置都会影响片纱张力的均匀性。整经时，既要考虑单纱张力，又要考虑片纱张力。整经张力的大小会影响卷绕成型，影响织物的织造工序和织物的质量。因此，在整经过程中，必须重视整经张力的因素，并切实掌握好均匀整经张力的措施。

视频：整经张力

1. 影响整经张力的因素

筒子退绕时，纱线形成的气圈与气圈的旋转速度、气圈与筒子表面的摩擦状况都会影响退绕张力的大小。

（1）筒子在一个绕纱循环退绕时纱线张力的变化。在筒子小端退绕时，纱线张力较小；在筒子大端退绕时，纱线张力较大，最大与最小张力相差极小。

（2）整只筒子退绕时纱线张力的变化。整只筒子在退绕过程中，随着筒纱退绕直径的逐渐减小，中筒子时纱线的张力最小，而大筒子和小筒子时张力比较大。

（3）导纱距离造成退绕张力的变化。存在最小张力的导纱距离，大于或小于该导纱距离都会使张力增大。

（4）退绕中纱线跳筒子时的张力变化。在退绕过程中，纱线从小筒子跳到大筒子，张力会产生突增。

（5）筒子位置的分布对纱线张力的影响。在筒子架上，前排位置的筒子引出的纱线张力小于中、后排筒子；上、下层筒子引出的纱线张力大于中层筒子。

（6）张力装置对纱线张力的影响。张力装置不合理的张力配置将直接影响织造生产。

2. 均匀整经张力的措施

（1）确定好筒子与导纱瓷眼的相对位置，减少纱线与筒子表面的摩擦。通常，导纱距离范围是 140～250 mm。

（2）分段分层合理配置张力垫圈质量。根据筒子分布位置合理设置张力垫圈质量，原则是前排重于后排，中层重于上下层。

（3）合理的后筘穿入方法。常见的穿入方法有分层穿法（操作简单，但增加纱线张力差异）、分排穿法（操作不便，纱线张力均匀）和混合穿法（穿法复杂，纱线张力较为均匀），应根据产品要求，既要使纱线张力均匀，又要考虑操作方便。

（4）适当增大筒子架到整经机头的距离，减少后筘对纱线的摩擦，距离一般为 3.5 m 左右。

4.3.5 整经质量控制

1. 整经疵点

整经质量的好坏直接影响成品质量和生产效率，整经过程中机械故障、管理不善、操作不良都会造成整经疵点。整经疵点主要有以下几项：

（1）张力不均匀。筒子大小不一，张力圈质量配置不当，经轴与滚筒接触不良等会导致张力不均匀。

（2）整经长度不准确。经纱张力不一致，断头停车频繁，滚筒表面的滑溜过大，制动故障，调整错误等造成整经长度不准确。

（3）经轴成型不良，经轴表面不平整。筒子退解张力不均匀，伸缩筘筘齿稀密不均匀，经轴对滚筒表面的压力不匀，经轴幅度调整不当等形成经轴表面不平整或边经松弛、嵌入。

（4）倒断头、绞头。整经时，经纱断头后未及时停车或断头自停失灵，而在浆纱时出现一根或几根纱卷绕长度不足即为倒断头。绞头是指在整经断头时错误接头，而使一根或数根纱互相纠缠，使纱排列混乱，造成后序生产困难而降低产量、质量。

2. 整经工艺

（1）整经速度。整经速度的选择应考虑纱线的种类、线密度、纱线质量、筒子质量、筒子成型好坏等。纯棉、T/C 等纱线可选择较高的速度，粘胶纤维等纱线应选用较低的速度。一般纱线细、强力较低时，不宜选用高的整经速度。条干均匀、单强较高，成形好的纱线可选用较高的整经速度。

（2）整经张力。整经张力的配置要保证整经排列、卷绕均匀。可根据筒子架上退绕纱线张力的分布规律，采用分区段配置张力，再配合均匀片纱张力的其他措施，使片纱张力均匀一致，且整经张力的大小要使经轴卷绕密度符合工艺要求。

（3）经纱排列与穿法。经纱排列是否均匀直接影响经轴表面的平整。若经轴表面凹凸不平，会造成同层纱在退解时有紧有松，增加浆纱和织造时的断头率。应充分利用筒子架容量，工艺设计时尽可能多头少轴，以减少经纱间的距离。采用伸缩筘横动机构，经纱穿筘方法以分排穿法为宜。

（4）经轴卷绕密度。经轴卷绕密度的大小影响到原纱的弹性、经轴的绕纱长度和后道工序的退绕。其大小可由压纱辊的加压大小来调节，根据纤维种类、线密度、工艺特点等合理选择，并受线密度、卷绕速度和整经张力的影响。

（5）整经根数和整经长度。整经根数由织物总经根数和筒子架最大容量所得的一批经轴的只数，算出每只经轴的整经根数，各轴整经根数应尽可能相等或接近。整经长度由经轴最大卷绕密度、纱的线密度和整经根数而得，其长度应略小于经轴的最大绕纱长度，为织轴上经纱长度的整数倍，并考虑浆纱的浆回丝长度和浆纱伸长等因素。

4.3.6 整经工艺计算

1. 分批整经工艺计算

（1）整经轴数 n。

$$n = \frac{M}{K} \text{（} n \text{取整数，小数升 1}）$$

式中 n——缸（一次并轴）轴数；

M——织物总经根数；

K——筒子架最大容量。

（2）每轴整经根数 m。

$$m = \frac{M}{n}$$

式中 m——每轴的整经根数；

M——织物总经根数；

n——取整数后的一次并轴数。

同批各轴整经根数尽可能相同或接近。

2. 分条整经工艺计算

（1）每条根数。

$$每条根数 = 色经循环数 \times 每条色经循环重复数$$

$$每条色经循环重复数 = \frac{筒子架容量 - 单侧边经数}{色经循环数} \text{（舍去小数取整）}$$

注意：每条根数应小于筒子架容量减去单侧边经数；每条根数应为偶数，以利于放置分绞绳。

（2）整经条数。

$$整经条数 = \frac{总经根数 - 两侧边纱根数}{每条经纱根数} \text{（进位取整）}$$

多余经纱应在头条或末条中加、减进行调整；头条和末条应加入边经数。

（3）整经条宽。

$$整经条宽（cm）= \frac{每条根数}{滚筒上经纱排列密度}$$

4.3.7 整经机械

1. 筒子架

筒子架即纱架，用来放置一定数量、一定排列规律的筒子，安装在整经机的后方。筒子架是整经工序的重要组成部分，可调节经纱张力，使单根纱线、片纱张力均匀一致。筒子架的形式和筒子放置的规律将直接影响整经的质量和整经的速度。

筒子架的种类很多，应根据生产品种、整经方式的要求选择不同结构的筒子架。按筒子架的外形可分为 V 形筒子架（整经速度较低）、矩形筒子架（张力均匀）和矩—V 形筒子架（不停车换筒，提高了生产效率）；按筒子架可否移动可分为固定式筒子架和移动式筒子架，分别适用于分批整经法和分条整经法；按换筒方式可分为单式筒子架（断续整经）和复式筒子架（连续整经）等。

2. 张力装置

筒子在退绕过程中的张力不断发生变化。为力求整经时各根经纱的张力相同，可设置张力装置对各根经纱施加附加张力。常见的张力装置有垫圈张力盘式、单调双圆盘式、无柱统调双圆盘式等张力装置。

3. 自停装置

（1）断纱自停装置。整经时经纱断头，应立即停车。高速整经机上的断头自停装置灵敏度高，可及时处理断头，以使经轴能保持规定根数和卷绕长度的经纱。一般安装在架子上或机头上，常见的断头自停装置有接触式电气、光电式和静电感应式断头自停装置。

（2）测长和满轴自停装置。整经时，经轴有一定的长度要求。要准确测定经轴的整经长度，并当整经长度达到工艺要求时自动停车，必须安装测长和满轴自停装置。其装置应准确可靠，而且调节方便，以免上浆并合时产生大量回丝。通常测长和满轴自停装置有机械式和电子式测长和满轴自停装置。

4. 分批整经机的经轴卷绕、加压机构

中低速的经轴卷绕是利用圆柱形滚筒摩擦作用来传动整经轴，以获得恒定的整经线速度的卷绕。其结构简单，但若快速启动或制动时，因整经轴的惯性而使其在滚筒表面打滑，会使纱线受到额外摩擦，且测长不准。因此，高速整经机采用直接传动整经轴的方法进行经轴卷绕，利用变速传动系统，以使经轴卷绕速度恒定。经轴加压可使经轴获得适宜的松紧度和良好的平整度。

5. 分条整经机的分绞装置

为使经纱按要求顺序排列，利于穿经，因此，在条带开始卷绕前，将筒子架上引出的经纱分成上、下两层，在两层间穿入一根绞纱，再将上、下两纱层交换位置后再穿入一根绞纱的即分绞。分绞装置则由分绞筘和分绞筘升降装置组成。

课件：新型整经技术　　视频：整经机的发展趋势

4.3.8　整经机的发展趋势

为进一步提高整经的质量和产量，出现了许多新型整经机。新型分批整经机有 Schlafhorst 的 MZD 型、瑞士 Benninger ZC/GCF 型、美国 West Point821 型、德国 Hacoba 的 NHZ-a 型、德国 Karl Mager 的 ZM 型及日本金丸；新型分条整经机有德国 Hacoba 公司的 USK 型、瑞士 Benninger 公司的 SC 型等。

（1）高速度、大卷装。新型整经机的整经速度很高。新型分批整经机速度可达 1 000 ～ 1 200 m/min，经轴盘片直径为 800 ～ 1 000 mm，最大幅宽达到 300 cm。新型分条整经机滚筒卷绕速度也达到 800 ～ 900 m/min，织轴盘片最大直径为 1 250 mm，幅宽可达 350 cm。

（2）采用先进的计算机技术，实现自动化。可通过屏幕设定、控制和显示各种整经参数，进行故障检测，实现精确计长，满长自停等。

（3）断头自停和制动装置高效灵敏。

（4）使用新型筒子架和新型张力装置，保证整经张力均匀。

（5）良好的劳动保护。通过安装光电式或其他形式的安全装置，当人体接近高速运转区域时，立即发动停车，以避免人身伤亡和机械事故的发生。有些在车头上还装有挡风板，保护操作人员免受带有纤维尘屑的气流干扰。

单元 4.4　浆纱

4.4.1　浆纱的目的和要求

经纱上机织造时，要经过成百上千次的拉伸、弯曲、摩擦、撞击等作用，要满足经纱一定的织造要求和产品质量的要求，必须经过浆纱来改善、提高经纱的织造性能。浆纱是织造准备工程中的一个重要工序。

视频：浆纱

虚拟仿真：浆纱

1. 浆纱的目的

浆纱质量的好坏直接影响产品的质量、生产效率，因此，浆纱必须达到以下几个方面的目的：

（1）增强、保伸。浆纱时浆液浸入纱线内部，使纤维与纤维粘连，增加强力，降低断头，保护伸长。

（2）减少摩擦、贴伏毛羽。浆液使纱线表面的毛羽伏贴，形成一层良好的薄膜而减小摩擦，增强耐磨性。

课件：浆纱机构

2. 浆纱的要求

浆纱工序应满足以下要求：

（1）浆料的黏附性要好、黏附力强，既有一定的渗透，又有一定的被覆。

（2）浆液要有较好的吸湿性，使浆膜平滑、柔韧、弹性良好。

（3）浆料易退，且不形成污染。

（4）上浆均匀，浆轴质量好。

4.4.2　浆料

浆料的种类很多，按其组成或作用可分为主浆料（胶粘剂）和辅助浆料（助剂）两大类。主浆料能改善经纱的织造性能；辅助浆料能改善或弥补主浆料在上浆性能方面的某些不足。

1. 主浆料

（1）天然淀粉。天然淀粉提取于一些植物的种子、果实或块根，如小麦淀粉、玉米淀粉、马铃薯淀粉、米淀粉、甘薯淀粉等，资源丰富，价格低。天然淀粉对棉、麻、粘胶等亲水性纤维有很高的黏附力，而对疏水性纤维的黏附力很差，不适用于纯合成纤维的经纱上浆。浆膜强度大，弹性差，比较脆硬，耐磨性不如其他浆料。

（2）变性淀粉。变性淀粉是以天然淀粉为母体，通过化学、物理或其他方法使天然淀粉的性能发生显著变化而形成的产品。常用的变性淀粉有酸解淀粉、氧化淀粉、酯化淀粉、醚化淀粉、交联淀粉、接枝淀粉等。与天然淀粉相比，变性淀粉在水溶性、浆液稳定性、对合成纤维的黏附性、低温上浆适应性等方面都不同程度的改善。在浆纱工序中，变性淀粉的使用品种将越来越多，使用比例、使用量也越来越大。

（3）PVA（聚乙烯醇）。PVA 浆料的黏附性均比天然浆料好，浆膜强度高，耐磨而有弹性，有良好的吸湿性，是理想的披覆材料。但上浆时有结皮、起泡，影响分纱，对疏水纤维黏附性稍小。

（4）聚丙烯酸类。聚丙烯酸类浆料对疏水性纤维具有优异的黏附性，水溶性好，易于退浆，不易结皮，对环境污染小。但其吸湿性和再粘性强，只能作为辅助浆料。聚丙烯酸类浆料的种类很多，如聚丙烯酰胺、聚丙烯酸甲酯、聚丙烯酯类共聚物等，每种根据其组成单体不同性能也会有所不同。

2. 辅助浆料

辅助浆料可充分发挥主浆料的性能，改善浆料的上浆性能，增进上浆效果。常见的有以下几种：

（1）分解剂。淀粉在酸、碱、氧化剂等作用下加速分解，成为更小的可溶性淀粉，以提高上浆效果。

（2）柔软剂。为了改善浆膜的柔软性、光滑性，使浆膜柔软而富有弹性，常加入适量的柔软剂使胶粘剂结合松弛，增加可塑性，从而提高浆纱质量，减少织造断头率。如常见的有乳化油有较好的柔软性；柔软剂 SG 有良好的柔软、润湿和浸透性；柔软剂 101 有良好的乳化性。柔软剂不宜过多，否则会降低浆膜的质量。

（3）浸透剂（润湿剂）。要增大纤维之间的抱合，牢固浆膜，必须通过浸透剂减小浆膜的表面张力，使浆液迅速、均匀浸透，以提高浆纱质量。常见的浸透剂有太古油（土耳其油），适用于碱性或中性浆液；JFC，浸透性好，有乳化性能；平平加 O，浸透性良好。另外，还有拉开粉、浸透剂 M、肥皂等。浸透剂既有助于浸透、乳化，又具有柔软、吸湿、减摩等作用。

（4）吸湿剂。为提高浆纱的吸湿量，改善浆膜的吸湿性能，浆液中加入吸湿剂，以保持浆膜的柔软和弹性。常用的吸湿剂有甘油、食盐等，如甘油吸湿性强，能柔软、防腐。

（5）消泡剂。浆液起泡多时会导致上浆不足、上浆不均匀，可以加入油脂、硬脂酸、松节油等，使泡沫膜壁张力不均匀而破裂。

（6）防腐剂。浆液中的淀粉、蛋白质、油脂等许多物质，易产生霉菌，使浆料变质，常加入 2- 萘酚、氯化锌、水杨酸、苯酚等防腐剂。

（7）减摩剂。为使浆纱手感滑爽，开口清晰，减少断头，常加入适量减摩剂，降低浆膜的摩擦系数，来改善浆膜的平滑性，如滑石粉、膨润土、石蜡、硬脂酸等。

（8）防静电剂。若静电积聚，将会引起纱线毛羽凸出，以至于经纱开口困难，常加入 SN 或 P 抗静电剂。

（9）表面活性剂。表面活性剂同时具有亲水基和亲油基，使油剂在浆液中分散、乳化，又具有油剂的各种性能，可具有各助剂的功能。

（10）溶剂。浆料和溶剂水调和成一定浓度的浆液，水质量的好坏，影响到浆液的渗透、被覆程度，影响浆纱手感粗硬度等。水常有软水、硬水之分，常用水的硬度 ≤ 178.4 mg/L〔德国度（°dH）：1 L 水中含有相当于 10 mg 的 CaO，其硬度即为 1 个德国度（1°dH）]。

4.4.3　典型浆纱机的工艺流程

1. 热风喷气式浆纱机工艺流程

如国产 G142B 型浆纱机，工艺流程如图 4-9 所示。浆膜形成较好，烘燥效率较高，浆纱机车速达 60 m/min，适用于 13 tex 以上（45 英支以下）的纯棉或涤棉纱上浆。

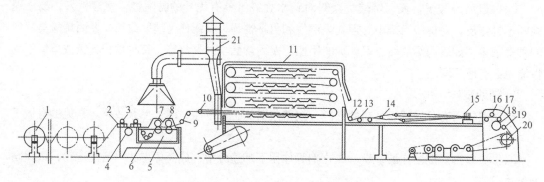

图 4-9　热风喷气式浆纱机工艺流程

1—经轴；2、9、13、19—导纱辊；3—张力落下辊；4—引纱辊；5—浆槽；6—浸没辊；7、8—挤压辊；10—湿分绞棒；11—烘房；12—张力调节辊；14—分纱棒；15—伸缩筘；16—平纱辊；17—测长辊；18—拖引辊；20—织轴；21—排气管

2. 烘筒式浆纱机工艺流程

图 4-10 所示为九烘筒式浆纱机工艺流程。该设备有较为完善的拖动和经纱张力、伸长及回潮自控系统。烘燥效率高，浆纱速度快，品种适应强，速度可达 80 m/min，适用于棉纱、T/C 纱、粘胶丝、合成纤维长丝上浆。

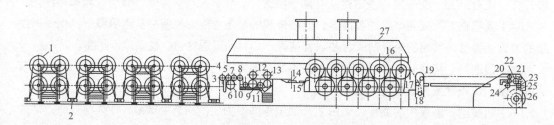

图 4-10　九烘筒式浆纱机工艺流程

1—经轴；2、3、5、7、8、15、17、19、21、23、25—导纱辊；4—张力落下辊；6—引纱辊；9—浆槽；10、11—浸没辊；12、13—挤压辊；14—湿分绞棒；16—烘筒；18—张力调节辊；20—伸缩筘；22—拖引辊；24—卷绕张力调节辊；26—织轴；27—排气罩

3. 热风烘筒式联合浆纱机工艺流程

图 4-11 所示为单程热风六烘筒式浆纱机工艺流程。该设备具有热风烘燥和烘筒烘燥的优点。热风烘燥浆膜成型好，烘筒烘燥效率高，浆纱质量好，品种适应广，纯棉或 T/C 纱的浆纱速度可达 35 ～ 55 m/min。

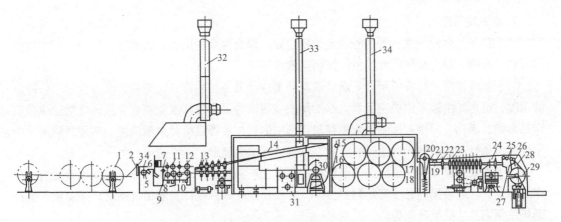

图 4-11　单程热风六烘筒式浆纱机工艺流程

1—经轴；2、4、6、7、15、17、18、20、22、26、28—导纱辊；3—张力落下辊；5—引纱辊；8—浆槽；9、10—浸没辊；
11、12—挤压辊；13—湿分绞棒；14—预烘室；16—烘筒；19—张力调节辊；21—上蜡辊；23—大分纱棒；
24—小分纱棒；25—平纱辊；27—拖引辊；29—织轴；30—循环风机；31—加热器；32、33、34—排气管

4.4.4　浆液的质量控制

1. 调浆配方的依据

浆液的配备即调浆，调浆的工艺决定着浆液质量的好坏，影响浆纱质量。因此，要根据上浆品种、品种规格特征、工艺条件等，结合浆料特性选择主浆料和辅助浆料。

（1）纤维种类。不同纤维与不同主浆料间的相溶亲和特性各不同，体现出各不同的黏着力和上浆效果。棉纤维和粘胶纤维大分子上具有亲水性的基团，应选用含有大量羟基的淀粉或CMC 类浆料；涤纶、锦纶纤维宜分别选择聚丙烯酸酯类、聚丙烯酰胺作为主浆料；羊毛和蚕丝与明胶、聚丙烯酰胺具有很好的亲和性；富强纤维一般可用淀粉浆或 CMC 类的化学浆料，尽量减少弹性损失，增强减摩，使浆液流动性好，浆膜薄而柔软；T/C 混纺纱上浆要解决毛羽问题，所选主浆料必须使毛羽伏贴；若要解决吸湿低、静电问题，则要考虑加入浸透剂和防静电剂等。

（2）原纱线密度和结构。纱细所选原料优，弹性、断裂伸长率大，毛羽少、强度低，上浆应以增强为主，上浆率应大一些；纱粗，毛羽多、强力高，上浆应以减摩为主，增强为辅；捻度大的纱，吸浆性差，应考虑渗透和分解；捻度小、结构松的纱，应考虑黏附力强的浆料。

（3）织物组织和织物密度。织物组织不同，交织次数、产生的摩擦不同。在相同条件下，交织次数多的组织织物的经纱上浆量大，要考虑耐屈曲、柔软、减摩。织物密度大、结构紧、摩擦大，要考虑强力和耐磨。一般低特、高密织物，增强、耐磨、保持弹性伸长并重，应选用黏附性好的优质淀粉或化学主浆料，质地优良的油脂或滑石粉。低特、低密的织物以增强、保持伸长为主，耐磨为辅。中特、高密织物应以减摩为主，选用好的主浆料、减摩剂，可使纱具有良好的被覆性；中特、低密织物则以增强为主，可选用一般的淀粉浆或与化学浆混合。

（4）浆料品质。要考虑浆料的协调、互溶、易溶性。选配时应充分发挥各浆的特性和浆料间的配合特点，如酸性浆中需用碱性中和剂中和，碱性浆不宜用酸性防腐剂等。

（5）织造工艺条件和坯布用途。织造工艺条件不同，经纱受作用的程度不同，坯布用途不同，加工条件不同。如烧毛处理时要考虑对纤维损伤，退浆时要考虑方便等。

2. 浆液质量控制

（1）淀粉生浆的浓度。要适时测定淀粉生浆、混合生浆的浓度，以确定生浆中含无水淀粉的质量，准确、稳定浆液的含固量，控制浆液浓度。

（2）浆液浓度。浆液中所含干燥的浆料质量对浆液质量的百分比率称为浆液含固率，即浆液浓度，是影响上浆率的决定因素。水的蒸发或蒸汽冷凝水使浆液变稠或变稀，会对上浆质量带来影响，因此，对供应桶的混合生浆和浆槽中的熟浆液都应检测浆液浓度。常用透明溶液中浓度或溶质性质的不同，产生光的折射率不同的原理来测定。

（3）浆液黏度。要使经纱上浆率稳定，必须使浆液黏度稳定。浆液的黏度影响着经纱上浆率的稳定性。同种浆料黏度高则黏附力大。常用稳旋转式黏度计、恩格拉黏度计来测量，生产现场采用漏斗式黏度计测量。

（4）浆液的 pH 值。pH 值的大小不仅影响纱线、织物的物理机械性能，而且对浆液黏度、黏附力和浸透性等都有很大的影响。如酸性太大会降低淀粉浆液的黏度和黏着力等。棉纱宜中性上浆，毛纱宜中性或弱酸性上浆，粘胶丝宜中性上浆，合成纤维除强酸、碱外影响不大。pH 值常用 pH 试纸或 pH 计测定。

（5）浆液温度。浆液温度不仅与纱线强力、弹性、定型等有关，而且影响浆液的黏度和浸透性。浆液温度应依据纱线特性、浆液特性和上浆工艺特点等来决定。例如，粘胶纤维受热湿处理时的强力、弹性会受损失，浆液温度宜低一些。棉纤维表面有棉蜡，浆液温度宜高一些。浆液温度高，浆液黏度下降，增强了对经纱的渗透性，浆膜较薄。浆液温度低，渗透少，多为表面上浆。棉纱淀粉上浆为 85 ℃ ～ 100 ℃，一般多为 98 ℃；用化学浆时为 80 ℃ 左右；T/C 纱一般为 90 ℃ ～ 95 ℃。

4.4.5 浆纱质量控制

浆纱的质量直接影响织机的产量和织物的质量，必须预防、消除浆纱疵点，并严格控制浆纱工艺要求，提高浆纱的质量。

1. 浆纱疵点

（1）上浆不均匀。若浆液黏度、浆槽温度、浆纱车速不稳定，压浆辊包卷不良，两端压力不一致，则会造成上浆不均匀，使织机开口不清，产生断边、断经，形成棉球、三跳、吊经、纬缩等疵点。

（2）回潮不均匀。若蒸汽压力、浆纱车速不稳定，压浆辊包卷不平或表面损坏，两端加压不均匀，散热器、阻气箱失灵，烘房热风不均匀或排湿不正常，则会造成回潮不均匀，使织机开口不清，增加三跳疵布。

（3）张力不均匀。若拖引辊包布包卷不良或损坏，各导辊或轴不平行、不水平，轴架加压两端不一致，经纱千米纸条调节不好，则会造成张力不均匀，产生断经增多而影响织物质量。

（4）浆斑。若浆槽内浆液表面凝固成浆皮；停车时间过长，造成横路浆斑；湿分绞棒转动不灵或停止转动而附上余浆，一旦再转动时造成横路浆斑或经纱粘结；压浆辊包布有折皱或破裂，压浆后纱片上出现云斑；蒸汽压力过大，浆液溅在已被压浆辊压过的浆纱上，会形成各种浆斑，使相邻纱线粘结，造成分纱，织造时断头增加。

（5）粘、并、绞。若溅浆、溅水或干燥不足；浆槽浆液未煮透或黏度太大；经轴退绕松驰、经纱横动、纱片起缕、分绞时撞断，或处理断头没分清层次；排头（割取绕纱）操作处理不妥，则会造成粘或并或绞，从而影响穿经，增加吊综、经缩、断经、边不良等疵布。

（6）多头、少头。若各导辊有绕纱而浆纱缺头，经纱附有回丝、结头不良等，使浸没辊、导纱辊、上浆辊发生绕纱，至筘齿碰断，整经头分出错，或多或少，会造成多头或少头，降低织机效率，产生疵布。

（7）软硬边。若伸缩筘位置走动，织轴轴片歪斜，压纱辊太短或转不到头，两端高低不一；内包布两端太短，织造时形成嵌边或松边，易断头而影响织物的外观质量。

另外，还有流印或漏印、经纱长短不一、油污污渍等疵点。

2. 浆纱工艺

（1）上浆率。上浆率的大小是以上浆后浆纱的干重增量与上浆前经纱干重的百分率来表示，反映了经纱上浆后附着其上浆料的量。因此，上浆率在一定程度上表示了经纱浆后的强力和耐磨性能的高低。上浆率是浆纱质量的重要指标，浆纱质量要求上浆率大小要符合上浆工艺要求，且均匀稳定。上浆率指标应根据线密度、捻度、织物组织与密度来确定。纱越细，上浆率应越高；纱线的捻度越小，上浆率越高；织物的密度越小，织造时受摩擦少，上浆率应适当低一些；平纹比斜纹、缎纹组织交织点多，屈曲、拉伸多，上浆率应较高一些。上浆率偏高，浆纱粗硬，脆断头增多，浆液耗用多，且损伤浆纱弹性伸长，增加断头。上浆率偏低，浆纱强力和耐磨性差，也易断头。在浆纱时应严格控制上浆率，差异范围尽可能小，一般规定不超过 ±1%，上浆率在 6% 以下时，则不超过 ±0.5%。

（2）回潮率。浆纱回潮率是浆纱中所含有的水分对浆纱干重之比的百分率，对浆纱的织造性能影响很大。回潮率小，则浆膜粗糙，脆硬而断头；回潮率大，浆膜发黏，片纱易黏结，分纱或织造易破坏浆膜，落浆多，耐磨差，经纱发毛，开口不清，断头增加，且易发霉。一般上浆率大、线密度低、总经根数多，回潮率大。适当的回潮率可使浆纱具备适当的耐磨性和坚韧性，与织物质量密切相关。浆纱回潮率的大小应根据纤维的种类、线密度、织物经密和上浆率大小来确定，必须合理控制上浆过程中的影响因素。如烘房温度高，则回潮低；浆纱速度快，烘燥时间短，回潮低。同样，浸浆时间长短、浆液浸透能力、上浆辊圆整度、压浆辊压浆力和包卷质量、纱线结构及张力等均会影响吸浆率的大小和均匀，从而影响回潮率的大小和均匀。

回潮率通常掌握在：棉纱为 7%±0.5%，粘胶纤维为 10%±0.5%，涤棉混纺纱为 2% ～ 3%。

（3）伸长率。浆纱伸长率是上浆后经纱的伸长量与上浆前经纱长度的百分比，反映经纱上浆后弹性的损失程度。经纱在上浆过程会受到一定的拉伸作用，可使织轴卷绕紧密，层次清晰，改善张力均匀性，使织物表面平整，但其张力、伸长必须控制在适当的范围内。若伸长过小或负值，则不利于浆纱机正常运转和织轴卷装的良好；若伸长率过大，则纱线的弹性损失太大，使织物断裂强度降低，或出现织物短码。棉纱、T/C 纱一般分别在 1%、0.7% 左右。要合理控制浆纱伸长率的因素，掌握恰当的浆纱伸长。

4.4.6   新型浆纱技术

1. 高压上浆

常压浆纱机由于压浆力不足，使浆纱回潮率大，烘房蒸汽消耗大，车速慢，落浆多，浆料浪费等。高压上浆压浆辊采用了气动加压杠杆加压（压浆力现代浆纱机可达 40 kN），高压上浆时的上浆辊与压浆辊综合考虑了表面的形状和硬度，配有压浆力调节装置，上浆效果较好，而且降低了湿浆纱的含水，减轻烘燥负担，既提高 40% 左右的车速，又可节约能源。在主浆料的选择上，要力求使浆液具有高含固量、低黏度、高流动性的特点，使浆纱顺利进行。

2. 干法上浆

干法上浆克服了传统上浆热能消耗大，易产生环境污染的不足。其中，溶剂上浆利用有机溶剂沸点低、比热小、潜热小，烘燥时蒸发溶剂要比蒸发水节能数倍的特点，以有机溶剂代替传统的浆料对长丝进行干法上浆。另外，热熔上浆是在整经机上加装一根带沟槽的罗拉，固体浆料受热流入沟槽底部，经纱穿行于沟槽时形成表面上浆，当卷到轴上时熔融浆料已冷凝，不需要浆槽和浆房烘燥，浆料易回收、退浆，比传统浆纱机节能 80% 左右。

3. 泡沫上浆

选用易成泡沫的浆液，搅拌形成泡沫，经纱在泡沫中穿行，泡沫破裂从而达到上浆的目的。由于湿浆纱的含水很少，故能起到节能的作用。

4.4.7 浆纱机

1. 浆纱机的分类

（1）按烘燥方式分，有烘筒式、热风式和热风烘筒联合式三种。烘筒式浆纱机使湿浆纱与热烘筒表面接触而气化水分；热风式浆纱机是通过热风空气与湿浆纱的热湿交换达到烘燥目的；热风烘筒联合式浆纱机是湿浆纱先经热风预烘，再用烘筒烘燥。

（2）按上浆机构分，有单浆槽、多浆槽、单浸单压、单浸双压、双浸双压和双浸单压等。浸没辊和压浆辊配置的个数因品种、要求不同而异。单浆槽用于生产一般织物；多浆槽用于生产高密织物。

（3）按工艺流程分，有轴经浆纱机、单轴浆纱机、整浆联合机、分条整浆联合机和染浆联合机等。常用的是轴经浆纱机，先将若干个经轴上的经纱并合成织物的总经根数，再上浆、烘燥、分纱，最后卷绕成织轴；单轴浆纱机是对分条整经机卷制的织轴上浆、烘燥，最后仍卷绕成织轴；整浆联合机是整经和上浆联合，先对从筒子架上引出的纱片上浆、烘燥，卷绕成经轴，再用并轴机并轴形成织轴；分条整浆联合机是在分条整经机的筒子架前，安装上浆、烘燥和分绞机构，最后卷绕成织轴。染浆联合机有染槽和浆槽，能够做到先染后浆。

2. 浆纱机的发展趋势

新型浆纱机主要向阔幅化、适当高速、自动化、通用化、联合机和节能方向发展。

（1）阔幅化。为适应阔幅织物的需要，浆纱幅宽也应相应增加，有的浆纱机能浆 3.2 m 的织轴，并且采用直径为 800 mm 的大卷装。有的浆纱机能双织轴生产。

（2）适当高速。以提高自动化和提高烘干效能为前提，以提高浆纱质量为主，适当提高车速。

（3）自动化。除继续提高和完善已有的一些自动控制装置外，正在研究使用计算机进行控制，以实现浆纱各种参数自动控制的要求。

（4）通用化。一机多用，适合品种的多样性。通过轴架、浆槽、烘燥机构等部件的不同组合，能适应不同原料、织物的上浆要求，如单双浆槽的选用、热风、烘筒的选用或联合使用。

（5）联合机。可缩短工序，降低成本，目前已有整浆联合机、染浆联合机。

（6）节能。采用多烘筒对节能很有利。新型浆纱技术如高压上浆、干法上浆、泡沫上浆等在很大程度上也是从节能出发进行研究的。

单元 4.5　穿结经

4.5.1　穿结经的目的与要求

穿结经是经纱织前准备的最后一道工序，是根据织物工艺设计要求，将织轴上的经纱按一定的规律穿入（或后插放）停经片、综眼和筘齿，正确控制经纱运动。

穿结经的工艺直接影响织造工程和成品质量，因此，要严格按要求穿结经，以满足织造工程的需要。

课件：穿结经

视频：穿经和结经的方法

4.5.2　穿经方法

图 4-12 所示为穿经工艺过程。常见的穿经方法有手工穿经、半自动穿经、自动穿经三种方法。

1. 手工穿经

手工穿经是人工分纱，用穿综钩将纱按工艺要求穿入经停片和综眼，用插筘刀

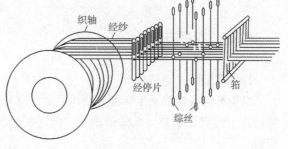
图 4-12　穿经工艺过程

把经纱穿入筘齿。每人每小时可穿 1 000 ～ 2 000 根经纱，适应性广，穿经质量高，绞头少，综筘和经停片可拆卸，便于维修，但劳动强度高，产量低。

2. 半自动穿经

半自动穿经是将手工变为机械操作，自动分纱、穿经停片和插筘，每人每小时可穿经 2 000 ～ 2 500 根，此方法可提高穿经速度和穿经效率，减轻劳动强度。

3. 自动穿经

自动穿经是自动分纱、分停经片、分综丝、穿引和插筘，大大减轻工人劳动强度，提高了生产效率。

4.5.3　穿经主要构件

1. 综框

综框的作用是在开口机构的带动下，使经纱按规定的织物组织要求做有次序的升降，形

成梭口。综框由综丝、综框架和综丝杆等组成。综丝中部有综眼，与综丝耳环平面成45°，以便经纱与综框平面大致垂直通过，减少经纱受到的摩擦。综丝要有足够的弹性，综丝表面必须光滑，以减少对经纱的摩擦。其粗细依据经纱的粗细而定，长度依据织机开口大小而定。综丝杆的列数按织物品种确定，综框页数依据织物组织规律而定，综框上综丝数依据织物总经根数决定。列数多，综丝密度少，相互间的摩擦小。高经密织物常采用单列或复列式的飞穿法。

2. 钢筘

钢筘的作用是控制织物的经密和幅宽，将纬纱推向织口，并作为梭子运动的导向。棉织生产中多采用胶合筘，特厚和密度大的织物多采用焊接筘，较牢固。钢筘中筘齿的密度用筘号来表示，10 cm 长度内的筘齿数称为公制筘号；2 英寸内的筘齿数称为英制筘号。筘号大小随织物的经密和经纱线密度而定，每筘齿穿入数根据织物的结构和织造条件而定，一般可选用 2 入、3 入、4 入。

3. 停经片

停经片的作用是使织机在经纱断头时立即停车，防止断经织疵的产生，提高产品质量。停经片穿在停经杆上，停经杆可有 4 ～ 6 排。停经片在停经杆上的允许排列密度和经纱线密度有关。停经片密度过密时会使断头停车的发动不够灵活。一般线密度高，允许密度大；线密度低，允许密度小。停经片的穿法有顺穿、飞穿和重叠穿法三种。

4.5.4 结经方法

1. 手工结经

用手工结经代替手工穿经，将机后的纱尾与新织轴上的经纱通过打结连接起来，再拉过停经片、综眼和钢筘。本法效率高，但停机时间长，且钢筘易单向磨损，适用于复杂组织织物。

2. 自动结经

使用自动结经机将新轴上的经纱与带有停经片、综框和钢筘的机经纱逐根打结，再拉过停经片、综框和钢筘。自动结经降低了工人劳动强度，提高了劳动生产率，但要注意综框和钢筘的维修或加以更换。自动结经适用于品种不变的生产。

单元 4.6　纬纱准备和定捻

4.6.1　有梭织机的纬纱准备

有梭织机的纬纱准备包括络筒、卷纬和纬纱定捻等工序。根据其加工工艺路线不同，有梭织机用纬纱分为直接纬纱和间接纬纱两种形式。直接纬纱指纬纱纡子由纺部细纱机直接纺成，经定捻后供织机使用。直接纬纱工艺路线短，加工机台少，生产成本低。间接纬纱指在细纱机上，将纬纱卷绕成较大的管纱，到织部之后，管纱经络筒、定捻、卷纬加工，重新卷绕成适合梭子使用的纬纱纡子。间接纬纱工艺路线长，加工机台多，生产成本高，但间接纬纱加工的纬纱质量较高。直接纬纱一般用于棉纺织厂的中、低档织物生产；间接纬纱则用于棉纺织厂的高档织物生产和毛织、丝织、麻织、色织生产中。

4.6.2　无梭织机的纬纱准备

无梭织造过程中，纬纱由大卷装的筒子纱供应，并且要提高纬纱质量，减少纬向疵点。因此，纬纱准备包括络筒、定捻两个基本工序，以满足各种不同引纬方式对纬纱的要求。无梭引纬包括喷气引纬、喷水引纬、剑杆引纬、片梭引纬、四种常用引纬方式。不同引纬方式对纬纱有不同的要求。

1. 喷气引纬、喷水引纬对纬纱的要求

喷气引纬、喷水引纬为消极引纬，仅靠气流或水流对纬纱的摩擦牵引力将纬纱引过梭口，因此引纬过程中，纬纱头几乎为自由端，气流或水流对纬纱缺乏足够的控制能力，易产生退捻、纬缩等疵点；同时由于射流压力不稳或引纬力不足，纬纱容易出现歪斜、弯曲、或轻微的缠结，形成短纬或断纬疵点。喷射引纬入纬率非常高，织造速度快，对纬纱也有一定的损伤。所以，对纬纱提出了较高的要求。

（1）纱线断裂强度高。大部分纱线的最小强力是由纱线中细弱环节造成的，要减少纬纱断头，就要提高纬纱强力，减少细弱环节，降低单强 CV 值。

（2）纬纱捻度大小适当、稳定性好。选用合理的纬纱定捻方式，提高纬纱定捻效果，减少退捻，提高织物质量，同时可减少由于纱头退捻歪斜、松散造成的纬缩、断纬疵点。同时纬纱捻度大小要适当，喷气引纬不适用强捻纬纱。

（3）条干均匀。纱线粗细直接影响着射流对纬纱的摩擦牵引力。要保证纬纱飞行稳定，必须保证对纬纱施以均匀、稳定的牵引力。因此要求纬纱条干均匀度要好。喷射引纬不适用于不均匀的粗重结子线、花式纱等。同时原纱条干 CV 值与单纱强力 CV 值之间有正相关。条干不匀会引起强力不匀。在喷气织机上，纱线粗细节是造成经纬纱断头的主要原因之一。

2. 剑杆引纬、片梭引纬对纬纱的要求

剑杆引纬、片梭引纬为积极式引纬，引纬过程中剑杆和片梭对纬纱有足够的控制。对纬纱的强力、条干、捻度有强的适应性。对纬纱没有特殊的要求。但要保证织物外观及内在质量，应尽可能清除纬纱疵点，降低强度不匀率。

4.6.3　纬纱给湿定捻

1. 定捻的目的

若纬纱张力过小、捻度较大或纱的弹性好且反捻强，在织造时有可能出现脱纬、纬缩和起圈的现象。通过定捻，可使纬纱具有适当的纬纱回潮率，有利于提高纬纱的强力，稳定纬纱的捻度，增加纱层间的附加力，加大纬纱通过梭口时的摩擦力，减小纬缩或脱纬现象。

2. 定捻的方法

定捻的方法主要包含有自然定捻、给湿定捻和热湿定捻三种。

（1）自然定捻。纱线自然定捻是指纱线在常温、常湿的自然环境中存放一段时间，以稳定纱线捻度的定捻方式。由于纺织纤维的流变特性，纬纱管在放置过程中，纤维内部的大分子相互滑移错位，各个大分子本身逐渐自动皱曲，纤维的内应力逐渐减小，呈现松弛现象。同时，纤维之间也产生少量的滑移错位，其结果使纱线内应力局部消除，纤维的变形形态及纱线结构得到稳定，从而使纱线捻度达到稳定。自然定捻工序短，节省费用，纱线的物理机械性能保持不变，但定捻效果不够稳定，易受环境温湿度条件的影响，适宜于低捻度的纯棉纱线。

（2）给湿定捻。纱线给湿定捻是指在纱线在较高回潮率的环境中存放一段时间，以稳定纱线捻度。纱线给湿后，由于水的润滑性，易使纤维分子间结合松弛，加速纤维内应力减小，使纱线捻度迅速稳定下来。因此，适当的纬纱回潮率，可增大纤维间的抱合力，有利于提高纬纱强力，增加纱层间的附着力，加大纬纱通过梭口时的摩擦力，减少纬缩和脱纬疵布。

（3）热湿定捻。在热和湿共同作用下，纬纱定捻效率大大提高。化纤纱及棉与化纤混纺纱弹性较好，常温下纱线捻度不易稳定，尤其是捻度较大的纱线，宜采用给湿、加热的方法稳定纱线捻度。热湿定捻通常采用筒子纱定捻，有时也可采用纬管纱定捻。为了减少筒子内外层纱线的定捻差异和黄白色差，可采用热湿定捻锅，定捻时，纬纱置于锅内，先将锅内抽真空，然后通入蒸汽，让热、湿充分作用到纱线内部。

热湿定捻常用于涤/棉混纺纱的定捻，在热和湿的共同作用下，定捻效果大大提高。常见有 SFVC—1 型和 HO32 型热湿定捻锅，利用蒸汽进行热湿定捻。经定捻后的涤/棉纱，强力有所下降，且会产生收缩而细度有所增加的现象。因此，要控制好温度和时间。

单元 4.7 开口

要形成机织物，经、纬纱线必须产生交织，经纱必须产生一定的沉浮，形成上、下两层不同的经纱，使经纱形成一个可供纬纱引入的空间。因此，综框升降的运动使经纱上下分开称为开口运动，即开口。

开口运动的机构即开口机构。在满足顺利引纬的条件下，要尽量减小开口过程中经纱所承受的各种负荷，以减少经纱断头，提高织机的产量和织物的质量。

课件：开口机构

视频：开口机构与
工艺参数

4.7.1 梭口

图 4-13 所示为梭口的侧视图，综框的上下升降使经纱分成上、下两层，形成一个菱形的

空间通道 $AB_1CB_2'A$，即梭口。在综框平齐、经纱不分开时称为综平时间。

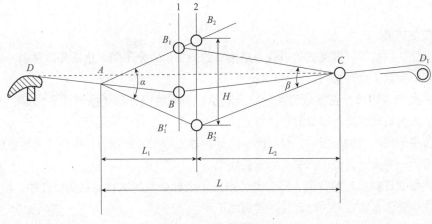

图 4-13　梭口的侧视图

1. 梭口尺寸大小

梭口尺寸大小通常以梭口的高度、梭口角和梭口深度（或长度）等来衡量。

（1）梭口高度。梭口满开时，经纱的最大升降动程（开口时经纱在垂直方向上的最大位移）H 称为梭口高度。

（2）梭口角。上、下两层经纱在织口与中导棒处所形成的夹角叫作梭口角，$\angle \alpha$ 为前梭口角，$\angle \beta$ 为后梭口角。

（3）梭口深度（或长度）。织口到停经架中导棒的水平距离 L 称为梭口长度或深度，L_1、L_2 为前后部深度，当 $L_1 = L_2$ 时称为对称梭口。一般采用 $L_1 < L_2$ 的不对称梭口，这样可在梭口高度不变的条件下，得到较大的前梭口角和前梭口高度，有利于梭子的运动，且可减少经纱伸长变形；反之，伸长变形大，易打紧纬纱。

2. 梭口清晰度

织机上采用多页综框织造时，各页综到织口的距离不同，且受机构的限制和综框高度等因素的影响，在梭口满开时，会形成不同清晰程度的梭口。梭口的清晰度与引纬运动、经纱的断头、织物质量密切相关。梭口常有清晰梭口、半清晰梭口和不清晰梭口三种。

（1）清晰梭口。在梭口满开时，梭口前部的上、下两层经纱各处在同一平面上的梭口为清晰梭口。在其他条件相同的情况下，清晰梭口的前部具有最大的有效空间，引纬条件最好，适用于任何引纬方式，对喷射引纬尤为重要。织机上一般多采用清晰梭口。但综片较多时，后综的经纱张力大于前综的经纱张力，且张力差异较大，易造成后综经纱的断头。故上下运动频繁或弹性和强力较差的经纱应尽量穿在前综，以减少经纱断头。

（2）半清晰梭口。在梭口满开时，梭口前部的下层经纱都处在同一平面上，而上层经纱不在同一平面上的梭口。该梭口下层经纱完全平齐，有利于梭子飞行平稳，且经纱张力较均匀。但此梭口的开口机构较复杂，在车速不是很高时可采用。

（3）不清晰梭口。在梭口满开时，梭口前部的上下层经纱都不处在同一平面上的梭口。其梭口的前部有效空间最小，梭口不清，不利于引纬，易造成跳花、断经、飞梭及轧梭等现象。一般不采用这种梭口，但因各综框动程相等，经纱张力较均匀，且上、下两层经纱不在同一平面上，可防止经纱间粘连，故对经密大和平整度要求高的织物，可考虑使用不清晰梭口。

3. 梭口的种类

不同类型的织机、不同类开口机构形成梭口的方式也完全不同。根据开口过程中经纱运动的特征，可分为以下几种梭口：

（1）中央闭合梭口。在完成每次开口运动后，所有的经纱都要回到综平位置，再分别向上、下两个方向运动形成新梭口的开口方式。

优点：在形成梭口的过程中，经纱同时运动，故经纱张力较均匀；梭口闭合时经纱在综平位置，处于同一平面上，便于挡车工的断头处理。

缺点：每次开口，经纱都要上下运动，增加了经纱受力的次数。易磨损经纱，增加断头，且经纱变位频繁，影响梭口的稳定性，对引纬不利。

（2）全开梭口。在完成每次开口后，需要改变运动规律的经纱上下变换，保持原位的经纱不动的开口方式。

优点：在每次开口运动中，并非所有的经纱都要运动，故经纱摩擦少，断头降低，且动力消耗少。同时，经纱变位次数少，梭口较稳定，有利于走梭引纬。

缺点：在开口过程中，各层经纱张力有差异，对织物外观有影响，且部分经纱在梭口满开、张力较大时停留时间长，易受损而断头。同时，在综平时除平纹织物外，经纱不在同一平面，不便于断头处理，需要增加平综装置。

（3）半开梭口。在完成每次开口后，需要改变位置的经纱上下变换，而保持原位的上层经纱略微下降后再上升，下层经纱不动的开口方式。其优点与全开梭口的相仿，但经纱张力差异则稍有改善。

无论采用何种开口方式，应视纱线性质、织物结构和织机的速度等因素而确定。毛茸多，表面粗糙的经纱，宜选择中央闭合梭口，以防止经纱粘结而开口不清晰形成织疵和断头。经密较大，且织物表面平整度要求较高的织物，则经纱张力差异应小，同时，采用摆动后梁调整经纱张力，宜选择半开梭口。而织机速度较高，梭口应稳定、引纬条件要好，经纱间摩擦也需较小，则宜选择全开梭口。

4.7.2 开口机构分类

开口机构可以使综框做升降运动而形成梭口，控制综框的升降顺序。综框的升降顺序由机构的不同部件完成，由提综执行装置和提综控制装置两部分组成。

（1）提综执行装置。提综执行装置有往复运动的拉刀和拉钩组成的提综机构，有回转件组成的提综机构，其高速适应好。

（2）提综控制装置。提综控制装置即选综装置，对经纱提升的次序进行控制，有机械式和电子式两种。机械式提综控制装置由花筒、纹板等实现对综框的选择，控制经纱的升降次序；电子式提综控制装置则通过微机、电磁铁等实现对综框的选择，品种变换快速可靠。

常用的开口机构有以下几种。

1. 凸轮开口机构

凸轮开口机构是利用凸轮控制综框的升降运动和升降次序、凸轮外廓曲线的形状来决定综框升降运动的规律。它一般控制 8 片以内的综框，常用于制织平纹、斜纹和简单的缎纹织物。

2. 多臂开口机构

多臂机的回综依靠机构或弹簧使综框下降，分别称为积极式、消极式多臂开口机构。织物组织循环 > 8 时就需要采用多臂开口机构。其开口能力较大，一般可控制 25 页以内，最多可达 43 页综，适用于制织较为复杂的小花纹织物。

3. 提花开口机构

提花开口机构实现了每根经纱的独立上下运动，开口能力大大提高，可制织运动循环经纱数 100 ~ 2 000 根的大花纹织物。常见的提花开口机构有机械式和电子式两种。机械式提花开口机构包括单动式、复动式，是利用花筒中纹板上的孔眼来控制横针、竖针的运动，从而控制与竖针相连的经纱的升降；而电子式提花开口机构是通过微机、电磁铁等实现对竖针的选择，响应速度快，能适应织机高速运动的要求，且花纹变化方便。

4.7.3　开口工艺参数

1. 开口时间

在开口过程中，当上下运动的综框相互平齐的瞬间称为开口时间（又称综平度或综平时间）。在实际生产中，通常是以综平时筘面离胸梁内侧边缘的距离来表示。开口时间决定了开口运动在织造循环中的位置，影响开口与打纬、引纬的配合。开口时间早，打纬时织口处的梭口角大，经纱张力大，有利于开清梭口，使经纱充分伸直，使布面平整；经纱对纬纱的包围角大，打纬后的纬纱不易反拨后退，有利于打紧纬纱，使织物紧密厚实。同时，钢筘对经纱的摩擦及打纬过程中经纬纱间的摩擦加大，经纱易起毛茸，若采用不等张力梭口，可使织物获得丰满的外观。但开口早，闭口也早，不利于梭子顺利飞出梭口，且因打纬时经纱张力大，易产生断头。

开口时间的早晚，对经纱、纬纱的缩率也有影响。早开口，打纬时经纱张力大，经纱屈曲小，纬纱屈曲大，则经缩小、纬缩大，直接影响织物的结构和经纬用纱量。开口时间的早晚，要根据织物品种、原纱情况、质量要求及织造条件、实际生产等因素综合确定。

2. 梭口高度

为保证引纬时顺利进行，梭口必须达到一定的高度。不同的机型、不同的引纬方式，具有不同的梭口高度。有梭机高度大，无梭机则比较小，其中喷气、喷水较片梭、剑杆织机梭口高度小。若梭口高度大，引纬方便，但经纱伸长大，经纱张力大，使经纱断头增加。在保证正常引纬的条件下，为减少经纱断头，应尽量降低梭口高度。

梭口高度的确定，应考虑引纬器的结构尺寸、引纬与打纬运动的配合。同时，必须考虑织物的结构、纱线性质和织物品种等因素。

3. 经位置线

经位置线是指综平时的织口、综眼、停经架中导棒和后梁握纱点等各点所连接的一条折线。经位置线不同，经纱张力不同，对织物结构、外观质量和织机生产率都有不同的影响。在实际生产中，常通过调节后梁的高低来改变经位置线，使梭口上、下两层张力不同，尽量减小经纱在综眼处的曲折角度。同时，使综眼、中导棒和后梁握纱点处于同一直线上，以减少经纱断头。

若采用较高后梁，即后梁高于胸梁，则梭口的下层经纱张力大于上层经纱张力。打纬时，纬纱沿较紧张的下层经纱运动，而较松的上层经纱在经纬交织时易屈曲，打纬阻力小，有利于打紧纬纱，提高纬密，且下层经纱张力大，有利于梭子飞行。同时，打纬时较松的上层经纱产生一定程度的横移，可减少筘痕，使布面丰满。而后梁高度太高，则上、下层经纱张力差异过大，会造成开口不清，增加断头。故制织平纹类织物时，宜采用高后梁，而府绸经密大，易开口不清，其后梁高度要比一般平纹织物低。

若采用较低后梁，即后梁低于胸梁，则梭口的下层经纱张力小，对梭子飞行不利，上层经纱张力大，一旦轧梭，易造成大量断头。斜纹类织物一般经密较大，易开口不清，故上层经纱不宜过小。而布面要求平整、纹路凸出、匀直，故上层经纱张力适当小些，有利于经纱屈曲，使纹路凸出清晰。但上层经纱又不宜过于松弛，应使纹路匀直，故斜纹类织物的后梁高度应比平纹类织物稍低一些。而贡缎类织物要求布面匀整，则采用低后梁，适当减少上、下两层经纱张力的差异。

单元 4.8　引纬

引纬是在梭口形成后，通过引纬器将纬纱引入梭口，以实现经纱和纬纱的交织。其一般可分为有梭引纬和无梭引纬两大类。

4.8.1　有梭引纬

有梭引纬是使装有纡子的梭子通过梭口引入纬纱，结构简单，调节方便，适应性广，布边光洁平直；但噪声大，动力和机物料消耗大，织疵多，且不适应高速，产量低。

梭子在完成一次引纬过程中，必须完成梭子在梭箱中静止→飞行→静止的运动过程。因此，有梭引纬织机对梭子必须配置投梭、制梭等装置，产生投梭、制梭等作用，并配有探纬、自动换梭及梭箱升降、梭箱变换控制等装置。有梭织机的投梭和制梭机构如图4-14所示。

4.8.2　无梭引纬

1. 无梭引纬的分类

生产中常见的无梭引纬有剑杆引纬、喷气引纬、片梭引纬和喷水引纬四种。

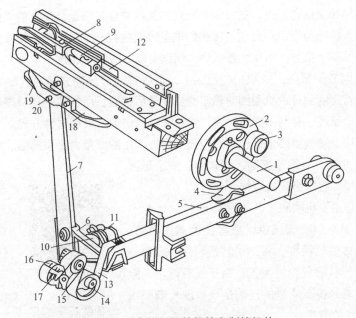

图 4-14   有梭织机的投梭和制梭机构

1—中心轴；2—投梭盘；3—投梭转子；4—投梭鼻；5—侧板；6—投梭棒角幅；7—投梭棒；
8—皮结；9—梭子；10—十字炮脚；11—扭簧；12—制梭板；13—缓冲带；14—偏心轮；
15—固定轮；16—弹簧轮；17—缓冲弹簧；18—皮圈；19—皮圈弹簧；20—调节螺母

（1）剑杆引纬。剑杆引纬利用剑杆的往复运动将纬纱引入梭口，是最早使用的无梭引纬的
方式，应用也最为广泛。其结构简单，运转平稳，价格
适中，产品适应性广，噪声小，适用于多色纬、阔幅及
特种织物的织造。

课件：剑杆引纬   视频：剑杆引纬

剑杆引纬的主要机构及工艺原理如下：

①剑杆。剑杆的形式和配置有很多种，主要可按以
下特征分类：

a. 按剑杆材料不同分，剑杆有刚性和挠性之分。刚
性剑杆刚直坚牢，退出梭口后所占空间大，比较笨重，惯性大，不利于高速；挠性剑杆由柔性
扁平的尼龙剑带和剑头组成。引纬靠挠性剑带的伸卷完成，退出梭口后的剑带可卷绕到传剑盘
上，这使得织机的占地面积小，而且剑带质量轻，有利于高速和宽幅。

b. 按剑杆数目分，剑杆织机有单剑杆和双剑杆之分。单剑杆引纬是仅在织机的引纬侧安装
一根比布幅宽的刚性单剑杆，由它的往复运动将纬纱引入梭口。这种引纬方式可靠，剑头结构
简单，但剑杆尺寸大，占地面积大，剑杆动程大，车速受限制。双剑杆引纬是梭口两侧都装有
挠性剑杆，分别称为送纬剑和接纬剑。引纬时，由送纬剑夹住纬纱并送到梭口中央，然后将纬
纱交付给已经运动到梭口中央的接纬剑，两剑各自退回，由接纬剑将纬纱拉过梭口。这种引纬
方式剑杆轻巧、结构紧凑，便于达到宽幅和高速，加上纬纱交接已很可靠，极少失误，因此，
目前广泛采用的是双剑杆引纬。

②传剑机构。剑杆引纬需要传剑机构使剑杆进出梭口。在双挠性剑杆织机上，传剑机构的

运动必须使得在纬纱交接时，接、送纬剑有一定的交接冲程，使送纬剑上的纬纱能顺利滑过接纬剑的钩口，进入接纬剑钳口；且送、接纬剑进足时间应有一个时间差，使两剑交换的相对速度小，并使纬纱保持小张力，防止纬纱松弛，保证交接纬纱的可靠性。

传剑机构可固装于筘座上或织机的机架上，前者称为非分离式筘座，后者称为分离式筘座。由于分离式筘座的剑杆织机引纬时筘座静止在最后位置，所需要的梭口高度较小，打纬动程也小，且筘座质量轻，有利于提高车速，高速剑杆织机较多采用这种方式。

（2）喷气引纬。喷气引纬是通过喷射气流对纬纱产生的摩擦力牵引纬纱。机构简单，操作安全，自动化程度高。引纬速度高，噪声小，适合低线密度、高密和宽幅、组织简单的织物。

喷气引纬装置主要机构和工艺原理如下：

①气源。气源是向喷嘴提供优质稳定的高压气流，有单独供气和集体供气两种。集体供气是利用一个中心空压站同时向若干台喷气织机供气，由于设有除水、除杂、除油设备，能制备高质量的压缩空气，现代喷气织机多采用集体供气的方式。

虚拟仿真：喷气引纬　　视频：喷气引纬

②储纬器。多用定鼓式储纬器，以利于高速引纬。储纬器可自动控制储纬量，均衡张力和定长，引纬质量高。

③主喷嘴。主喷嘴的作用是将从储纬器进来的纬纱以压缩空气喷射而出，使纬纱获得足够的飞行初速度，并送入梭口。常见的主喷嘴类型有平直的圆形喷嘴、渐缩的圆

课件：认识喷气引纬　　课件：设计喷气引纬
　　　　　　　　　　　　　　　　工艺

锥形喷嘴、组合喷嘴。现代喷气织机主要采用由圆锥形气室和平直的圆形导管组成的组合喷嘴。喷气织机上的主喷嘴由固定主喷嘴和摆动主喷嘴组成。固定主喷嘴用来克服纬纱从储纬器上退绕下来所受的阻力，将纬纱顺利地送往摆动主喷嘴；摆动主喷嘴安装在筘座上，出口始终对准异形筘的筘槽，使纬纱进一步加速，在获得要求的飞行速度后，将纬纱准确地送入筘槽内。

④辅助喷嘴。辅助喷嘴的作用是在引纬过程中，不断向梭口补充高速气流，保持气流对纬纱的牵引作用，稳定纬纱的速度状态，使纬纱顺利飞过梭口。辅助喷嘴固定在筘座上，随筘座一起摆动，其个数随筘幅增加而增加。打纬时它退到布面下，引纬时随筘座的后摆进入梭口。

⑤异型筘。异型筘与平筘的形状不同，钢筘的筘片上有横向凹槽，形成筘槽，是气流的通道，具有限制气流扩散的作用，同时，也是纬纱飞行的通道及打纬点。由于异型筘制造困难，精度高，对材料要求高，因此，价格比较高。

（3）片梭引纬。片梭引纬是用片状夹纱器（片梭的梭夹钳口）夹住纬纱端，将纬纱引入梭口。片梭的尺寸、质量很小，适用于高速、宽幅引纬。产品适应性广、质量好、产量高、噪声小。

课件：片梭引纬　　视频：片梭引纬

片梭引纬的主要机构及工艺原理如下：

①储纬器。储纬器是无梭织机上为适应高入纬率而采用的机电一体化装置。将纬纱从筒子上退绕到绕纱鼓上，引纬时纬纱再从绕纱鼓上退出。纬纱张力大幅降低，张力更加均匀。

②扭轴投梭。通过扭轴的变形储能、最大扭转状态的保持、扭轴的复位、释放储能，使片梭加速到所需的飞行速度，再由油压缓冲制动。另外，还有扭簧、气动、电磁力等投梭机构，但以扭轴式性能最好，应用普遍。

③片梭的制动。片梭出梭口的速度很高，制动定位必须快速、准确，主要由接梭箱中两只并列的制梭块组成，其中制梭块对飞入、飞出接梭箱的片梭起着或不起制动作用，固定制梭块依靠弹簧产生制动压力，保证片梭正确制动定位。

（4）喷水引纬。喷水引纬是利用喷射水流对纬纱产生摩擦牵引力将纬纱引入梭口，纬纱飞行速度快，织机速度最快，噪声最小。因为使用水流作为引纬介质，一般限用于疏水性织物的生产。

喷水引纬的原理、装置与喷气引纬相似，但也有其特有的装置。喷水引纬机构的主要机构及工艺原理如下：

虚拟仿真：喷水引纬　　视频：喷水引纬

①喷射泵。利用立式或卧式吸入型水泵的定速喷射或定角喷射方式产生高压水流供给喷嘴，同时消除水中的气体和过滤杂质。

课件：喷水引纬

②喷嘴。喷水织机上只有一只喷嘴，整个引纬过程只需要依靠它就能完成，不需要辅助喷嘴。常见的喷嘴有封闭式和开放式两种。封闭式喷嘴，始喷压力较高，压力稳定，纬纱飞行稳定，纬缩疵点少，但结构复杂；开放式喷嘴结构简单，使紊态水流改善成近似层流状态，水流集束性高，流速快，但每纬间有水泄漏，耗水量较大。

③织物干燥装置。喷水引纬织造的织物，下机织物含水率较高，有时可达40%以上，生产和存储中会产生霉变、虫蛀或变色等疵点，影响产品质量。织物的干燥多采用机上除水与机下烘燥相结合的方式。机上除水的方法有两种：一是挤压去水；二是真空吸水。机下烘燥也有两种，一是织物用烘筒烘干；二是织物用装在织机上的红外线风干装置干燥。

2. 无梭织机的比较和选用

（1）入纬率。入纬率的计算公式如下：

$$入纬率（m/min）＝筘幅 \times 车速$$

入纬率综合了织机主轴转速、上机幅宽、纬密等因素，反映了织机的生产速度。喷水织机入纬率可达 1 900 m/min，喷气织机入纬率最高达 1 800 m/min，片梭最高可达 1 600 m/min，剑杆最高可达 1 000 m/min。

（2）织机效率。无梭引纬时，经纱张力较大，对经纱的要求较高。故原纱质量和引纬的可靠程度会影响织机的效率。喷水、喷气织机属于消极引纬，片梭、剑杆织机属于积极引纬。一般的织机平均效率从高到低为片梭织机、剑杆织机、喷水织机、喷气织机。

（3）纬纱回丝率。采用机外筒子供纬方式，大多形成毛边，需要剪掉纬纱纱头，故纬纱回丝率都大于有梭织机。

（4）纬纱线密度要求。剑杆、片梭织机对纬纱适应性都较强、较广，片梭织机对纬纱的适应性要更强些，而剑杆对纬纱的适应性更广些。喷水、喷气织机牵引力有限，对纬纱线密度的使用范围比剑杆织机、片梭织机小，对喷气织机引纬，纬纱太细易被吹断，太粗则气流牵引力不足。

（5）织物组织及幅宽。喷气、喷水织机对梭口的清晰度要求高，故适合简单的组织；片梭织机配有多臂开口机构，组织可复杂些；剑杆织机可配备多臂或提花开口机构，适应的组织范围最广。喷气、喷水对气压和水压有一定的要求，剑杆头及剑杆运动的平稳性影响机速的提高，而片梭飞行速度快，且飞行减速慢，故片梭织机幅宽变动的灵活性最大，其次为剑杆织机。片梭织机上的机筘幅可超过 5 m，剑杆织机可达 4.5 m，喷气织机可达 3.5 m，喷水织机则达 2.5 m。

（6）织机的选用。小批量、多品种、组织较复杂的织物，选用剑杆织机；质量要求较高、产品附加值大、特种装饰和特宽织物，选用片梭织机；大批量、低中特纱的简单组织织物，选用喷气织机；疏水性长丝织物大批量生产，选用喷水织机；牛仔布，选用片梭、剑杆织机；防羽绒布，选用剑杆、片梭、喷气织机；真丝绸织物，选用片梭、剑杆织机；仿真丝织物，选用片梭、剑杆、喷水织机。

3. 无梭引纬的布边

无梭引纬时，纬纱在布边处不连续，形成毛边。这种毛边的经纱、纬纱之间没有形成有效的束缚，非常容易脱散，因此，在无梭织机上，还需要通过专门的成边装置形成加固边。加固边的形式有以下几种：

（1）折入边。将一侧或两侧的纬纱头折入下一个梭口，与下一根纬纱织入织物，常见于喷气、片梭织机上。形成折入边后，布边的密度增加，故要注意边经的线密度、密度和组织。

（2）绳状边。使用两根边经相互盘绕成绳状，并与纬纱交织形成布边。

（3）热熔边。制织合成纤维织物时，采用电热丝使经、纬纱热熔后粘合，切除毛边。可使布边平整、光洁，且强度较大。

（4）纱罗绞。采用两根或两根以上的边经纱，相互起绞与纬纱按纱罗组织交织形成布边。

（5）针织边。双纬织造时，入纬侧为光边，接纬侧由钩针机构形成针织边。

（6）辅经边。在布边处用一组辅助经纱将纬纱头固定下来，织物形成后，再割除多余的边部，布边由纱罗组织保持。

（7）辅纬边。采用一根专用的织边纬纱，连续地或间断地折入织物边部，固定纬纱头，再割除多余边经纱。

单元 4.9　打纬

将引入梭口的纬纱推向织口，与经纱交织形成规定纬密织物的过程称为打纬运动。它由打纬机构来完成，而织物的经密和幅宽则由钢筘来控制。在梭织机、片梭和剑杆织机中，钢筘可组成引纬器的通道，引导梭子、片梭和剑杆；在异形筘的喷气织机上，筘槽可防止气流扩散。

课件：打纬机构

视频：打纬机构及工艺要求

4.9.1　打纬机构

打纬机构的类型很多，采用何种打纬机构主要与制织织物的原料、组织结构、幅宽、车速、引纬方式等因素有关。常用的打纬机构有连杆打纬机构和凸轮打纬机构等。

1. 连杆打纬机构

连杆打纬机构是织机上使用最为广泛的打纬机构。其中，四连杆打纬机构结构简单、制造方便，但筘座运动无静止时间，因而对打纬不利；而六连杆打纬机构筘座相对静止时间较长，可提供较大的纬纱飞行时间，有利于引纬。

2. 凸轮打纬机构

凸轮打纬机构可大幅度扩大打纬角，对引纬有利，也可提高织机的速度或织机的筘幅，并可通过更换打纬凸轮来满足不同工作幅宽的要求。

4.9.2　打纬机构的工艺要求

打纬机构的运动必须与生产的织物品种相适应，必须符合织造工艺的要求，以达到最为理想的经济效益，因此，打纬机构必须满足下面的工艺要求。

1. 有利于打入纬纱

打纬力的大小必须与织物种类的要求适应。如织物紧密，则要求打纬坚定有力；织物轻薄，则要求打纬柔和。而要满足织物达到一定的纬密，则钢筘必须在经纱方向有足够的刚度。尤其是高纬密织物，若刚度过小，则达不到一定的纬密，也会产生纬档疵点等。

2. 有利于梭子安全飞行

当梭子通过梭道时，筘座运动应相对缓慢而平稳，并使梭子紧贴钢筘和走梭板飞行。

3. 有利于扩大纬纱飞行角

引纬时，筘座相对静止或停顿的时间尽可能长一些，使纬纱通过的时间角度尽可能增加，可达到增加织机幅宽、提高车速、降低梭子飞行速度及减少机物料消耗等目的。

4. 有利于织机高速

在保证打纬力要求的前提下，筘座的质量要轻，运动要平稳，以减轻机台的振动。

另外，打纬机构要结构简单、牢固，使用可靠，装配方便，应尽可能地减小打纬动程，减少钢筘对经纱的磨损。

4.9.3　打纬工艺与织物的形成

产品的质量要求与织机打纬工艺特点密切相关，织物的特征决定了打纬的工艺要求。

1. 织物组织结构与织物的形成

织物组织不同，经、纬交织点数不同。在其他条件相同的情况下，经、纬交织点数少，打纬阻力小，打纬区宽度也小。织物的经纬密、紧度大，打纬阻力和打纬区也大，而纬密的影响远大于经密。在实际生产中，常使织物的纬密小于经密，易于织造，也可以提高产量。

2. 上机张力与织物的形成

经纱上机张力是指综平时的经纱静态张力。上机张力的大小对打纬阻力和打纬区有着显著的影响。生产中常采用调节上机张力的大小来控制打纬区的大小。上机张力大，经纱屈曲少，纬纱屈曲多，打纬时经纱与纬纱相互作用加剧，打纬阻力增加；但由于经纱和织物刚性系数增大，经纱不易伸长，打纬过程中织口移动量减小，因面打纬区减小。

对于各种织物，都应确定适当的上机张力，以求织造顺利。一般情况下，紧密织物的上机张力可适当加大，从而使开口清晰，便于打紧纬纱，但不宜过大，否则断头增加。稀薄织物的上机张力应适当减小，以减少经纱断头，但若过小，则打纬使织口移动量大，经纱与综眼摩擦加剧，断头也会增加。

3. 后梁高度与织物的形成

后梁高度决定打纬时上、下层的经纱间的张力差异。一般后梁高，下层经纱张力大于上层经纱张力，纬纱沿下层经纱较易织入织口，减小了打纬阻力；且因下层经纱的作用，织口移动也小，打纬区也小。但后梁过高，会造成上层经纱过于松弛、梭口不清晰、下层经纱张力过大等问题，引起跳花、跳纱或断经。

后梁高，上层经纱松，易屈曲且横向移动，可调整经纱排列不均匀的规律，有助于清除筘痕，使织物外观平整、丰满。

低特高密府绸织物，筘齿厚度影响小，后梁可低一些；双面斜纹类织物，则用低后梁使上、下层经纱张力接近相等，使织物外观纹路凸出、清晰而挺直。单面斜纹后梁高于双面斜纹，使织物正面纹路凸出。缎纹织物一般用低后梁，上层经纱不宜过松，使布面平整光滑。

4. 开口时间与织物的形成

开口时间的早晚决定着打纬时梭口的高度和经纱张力的大小。开口时间早，打纬时梭口高度高，经纱张力大，经、纬纱作用加剧，打纬阻力增大，且上、下层经纱张力大，织口移动量减小，打纬区小，纬纱不易反拨后退。若过早，会使筘齿对经纱的作用加剧，损伤纱线和使断头增加。因此，开口时间要根据织物品种及其他工艺条件，以梭子进、出梭口挤压的适宜度等因素来确定。

单元 4.10　送经和卷取

为了使织造顺利进行，必须从织轴上适时有规律地送出定量长度的经纱，并将已形成的织物及时引离织口，绕到卷布辊上，这样的运动称为送经和卷取运动。它们分别由送经机构和卷取机构来完成。

4.10.1　送经机构

作为送经机构，必须保证从织轴上均匀地送出经纱，以适应织轴形成的要求；并使经纱符合工艺要求的上机张力，并在织造过程中保持张力的稳定，张力波动小。常见的送经机构的主要类型有以下几种。

课件：送经

视频：送经机构

1. 消极式送经机构

消极式送经机构适当制动织轴，当经纱张力超过对织轴的制动力和织轴自身的惯性阻力后，由经纱拖动织轴回转送出经纱。其适用于送经量大，而张力和送经均匀性要求较低的品种。

2. 积极式送经机构

积极式送经机构由驱动装置使织轴主动地适时送出固定长度的经纱，没有张力调节装置，应用少。

3. 调节式送经机构

调节式送经机构由送经机构驱动织轴回转，送出经纱，而织轴回转时送经量由张力调节机构控制。该机构种类多，应用最广泛。调节式送经装置可分为机械式和电子式两种。如片梭和喷气织机中的摩擦离合器式送经机构，由经纱送出传动装置、经纱张力调节机械装置组成。结构简单，送经量易控制。若送经量不足时，经纱张力增大，可增加织轴的转动量和经纱的送经量。在剑杆织机中常用亨特式机械送经机构，喷气、喷水织机中多为 Zero—Max 式机械送经机构。GTM 型剑杆织机、PAT 型喷气织机中的电子调节式送经机构，使用单独的传送送经装置，控制经纱张力，调整织轴的转动量，送出张力均匀的经纱。

4.10.2　卷取机构

卷取机构将织物卷绕成一定的卷绕形式，并通过织物的引离速度大小调整织物的纬密。常见卷取机构的主要类型有间歇式卷取机构和连续式卷取机构两大类。

课件：卷取作用与分类

视频：卷取机构

1. 间歇式卷取机构

织物的卷取周期地发生在织机主轴回转中的一定时期。间歇式卷取机构较为简单，调节方便。但其卷取时有冲击，机件易磨损，易传动失灵，会使织物纬密出现稀密不均匀，且布面游动会造成边经断头。其适用于车速不快的织机。

2. 连续式卷取机构

织物卷取随织机主轴的回转连续不断地进行。连续式卷取机构卷取运动平稳，没有冲击、机件磨损轻，但结构复杂，多用于新型织机。例如，JHT600 型喷气织机等使用了电动卷取机构，可自动控制和调节纬密，品种的适应性增强。

课件：卷取工艺设计

单元 4.11　下机织物整理

下机织物的整理是纺织生产的最后一道工序。当织机上织成的织物卷到布辊上，达到规定的落布长度后，将布辊取下，送入整理车间对织物进行检验、折叠、定等和打包等一系列工作。经此工序后，布匹可供市销或印染加工。

课件：下机织物的整理

视频：认识下机织物的整理

4.11.1　整理工序的目的和要求

（1）按国家标准和用户要求，逐匹检验布匹外观疵点，正确评定织物品等，保证出厂的产品质量和包装规格。

（2）在一定程度上对布面疵点进行修、织、洗，以消除产品疵点，提高布面的外观质量。

（3）通过整理工序，发现连续性疵点等质量问题时，可采取跟踪检查、分析原因等措施，防止产品质量下降，并落实产生疵点的责任。

（4）检验评分和定等时应力求准确，避免出现漏验、错评、错定。

（5）计长正确，成包合格。

4.11.2　整理工艺流程

整理的工艺流程要根据具体的织物要求而定，一般包括以下工艺过程。

1. 验布

检验布面外观质量。典型的验布机有 G312—110、130、160、180 型，最大工作幅宽分别为 1 100 mm、1 300 mm、1 600 mm、1 800 mm。

2. 刷布

清除布面杂质和回丝，改善布面光洁度。典型的刷布机有 G321—110、130、160、180 型，最大工作幅宽分别为 1 000 mm、1 200 mm、1 500 mm、1 700 mm。

3. 烘布

降低织物回潮率，防止霉变。典型的烘布机有 G331 型。

4. 折布

将织物按规定长度折叠成匹，以便计算产量和成包。折幅一般为 1 m 或 1 码。典型的折布机有 G331 型。

5. 分等

根据质量标准准确评定织物品等。

6. 整修

在规定的范围整修布面疵点，改善织物外观。

7. 开剪、理零

按规定对织物进行开剪和理清大零布、中零布、小零布。

8. 打包

按成包规定将布匹打包以便运输。

单元 4.12　织物织疵与质量分析

4.12.1　常见织物织疵

1. 有梭织机常见疵点

（1）断经。断经是影响有梭织机效率的最主要因素。原纱质量、浆纱质量、综筘保养、经纱上机张力、工艺参数选择及车间温湿度等都与断经有密切关联。

课件：织物疵点分析　　课件：织物织疵与质量分析

（2）筘痕。筘痕是指布面经向的条状稀密不均匀。经纱在筘齿中排列不均匀、筘齿变形、经纱绞头、综框变形等都会产生筘痕。

（3）双纬、百脚。布边外的纬纱断头、纱尾织入织口或断纬关车不及时，在织口内缺一根纬纱，便形成平纹中的双纬、斜纹中的百脚疵点。

（4）脱纬。投梭力过大而使梭子回跳，卷纬过松，使纬纱退绕过多，在织物表面形成纬圈。

（5）云织。送经、卷取不均匀，使织物表面局部稀密不均匀或稀疏方眼，形成云斑状的疵点。

（6）纬缩。纬纱捻度过大、给湿不足、开口不清、纬纱张力不足、梭子回跳过大，使织物中的纬纱呈扭结状，或在织物表面出现纬圈疵点。

（7）锯齿边。纬纱退绕不顺利、张力不均匀，使布边内卷而形成锯齿；或是织轴上机不良，边经张力不均匀，使布边不平整而形成锯齿。

（8）方眼。平纹织造时，后梁过低、开口时间过迟，打纬后上、下层经纱张力接近，与纬纱交织时，部分经纱不能横向移动，而在布面呈网针孔状。

（9）轧梭。织机刹车制动、经纱保护装置失灵，造成轧梭时大量断头，形成密集的结头。

（10）经缩。经纱片纱张力不均匀、部分经纱松弛，张力调节不当，使部分经纱以松弛状织入布内，呈毛圈状的波浪纹形。

（11）跳花、跳纱、星跳。因开口不清或开口、引纬时间配合不当，断经不停车，投梭太早或太迟，制梭等装置不良，造成 3 根或 3 根以上的经纱或纬纱脱离组织，并列地跳过多根纬纱或经纱而浮于织物表面成跳花疵点；1 根及 2 根经纱或纬纱，跳过 3 根及以上的纬纱或经纱成跳纱疵点；1 根经纱或纬纱，跳过 2 ～ 4 根纬纱或经纱，形成星点状的星形跳花疵点。

（12）宽幅或窄幅。筘号选择有误、车间温度、湿度控制不当、上机张力过大或过小等造成。

（13）吊经。部分经纱在织物中张力过大而形成的吊经疵点。

2. 无梭织机常见疵点

（1）断纬。右侧布边的纬纱尖端处有轻微的缠结或弯曲，或引纬力不足、开口不良、纬纱延时到达或开口时间与纬纱飞行时间配合不当，纬纱被左侧布边的经纱绞住、经纱片纱张力不匀或经纱附有纱疵等，引纬的喷射压力太高或纬纱有弱节，测长储纬不稳定、引纬力太强、作用时间太长或纬纱细节在布幅宽度范围内被吹断，纬纱飞行不正常所致。

（2）烂边、散边、豁边、毛边。烂边是边经未按组织要求与纬纱交织，致使边经纱脱出毛边之外；豁边是边经与纬纱交织不紧，致使绞边纱滑脱；散边是绞边经与纬纱交织松散，使边部经纱向外滑移；毛边是废纬纱不剪或剪纱过长。

（3）纬缩。张力较小情况下，纬纱扭结织入布内或起圈于布内。

（4）双脱纬、稀纬、缺纬、双纬。纬停探测器失灵，发生引纬故障而不停车；或引纬失误，送纬器调节不当等所致。

（5）断经。张力过大等形成断经。

（6）破洞。卷取机构所产生的拉扯破洞。

（7）稀密布。送经机构故障造成一侧布面纬纱特别密，另一侧特别稀。

（8）跳花、星跳。跳花：3 根及以上的经 / 纬纱相互脱离组织，并列跳过多根纬 / 经纱而呈现 "#" 字浮于布面；星跳：1 根经 / 纬纱跳过 2 ～ 4 根纬 / 经纱，在布面形成一直条或分散星点状。

4.12.2 织物质量分析

织物的质量可根据质量检验结果和质量标准确定织物的品等来反映，如本白棉布以匹为单位，分为优等、一等、二等、三等品及等外品。以质量检验的织物组织、幅宽、密度、断裂强力、棉结杂质疵点格率、棉结疵点格率和布面疵点来单独评等，以其中最低一项的品等作为该匹布的品等。

由此而得的织物品等并不能全面而深入地反映织物的质量。常用实物质量作为考评织物质量的一种方法，从纱线条干、棉结杂质、布面平整度、布边平直度、织物风格五个方面，深入反映纤维原料、纱线质量、织造及染整加工生产水平的综合质量。

1. 纱线与织物质量

织物质量是指织物能够满足人们需要或要求的程度，它包含的内容是多方面的。而用途不同，人们对织物的需求和要求也不同，同样织物质量检验和分析的内容也不同。

（1）捻系数。一般纱线需要经加捻而成，因此，捻系数的大小影响了织物的质量。捻系数大，则纱线紧密，影响浆液的浸透，被覆比和上浆率小。若织造时张力小，则容易扭结，产生纬缩疵点，影响准备卷装的卷绕密度；反之，则强力低，易产生断头，影响质量。夏季用麻纱织物，捻系数较大，织物硬、挺、爽、稀薄。内衣用织物捻系数小，织物松散，毛茸多而厚实。经纱要求强度高、耐摩擦，捻系数较大；纬纱要求柔软，不产生纬缩，捻系数较小等。

（2）捻向。捻向不同，则光线的反射方向不同。采用不同经捻向、纬捻向的配置，可获得如隐条、隐格、厚薄、松软不同的外观效应。另外，不同的纱线结构形式，如花式线、包芯纱等将使外观效应丰富多彩。

（3）细度偏差。细度偏差指的是实际生产出的纱线细度与设计细度之间的差异百分数，一般用重量偏差来表示。重量偏差为正值，说明纺出的纱线偏粗，纱线长度不足，织物过密过厚；重量偏差为负值，则纱线偏细，织物稀薄，紧度与布重不够。

（4）纱线条干。若不均匀易形成条隐，影响织物平整度，织造易断头，影响外观。重量不均匀率大，则织物强度不匀，织物平整性差，条隐严重，有厚薄段之分等。

（5）棉结杂质、纱疵。棉结杂质、纱疵多，织物外观差，手感粗糙，毛羽多，开口不清，易断头或烂边或出现跳花。

因此，不同的纱线，强度不同，是影响织物质量的一个主要条件。

2. 温度、湿度与织物质量

适当的温度、湿度可使纱线具有良好的强度，毛羽少，断头少，织物长度和幅宽符合工艺要求，布面平整，外观良好。若棉织生产时相对温度过高，则络筒除杂困难，浆纱不易烘干，经纱易粘并，织造时开口不清，经纱张力大、伸长高，布幅窄而布长增加，织物易霉，反之，则纱线毛羽多、飞花多，易脆断，纱线松弛且张力不均匀，布幅变阔而布长缩短，纱线强度下降，布面毛糙不平，纬缩、脱纬疵增多。棉纱线、麻纱线，相对温度可适当高一些，可提高其强度，有利于降低断头，提高生产质量；合成纤维一般相对湿度较低；纱线粗，相对温度高一些，可以改善柔软性、防止脆断头。若棉纱淀粉上浆，则相对湿度高一些，可防浆膜硬而脆，易落浆、脆断等。

因此，要提高织物质量，既要严格控制原料、纱线质量，还要提高织造设备操作和技术管理水平，减少疵点，使织物的各项指标达到和符合产品规格或设计要求。

单元 4.13　织造技术的发展趋势

有梭织机具有噪声大、车速低、生产率较低、产品质量差、机物料消耗多，工人劳动强度大、用工多、安全性不好等缺点；而无梭织机的优势是产品档次高，能适应细密织物的要求；同时，更因为无梭织机自动化程度高、能对织造全过程进行监控，而且所使用的载纬器或载纬介质体积小、质量轻，从而为采用小开口、短打纬动程的织造工艺创造了条件，使无梭织机具有产品质量好、劳动生产效率高、速度快、噪声低等优点。因此，无梭织机取代有梭织机是世界织机发展的总趋势。

4.13.1　剑杆织机

剑杆织机是目前应用最为广泛的无梭织机，它除具有无梭织机高速、高自动化程度、高效能生产的特点外，其积极引纬方式具有很强的品种适应性，能适应各类纱线的引纬，加之剑杆织机在多色纬织造方面也有着明显的优势，可以生产多达 16 色纬纱的色织产品。随着无梭织机取代有梭织机，剑杆织机将成为机织物的主要生产机种。

剑杆织机由于品种适应性强在无梭织机中占有相当比例，尤其在一些特殊织物如高密度防水布、帆布、汽车安全气囊、夹层织物、高性能纤维织物等方面具有一定优势。从技术发展看，剑杆织机的速度和引纬率近期不会有大的变化，发展重点将是进一步提高自动化水平。典型的剑杆织机有意大利舒密特 SM 系列、天马系列，比利时必佳乐 GTM 系列、GamMax 型，意大利泛美特 C401S 型，德国多尼尔 H 和 HS 系列刚性剑杆织机等。

4.13.2　喷气织机

在几种无梭织机中，喷气织机是车速最高的一种，由于引纬方式合理，入纬率较高，运转操作简便、安全，具有品种适应性较广、机物料消耗少、效率高、车速高、噪声低等优点，其现已成为最具发展前途的新型布机之一。由于喷气织机采用气流引纬方式，最大的缺点是能量消耗较高。喷气织机有速度和效率方面的优势，自动化程度也是无梭织机中最高的。但由于其是消极引纬，品种适应性受到一定的限制。国际技术发展趋势将是继续提高电子技术应用水平，扩大品种适应范围，进一步扩大市场份额。典型的喷气织机有日本丰田 LAT 系列，日本津田驹 ZAX 系列，比利时必佳乐 PAT、Olympic 系列等。

4.13.3 喷水织机

喷水织机由于工作环境湿度大，对电气元件防潮要求高，以致长期以来喷水织机生产的品种限于疏水性织物，技术方面侧重于提高速度，电子技术的应用进展不快。随着新型浆料的应用，适应的产品扩大到一些亲水性织物。电子送经、电子卷取等电子技术已有所应用。典型的喷水织机有日本津田驹 ZW 系列、日本日产 LW 系列等。

4.13.4 片梭织机

片梭织机的技术曾处于领先地位，但电子技术的应用慢了一些，价格也较高，相当一部分市场被喷气织机和剑杆织机取代。但片梭织机打纬力大，纬纱适应范围广，在特宽幅织物、工业用布、土工布等方面仍有优势。典型的片梭织机主要有瑞士苏尔寿 P7100、PU 系列。

无梭织机由于投资大，运行成本高，只有用于生产充分利用无梭织机优势的产品，才能取得较好的经济效益。

单元 4.14 机织物的组织构成及其结构与特征

4.14.1 机织物的组织构成

（1）经纱。在织物内与布边平行的纵向排列的纱线称为经纱。

（2）纬纱。与布边垂直的横向排列的纱线称为纬纱。

（3）组织点。在机织物中，经纱和纬纱的交错点，即经、纬纱相交处，称为组织点，用 R 表示。经组织点（经浮点）指经纱浮在纬纱之上的点，纬组织点（纬浮点）指纬纱浮在经纱之上的点。

视频：机织物基本组织构成

（4）组织点飞数。在织物组织循环中，同一系统纱线中相邻两根纱线上相应的组织点之间间隔的纱线数，称为组织点飞数，用 S 表示，经纱和纬纱的组织点飞数分别用 Sj 和 Sw 表示。

（5）组织循环。当经组织点和纬组织点的沉浮规律达到循环时，构成一个组织循环，或称一个完全组织。组织循环数量也叫枚数，用 R 表示，经纱和纬纱的组织循环数分别用 Rj 和 Rw 表示。

（6）组织图。表示织物组织的经纬纱沉浮规律的图案即组织图，如图 4-15 所示。

（7）意匠纸。意匠纸是用来描绘织物组织的带有格子的纸，其中的纵行代表经纱，横行代表纬纱，每个格子代表一个组织点。

4.14.2 机织物的组织结构与特征

机织物的组织结构一般分为基本组织、变化组织、联合组织、复杂组织。

1. 基本组织

包括平纹、斜纹和缎纹三种组织，又称为三原组织。

（1）平纹组织。这是所有织物组织中最简单的一种。

①组织图如图 4-16 所示。

②组织参数为：

$$R_j = R_w = 2, \ S_j = S_w = 1$$

式中 R——组织循环数；

S——组织点飞数。

视频：平纹组织结构

图 4-15　组织图

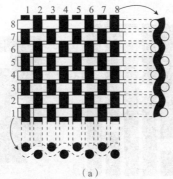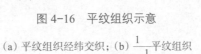

图 4-16　平纹组织示意

（a）平纹组织经纬交织；（b）$\dfrac{1}{1}$ 平纹组织

③分式表示法为：

$$\frac{1}{1} \text{（读作一上一下）}$$

视频：斜纹组织结构

④组织特点。平纹组织的经纬纱交织点最多，纱线屈曲多，织物布面平坦、挺括，质地坚牢，外观紧密，但手感偏硬，弹性小。

（2）斜纹组织。经（纬）纱连续地浮在两根（或两根以上）纬（经）纱上，且这些连续的线段排列呈一条斜向织纹。

①组织图如图 4-17 所示。

②组织参数为：

$$R_j = R_w \geqslant 3, \ S_j = S_w = \pm 1$$

③分式表示法为：

$$\frac{A}{1} \ \nwarrow (\nearrow) \quad \text{或} \frac{1}{A} \nwarrow (\nearrow) (A \geqslant 2)$$

④斜纹组织的分类。有经面、纬面及双面斜纹之分。

经面斜纹：凡织物表面经组织点占多数的，如 $\dfrac{2}{1}$。

纬面斜纹：凡织物表面纬组织点占多数的，如 $\dfrac{1}{3}$。

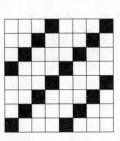

图 4-17　斜纹组织示意

双面斜纹：正反两面两种组织点的比例相同，但斜向相反。注意：经面斜纹的反面是纬面斜纹，但斜向相反。

⑤组织特点。斜纹组织的纱线空隙较少，排列紧密，紧密度大于平纹组织。织物柔软、厚实，光泽、弹性、抗皱性能比平纹织物好，耐磨性和坚牢度比平纹织物差。斜纹织物有正反面之分，其表面的斜纹线可根据需要选择捻向和经纬密度比值而达到清晰明显或纹路饱满突出、均匀平直的效果。

（3）缎纹组织。习惯上用分式表示法，经面缎纹以经向飞数绘制，纬面缎纹以纬向飞数绘制。如 $R = 8$，$S_j = 3$，称为 8 枚 3 飞经面缎纹，记作 $\dfrac{8}{3}$，如图 4-18 所示。

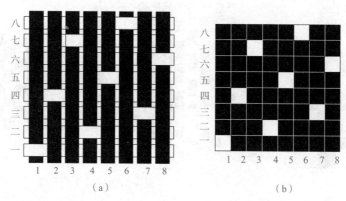

（a）　　　　　　　　　　　（b）

图 4-18　8 枚 3 飞经面缎纹组织示意和组织

（a）组织示意图；（b）组织图

2. 复杂组织

复杂组织是指经纬纱中至少有一种由两组或两组以上的纱线组成的组织。这种组织结构能增加织物的厚度，提高织物的耐磨性或得到一些特殊性能等，可分为二重组织、双层组织、起毛组织、毛巾组织、纱罗组织等，它们广泛应用在秋冬季服装、装饰用布（床毯、椅垫）及工业用布中。

◎拓展资源

中国最早的织机称为原始腰机。著名的中国科技史学家、伦敦皇家学会会员李约瑟博士（Joseph Needham）在《中国科学技术史》中称赞中国的纺织机是极为巧妙和机敏的创造，并将"机"赋予了巧妙、机智和机动敏捷的意义。织造技术和织机类型紧密相连，先进的织造技术为织物品种和花纹的更新提供了基础。

虽然世界各国均有织机的发明，但中国的织机最为完善和先进，这是中国在漫长的岁月中一直保持丝绸大国地位的重要原因。目前，中国通过优化织机工艺实现高效织造，通过优化织机机构实现优质产品，通过采用织机组合化结构实现快速更换品种。智能化改造无梭织机提高织造和产品质量。中国重构传统纺织业通过现代化、自动化、数字化的设备改造和升级，部分改造技术已经达到了世界一流水平，不仅满足了现代化生产的"减员、增效、体质、安全"要求，也提高了企业的竞争力。

　　改革开放以来，纺织业的迅速发展为国民经济的发展，人民生活水平的提高等发挥了重要的作用。随着国内需求和国际市场的扩大，纺织业仍呈现快速增长的态势，目前，我国纺织已经成为全球纺织品的第一生产大国和出口大国。尤其是我国纺织设备智能化升级改造后，对原料的适应性更广，并且产品不断推陈出新，为企业提高竞争力的同时，又为企业的可持续发展带来了动力。

习 / 题

在线答题

学 / 习 / 评 / 价 / 与 / 总 / 结

指标	评价内容	分值	自评	互评	教师
思维能力	能够从不同的角度提出问题，并解决问题	10			
自学能力	能够通过已有的知识经验来独立地获取新的知识和信息	10			
学习和技能目标	能够归纳总结本模块的知识点	10			
	能够根据本模块的实际情况对自己的学习方法进行调整和修改	10			
	能够掌握机织准备和机织织造的工艺流程和目的	10			
	能够了解相关设备原理与性能特点	10			
	能够阐述机织织造五大运动的目的和机器型号	10			
	能够知道下机织物整理、常见织物织疵、机织物组织结构	10			
素养目标	能够具有精益求精的工匠精神，以及分析问题、解决问题的能力	10			
	能够具有细心踏实、独立思考、爱岗敬业的职业精神	10			
总结					

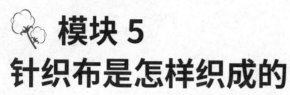

模块 5
针织布是怎样织成的

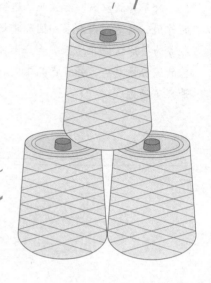

知识目标	1. 掌握针织及针织物的基本概念； 2. 掌握针织物的分类、主要物理指标和性能； 3. 掌握常用纬编织物与简单经编织物的组织结构特征； 4. 了解纬编与经编编织的成圈过程及常用纬编织物和简单经编织物的编织方法
知识难点	常用纬编织物与经编织物的结构辨识
推荐教学方式	采用任务式教学与线上、线下相结合的混合式教学模式。学生通过接受学习任务，完成线上资源（PPT、视频等）等的学习，结合线下讲授与线下资源（织物、设备），掌握针织基本理论知识和技能
建议学时	6 学时
推荐学习方法	以学习任务为引领，通过线上资源掌握相关的理论知识和技能，结合课堂资源（面料与设备）的实践，理论与实践相结合，完成对针织基本理论知识和技能的掌握
技能目标	1. 能够辨识常用的纬编织物，以及简单的经编织物； 2. 能够完成针织物物理机械指标的测量
素质目标	1. 具有良好的沟通交流和团队协作能力； 2. 具有精益求精的纺织工匠精神

单元 5.1　针织生产概述

5.1.1　针织及针织物的基本概念

1. 针织及其分类

　　针织是指利用织针把纱线弯曲成线圈，然后将线圈相互串套和连接而成为针织物的一门纺织加工技术。根据编织方法的不同，针织可分为纬编、经编与经纬编复合三大类。

课件：针织及针织物的基本概念

视频：针织物的概念及其分类

　　（1）纬编针织。纬编针织是将纱线由纬向喂入针织机的工作织针上，使纱线沿横向顺序地弯曲成圈，并在纵向相互串套而形成织物的一种方法。如图 5-1 所示，由织针 1 到织针 10，织针依次上升下降勾取纱线 a，形成新线圈。新线圈横向连接并与之前的旧线圈相互串套继而形成一块针织物。

　　（2）经编针织。经编针织是采用一组或几组平行排列的纱线，由经向喂入针织机的工作织针上，同时弯纱成圈，并在横向相互连接而形成织物的一种方法。如图 5-2 所示，平行排列的经纱从经轴引出后穿过各根导纱针 1，一排导纱针组成了一把导纱梳栉。由导纱梳栉带动导纱针在织针间前后摆动，在针前与针后横移，将纱线分别垫绕到各根织针 2 上，编织成圈，形成了一行线圈，继而形成纵向相互串套，横向相互连接的一块针织物。

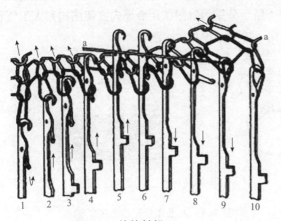

图 5-1　纬编针织

1 ～ 10—织针；a—纱线

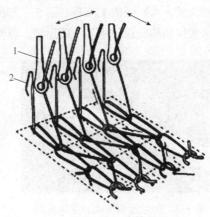

图 5-2　经编针织

1—导纱针；2—织针

动画模拟：纬编编织

动画：纬编设备编织

动画模拟：经编编织

动画：经编设备编织

经编与纬编的区别：纬编是在一个成圈系统由一根或几根纱线沿着横向依次垫入各根织针，织针依次上升下降勾取纱线编织成圈，所形成的织物中纱线沿横向过渡；经编是由一组或几组平行排列的纱线沿着纵向垫入一排织针，织针同时上升下降勾取纱线编织成圈，所形成的织物中纱线沿纵向过渡。

（3）经纬编复合。经纬编复合指的是在编织过程中，纱线的垫放按照以上两种方法复合而成一种织物的编织方式。

由纬编针织形成的织物称为纬编针织物或纬编布；由经编针织形成的织物通常称为经编针织物或经编布。通常，针织物或针织布指的是由纬编和经编两种针织方法形成的织物或成品。

2. 针织物的用途

针织物具有延伸性好、吸湿透气性好、手感柔软等特点，可用于服用领域、装饰用领域及产业用领域。

（1）服用领域：针织生产可将纱线编织成坯布，后经染整加工成为成品布，再经裁剪、缝纫工序制成针织产品，如针织内衣裤、T恤，以及其他外衣类针织产品等；也可制成为成型产品，即不需要裁剪、缝纫或稍加裁剪、缝纫即可制成针织产品，如手套、袜子、羊毛衫及全成型内衣等。

（2）装饰用领域：主要用于室内装饰，如装饰画、窗帘、靠垫、沙发包覆物等；床上用品，如床垫、床罩、毯子等。

（3）产业用领域：除服用产品及装饰用产品外用途的针织产品，如工业、农业、医疗、安全防护等领域。例如，以纬编组织结构为增强基材做的复合材料：合成革基布、三通管、头盔等；车用织物：座椅套、车顶或车门板覆盖物等；医疗卫生用织物：防褥疮床垫、弹性绷带、人造血管、可扩张内支架等，图5-3和图5-4所示分别为针织医用金属内支架结构和人工气管复合支架结构；保健用品：矫正带、弹性护肩、护腕、护膝、护腰等。

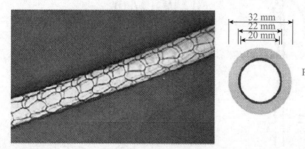

图5-3　针织医用金属内支架结构

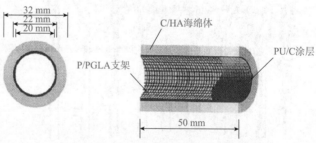

图5-4　人工气管复合支架结构

3. 针织物基本知识

（1）线圈。针织物指的是利用织针将纱线弯曲成圈，并相互串套而形成的织物。所以，线圈是组成针织物的基本结构单元。在图5-5所示的纬编织物线圈结构中，一个完整的线圈由圈干1—2—3—4—5和沉降弧5—6—7组成。圈干包括圈柱1—2、4—5和针编弧2—3—4。

在纬编针织物中，线圈存在成圈、集圈和浮线三种结构形式。

①成圈：如图5-6（a）黑色线条部分所示，由沉降弧开始，到圈柱、针编弧、圈柱，再到沉降弧结束，为一个完整的线圈结构单元。图5-6（b）所示为成圈线圈在织物中的存在形式。

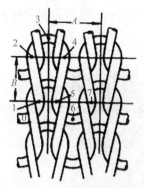

图 5-5　纬编针织物线圈结构
A—圈距；B—圈高

图 5-6　成圈线圈
（a）成圈线圈组成；（b）成圈线圈在针织物中的存在形成

②集圈：如图 5-7（a）黑色线条部分所示，由沉降弧开始，到针编弧，再到沉降弧，像一个悬弧，悬挂在其上面一个线圈的根部。如图 5-7（b）上端所示，可以看到集圈悬弧在针织物中的存在形式。

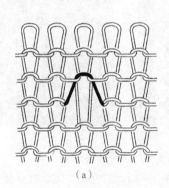
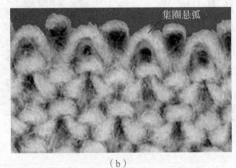

（a）　　　　　　　　　　（b）

图 5-7　集圈线圈
（a）集圈线圈组成；（b）集圈悬弧在针织物中的存在形式

③浮线：如图 5-8（a）黑色纱线部分所示，为一个线圈的沉降弧与另一线圈的沉降弧中间近似的一段直线，与针织物中其他线圈无任何连接点。如图 5-8（b）上端所示，可以观察出浮线在针织物中的存在形式。

在图 5-9 所示的经编织物线圈结构中，一个完整的线圈由圈干 1—2—3—4—5 和延展线 5—6 组成，圈干中 1—2 和 4—5 称为圈柱；弧线 2—3—4 称为针编弧。不同于纬编线圈，经编线圈有两种结构形式，即 K 为开口线圈，左右两个圈柱连接的延展线无交叉；Y 为闭口线圈，左右两个圈柱连接的延展线有交叉。

在图 5-10 所示的两块经编织物中，图 5-10（a）所示织物中的线圈均为闭口线圈；图 5-10（b）所示织物中在纱线转向处为闭口线圈，中间线圈为开口线圈。

（2）纵行与横列。

①纵行：沿针织物纵向，由一个个线圈相互串套而成的一列线圈称为线圈纵行。如图 5-11 [图 5-11（a）所示为织物，图 5-11（b）所示为织物对应的线圈结构图（织物的一种表

达方式，模拟织物中线圈存在的形式）〕中所示的 a-a 方向为纵行。一般每一纵行由同一根织针编织而成。

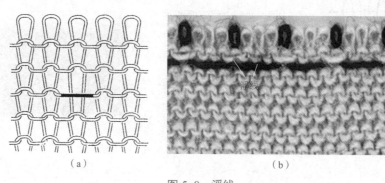

（a）　　　　　　　　　　　　　（b）

图 5-8　浮线

（a）浮线组成；（b）浮线在针织物中的存在形式

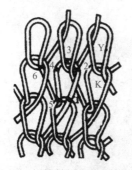
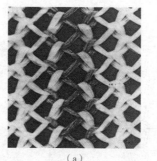
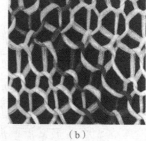

（a）　　　　　　　（b）

图 5-9　经编针织物线圈结构图　　　　图 5-10　经编织物

（a）闭口线圈织物；（b）闭口线圈和开口线圈混合织物

②横列：沿针织物横向组成的一行线圈称为线圈横列，如图 5-11 中所示的 b-b 方向为横列方向。纬编织物横列一般由一根或多根纱沿横向顺序编织而成；经编针织物则由一组或几组平行排列的纱线在一次成圈过程中，分别在不同的针上同时形成线圈，构成一个线圈横列。

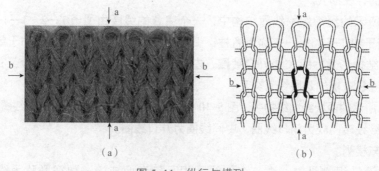

（a）　　　　　　　　　　　　　（b）

图 5-11　纵行与横列

（a）针织物；（b）线圈结构图

（3）圈距与圈高。如图 5-5 所示，在线圈横列方向，两个相邻线圈对应点间的距离称为圈距，一般用 A 表示；在线圈纵行方向上，两个相邻线圈对应点间的距离称为圈高，一般用 B 表示。

（4）正面线圈与反面线圈。

①正面线圈：圈柱覆盖于圈弧之上的线圈称为正面线圈。图 5-12（a）所示线圈结构图中显示的均为圈柱压圈弧（针编弧和沉降弧）。观察图 5-12（b）所示的针织物，由于圈柱压圈弧，所以织物中看到的均为 V 形配置的圈柱。

②反面线圈：圈弧覆盖于圈柱之上的线圈称为反面线圈。如图 5-13（a）所示线圈结构图中显示的均为圈弧（针编弧和沉降弧）压圈柱。观察图 5-13（b）所示的针织物，由于圈弧压圈柱，所以织物中看到的均为向上拱起的针编弧和向下弯曲的沉降弧。

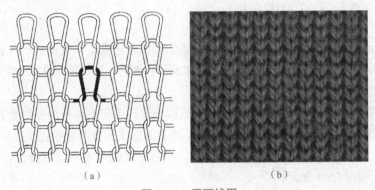

（a）　　　　　　　　　　　（b）

图 5-12　正面线圈

(a) 线圈结构图；(b) 针织物

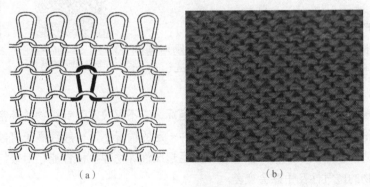

（a）　　　　　　　　　　　（b）

图 5-13　反面线圈

(a) 线圈结构图；(b) 针织物

（5）单面针织物与双面针织物。

①单面针织物：由单针床针织机（详见 5.1.3 针织机的分类与一般结构）编织而成的织物称为单面针织物。其特征为圈柱和圈弧分别集中分布在织物的两面，即针织物的一面全部为正面线圈，而另一面全部为反面线圈，针织物正反面具有明显不同的外观。如图 5-12 和图 5-13 分别对应一块单面针织物的正面和反面。图 5-12 显示的一面全部为圈柱；图 5-13 显示的一面全部为圈弧。

②双面针织物：由双针床针织机编织而成的织物称为双面针织物。其特征为织物两面均显示有正面线圈，即在针织物的两面均能够看到圈柱压圈弧。如图 5-14 所示，针织物两面均能

看到 V 形的圈柱，故该针织物为双面针织物。如图 5-15 所示，a 对应的纵行为正面线圈纵行，即从此面可以看到圈柱压圈弧；b 对应的纵行为反面线圈纵行，即从此面看为圈弧压圈柱，但从另外一面看，b 对应的纵行处显示的则是圈柱压圈弧。所以，图 5-15 所示织物的两面都能看到圈柱压圈弧，因此其同样也是一块双面针织物。

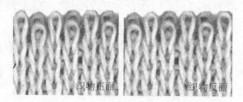

图 5-14　双面针织物 1

图 5-15　双面针织物 2

（6）工艺正面和工艺反面。单面针织物的工艺正面即显露正面线圈的一面，图 5-12 所示为一块单面针织物的工艺正面；工艺反面为显露反面线圈的一面，图 5-13 所示为图 5-12 所示织物对应的工艺反面。

双面针织物的工艺正面指的是其针筒针编织的一面；工艺反面指的是针盘针编织的一面。通常，工艺正面的线圈均匀性要优于工艺反面，或者工艺正面有明显的花纹效应。对于下机以后的素色织物，如果两面线圈结构均较为均匀，则针织物的两面都可以作为针织物的正面使用，如图 5-14 和图 5-15 所示。

5.1.2　针织物的主要物理指标和性能

1. 针织物的主要物理指标

（1）线圈长度。线圈长度是指编织一个线圈所需的纱线长度，如图 5-5 所示中的 0—1—2—3—4—5—6 所需纱线的长度，一般以毫米（mm）为单位。

课件：针织物的主要物理指标和性能

视频：针织物的主要物理指标和性能

线圈长度是针织物的一项重要的物理机械指标，它不仅决定了针织物的稀密程度，而且对针织物服用的性能具有重要的影响。在其他条件一定的情况下，一般线圈长度越短，针织物的强力、耐磨性、弹性、抗脱散性、抗勾丝和起毛起球性等物理机械性能相对较好，尺寸稳定性也较好，但织物的透气性及手感会变差。

在针织生产中，通常用纱长来表征线圈长度，即编织 100 个或 50 个线圈，或若干花宽（总纵行数接近 100 或 50）所需纱线的长度来表示，是针织生产中的一项重要参数。生产车间保全人员依据技术部提供的纱长来调节给纱速度，达到控制织物平方米克重的目的。

（2）密度。密度是指沿横列或纵行方向单位长度内的线圈数目，反映的是在纱线线密度一定的条件下，针织物的稀密程度，通常以横密和纵密表示。横密是沿线圈横列方向 50 mm（规定单位长度）内的线圈纵行数，用符号 P_A 表示；纵密是沿线圈纵行方向 50 mm（规定单位长度）内的线圈横列数，用符号 P_B 表示。

在针织生产中，针织物的横密和纵密也可用 WPI 和 CPI 表示。WPI 表示沿横列方向每英寸内的纵行数；CPI 表示沿纵行方向每英寸内的横列数。

测量密度时，应保证试样在没有变形的前提下，用织物密度分析镜上面的标尺对准针织物中的某一横列或纵行，数出 50 mm 内对应的线圈数即可。也可以使用直尺对应某一纵行或横列，直接计量单位长度内的线圈数目，如图 5-16 所示。

（3）单位面积干燥质量。单位面积干燥质量指的是每平方米干燥针织物的质量克数（g/m²），也称平方米克重，是考核针织物质量的重要物理和经济指标。在组织结构、纱支等编织条件均相同条件下，平方米克重越大，对应的线圈长度越小，针织物的强力、耐磨性、弹性、抗脱散、抗勾丝和起毛起球性、尺寸稳定性等物理机械性能相对较好，但织物的透气性及手感会变差。一般情况下，平方米克重越大，织物越厚实；平方米克重越小，织物越轻薄。

图 5-16 针织物密度的测量

如图 5-17 所示，用圆盘取样器取面积为 100 cm² 的圆形试样，经电子天平称得质量 g（g），换算成平方米质量如下：

$$G = 100 g \ (\text{g/m}^2)$$

当试样的面积较小时，也可以将试样剪成一个长方形，如图 5-18 所示，测量出对应的边长 a（cm）、b（cm），再对试样称重得质量 g（g），继而计算织物的平方米克重：

$$G = \frac{g}{a \times b} \times 10^4 \ (\text{g/m}^2)$$

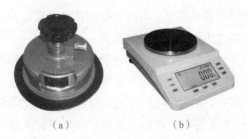

图 5-17 圆盘取样器与电子天平

（a）圆盘取样器；（b）电子天平

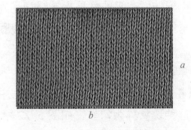

图 5-18 单位面积干燥质量

（4）幅宽。幅宽是针织生产中织物的重要指标之一，又称门幅、布封或封度等，单位为厘米或英寸。对于圆筒形织物，幅宽指的是布边至布边间的距离；经开幅、整理后的织物，布边至布边的距离称为毛门幅，织物两边定形针眼之间的宽度称为净门幅，如图 5-19 所示。

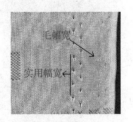

图 5-19 针织物的幅宽

2. 针织物的主要性能

（1）脱散性。针织物的脱散性是指当针织物纱线断裂或线圈失去串套联系后，线圈与线圈的分离现象。

如图 5-20（a）所示，扯着最上端横列或最下端横列纱线的纱线端，可将纱线一个线圈接一个线圈的从织物中脱散出去，称为横向脱散；如图 5-20（b）所示，当织物中局部出现纱线断裂时，沿纱线断裂处，线圈会一个接一个的从下方线圈中脱散出去，称为纵向脱散。

针织物的脱散性会使织物的强力和外观受到影响，但也可用来分析织物参数或开发孔眼类针织产品等。针织物脱散性与织物的组织结构，纱线的摩擦系数和抗弯刚度，以及织物的未充满系数等因素有关。

（2）卷边性。针织物的卷边性是指针织物在自然状态下布边发生包卷的现象，如图5-21所示。这是由于线圈中弯曲线段所具有的内应力，从而使线段伸直而引起的。

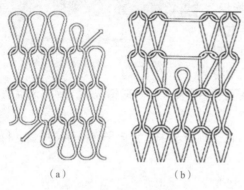

（a） （b）

图5-20 针织物的脱散性

（a）横向脱散；（b）纵向脱散

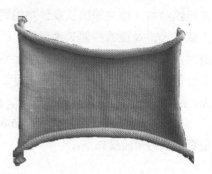

图5-21 针织物卷边性

卷边性与针织物的组织结构及纱线弹性、细度、捻度和线圈长度等因素有关。

（3）延伸性与回弹性。

①延伸性。延伸性是指针织物受到外力拉伸时的伸长特性，可分为单向延伸性和双向延伸性。延伸性与针织物的组织结构、线圈长度、纱线性质和纱线线密度有关。

②回弹性。回弹性是指当引起针织物变形的外力去除后，针织物形状恢复的能力。针织物的回弹性取决于针织物的组织结构、纱线的弹性、纱线的摩擦系数和针织物的未充满系数。

（4）勾丝与起毛、起球。针织物中的纤维或纱线被外界物体勾出，在针织物表面形成丝环，这种现象称为勾丝，如图5-22所示。当针织物在穿着、洗涤过程中，不断经受摩擦而使纤维端露出在织物表面，称为起毛。若这些纤维端在以后穿着中不能及时脱落而相互纠缠在一起，就会揉成许多球状小粒，称为起球，如图5-23所示。

图5-22 针织物的勾丝

图5-23 针织物的起毛、起球

影响勾丝、起毛、起球的主要因素有原料种类、纱线结构、针织物组织结构、染整加工，以及成品的服用条件等。

5.1.3 针织机的分类和一般结构

课件：针织机的分类
和一般结构

视频：针织机的分类
和一般结构

1.纬编针织机的分类

（1）按织针类型分。纬编针织机按织针类型可分为
钩针、舌针和复合针三类。

①钩针。如图5-24（a）所示，钩针采用圆形或椭圆
形截面的钢丝制成，每根针为一个整体。

②舌针。如图5-24（b）所示，舌针采用钢丝或钢带制成。在编织过程中，针舌以针舌销
为支点转动，完成开口垫纱，闭口套圈等编织动作，成圈机构简单。舌针是纬编针织机的主要
针种。

③复合针。如图5-24（c）所示，复合针由针身、针芯组成。针芯可以在针身的槽内滑动。
在编织过程中，依靠针身和针芯的相对移动完成针钩的打开和关闭。

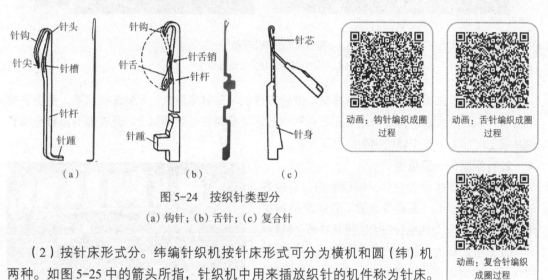

图 5-24　按织针类型分

(a) 钩针；(b) 舌针；(c) 复合针

动画：钩针编织成圈
过程

动画：舌针编织成圈
过程

动画：复合针编织
成圈过程

（2）按针床形式分。纬编针织机按针床形式可分为横机和圆（纬）机
两种。如图5-25中的箭头所指，针织机中用来插放织针的机件称为针床。
图5-25（a）中，针床呈水平状，称为横机，也称为平型针织机，主要用来
生产羊毛衫等成型产品；图5-25（b）中，针床呈圆筒（或圆盘）形，称为圆（纬）机，主要用
来生产坯布，经染成加工为成品布后，再经裁剪、缝纫等工序制成成衣。

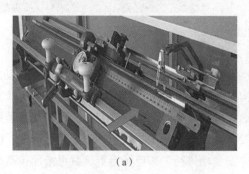
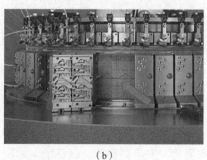

(a)　　　　　　　　　　　　　　(b)

图 5-25　按针床形式分

(a) 横机；(b) 圆（纬）机

（3）按针床数分。圆形针织机按针床数分，可分为单面圆纬机和双面圆纬机。单面圆纬机只有一个呈圆筒形的针床，称为针筒，针筒内织针呈垂直配置绕针筒一圈，如图 5-26（a）所示。双面圆纬机拥有两个针床，一个针床同单面机的针筒，针筒内的织针垂直配置；另一个针床水平配置，呈圆盘状，称为针盘，针盘内织针水平配置绕针盘一圈，如图 5-26（b）所示。

单面圆纬机主要用来生产各种单面纬编织物；双面圆纬机主要用来生产各种双面纬编织物。

（a）

（b）

图 5-26　按针床数分

（a）单面圆纬机；（b）双面圆纬机

横机依据针床数可分为单针床横机、双针床横机、三针床横机、四针床横机等。纯嵌花横机为单针床，其余多数为双针床。三针床和四针床主要用在电脑横机上，是在原有双针床横机的基础上增加 1～2 个辅助移圈的针床而成。

2. 针织机的一般结构

针织机主要由给纱机构、编织机构、牵拉卷取机构、传动机构（含电气装置）和辅助机构组成。图 5-27 所示为纬编针织大圆机及其各个机构。

（1）给纱机构。给纱机构是将纱线从纱架上的筒子上退绕下来，输送到编织区域，以使编织能连续进行。

（2）编织机构。编织机构是通过各个成圈机件的配合，将纱线编织成织物。

（3）牵拉卷取机构。牵拉卷取机构是将已编织好的织物从成圈区域引出，并卷成一定形式的卷装，以使编织过程能顺利进行。

图 5-27　纬编针织大圆机

（4）传动机构（含电气装置）。传动机构（含电气装置）的作用是通过电机给设备提供动力，通过皮带、齿轮等将动力传至给纱机构、编织机构和牵拉卷取机构等，使各机构相互配合运转工作。

（5）辅助机构。辅助机构包括一些间接选针装置、断针断纱自停装置、自动加油装置、自动清洁装置、自动计数装置、机笼打开自停装置等。其作用是扩大机器的工艺可行性、便于机器调节和看管、安全防护等，保证编织顺利、安全地进行，如电子选针装置可增加花高设计范围，理论上花型高度设计不受限制，断针、断纱自停装置在探测到出现坏针或断纱时可实现设备自停等，如图 5-28 所示。

电子选针装置

断纱自停装置（附指示灯）

断针自停装置（附指示灯）

自动加油装置（油管）

图 5-28　辅助装置

3. 针织机的主要参数

（1）筒径 D 或针床有效宽度。筒径即圆纬机针筒的直径，通常用英寸来表示，如 30″、34″、38″ 等分别表示针筒的直径为 30 英寸（762 mm）、34 英寸（864 mm）、38 英寸（965 mm）。针床有效宽度为经编机或横机针床上左右两侧针槽间的距离。

通常，针筒的直径或针床的有效宽度越大，可加工的织物的幅宽也越大，单位时间内机台产量也越高。

（2）机号 E。机号以针床上规定长度内所具有的针槽数来表示，通常规定长度为 25.4 mm（1 英寸），不同类型的针织机，针床规定长度有所不同，需加以注意。其与针距的关系式如下：

$$E = \frac{25.4}{T}$$

式中　E——机号；

　　　T——针距（mm）。

机号越高，针距就越小，针床上规定长度内的针数越多，所用织针的针杆越细；反之，机号越低，针距就越大，针床上规定长度内的针数越少，所用织针的针杆越粗。

机号由符号 "E + 数字" 组成，如 $E24$ 表示该机台的机号为 24。针织生产中，机号通常和筒径一起作为机台的重要参数出现，如生产工艺单上标注的 30″28E，俗称针寸数，表明该设备针筒直径为 30 英寸，机号为 28 针。

机号不同，针织机可加工纱线的粗细也就不同。机号越高，所能加工的纱线就细，编织出的针织物就越薄；机号越低，所用纱线则越粗，加工出的针织物越厚实。

设备机号一定时，其可以加工纱线的线密度是有一定范围的。针织机所能加工纱线线密度的上限，取决于成圈过程中针与其他成圈机件之间间隙的大小，如图 5-29 中的 Δ 所示。一般要求 Δ 不低于纱线直径的 1.5 倍。纱线直径如果超过这个间隙，则可能造成断头或纱线表面被擦伤。

加工纱线的线密度下限，理论上不受限制。但因纱线越细，针织物就越稀薄，使纱线无限地变细就会影响织物品质，甚至使其失去服用性能。因此，在实际生产中，一般根据有关参数和经验决定某一机号的机器最适合加工纱线的线密度。

（3）成圈系统数 M。能够独自将喂入的纱线形成线圈而编织成针织物的编织机构单元称为成圈系统。图 5-30 所示白色虚线标注

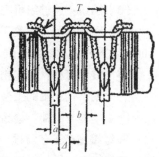

图 5-29　针与针槽间的间隙

的机件称为三角座，对应的即一路成圈系统，图5-30（a）中打开了两路成圈系统，图5-30（b）中打开了三路成圈系统。

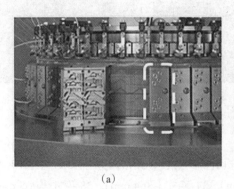
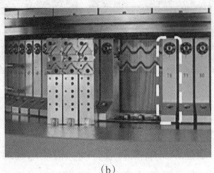

（a）　　　　　　　　　　　　　　（b）

图5-30　成圈系统

（a）两路成圈系统；（b）三路成圈系统

在针筒直径及机器运转速度、织物组织结构、纱线细度等参数均相同的条件下，成圈系统数越多，机台的产量就越高。

（4）机台总针数 N。圆机围绕针筒一周插放的总针数或横机、经编机沿针床有效宽度范围内插放的织针总数，与织物幅宽范围内的总的纵行数相对应。

5.1.4　针织生产工艺流程

1. 纬编生产工艺流程

在纬编生产中，原料经过络纱，使筒子纱直接上机生产。每根纱线沿纬向顺序垫放在纬编针织机各相应的针上，编织成针织物。纬编生产包括匹头针织物（坯布）和计件产品（成型产品和半成型产品）的生产。

匹头针织物生产的流程：原纱络纱→编织→密度检验→过磅打戳→检验与修补→入库。

（1）原纱检验：保证原纱质量，确保成品品质。对于棉纱，主要检验原纱的线密度、强力、条干均匀度、粗细节、捻系数等指标，同时，对筒子的硬度、成型和回潮率也应检验。

（2）络纱：纱线经过络纱工序，筒子成型良好，纱线上的杂质与残疵得到清除，从而减少了织机停台次数，提高了坯布的产量和质量。

（3）编织：通过织机把纱线编织成各种类型的坯布。

（4）密度检验：织物下机后测量，用密度仪测量横密和纵密，或用织物拆散法测50个或100个线圈对应的纱线长度。若密度不符合工艺要求，必须调整上机工艺。

（5）过磅打戳：针织物下机后称重，然后在布头上打戳。其主要内容有针织物的重量、厘米号、日期、挡车工的工号等，这是质量管理的一个重要内容。

（6）检验与修补：检验是检查针织物的外观疵点，而通过修补，则能提高织物外观质量。

2. 经编生产工艺流程

在经编中，原料经过整经，纱线平行排列卷绕在经轴上，然后上机生产。从经轴退解下来的各根纱线沿经向各自垫放在经编机的一根或至多两根织针上，以编织成经编针织物。经编生产的工艺流程：

原纱检验→堆置→整经→上轴穿纱→编织→密度检验→过磅打戳→坯布检验→入库。

（1）堆置：纱线进入车间存放一定时间（24～48 h），使原料的温度和回潮率保持一致。

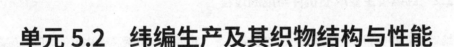

视频：经编针织生产
流程及特点

（2）整经：将筒装的纱线按所需的根数和长度平行的卷绕，形成圆柱形的经轴，以供经编机使用，期间对纱线进行必要的辅助处理，如化学纤维长丝的上油处理。

（3）上轴穿纱：将整经工序制成的经轴安装到经编机上，按照编织工艺的要求，将纱线穿入对应梳栉的导纱针。

其他工艺流程及要求与纬编针织生产工艺流程相同。

单元 5.2　纬编生产及其织物结构与性能

5.2.1　纬编准备工序

进入纬编针织厂的纱线，一般有筒子纱和绞纱两种卷装形式。筒子纱可直接上机编织，或者需要重新卷绕成新筒子后才能上机编织；绞纱则必须先行将其卷绕在筒子上形成筒子纱才能上机编织，这一准备工序称为络纱。

课件：纬编准备工序

1. 络纱的目的和要求

（1）络纱的目的。

①将绞纱或筒子纱卷绕成一定形式和一定容量的卷装，满足编织时纱线退绕的要求；

②进一步消除纱疵和粗细节，提高针织机生产效率和产品质量；

③对纱线进行必要的辅助处理，如上蜡、上油、上柔软剂、上抗静电剂等，以改善纱线的编织性能。

（2）络纱的要求。

①在络纱过程中，应尽量保持纱线原有的物理机械性能，如回弹性、延伸性、强力等。

②络纱张力要均匀适度，以保证恒定的卷绕条件和良好的筒子结构。

③络纱的卷装形式应便于存储和运输，并能在织造过程中顺利退绕。同时，应采用大卷装容量，减少织造过程中的换筒，以提高生产效率。

2. 筒子的卷装形式

筒子的卷装形式很多，针织生产中常用的有圆柱形筒子、圆锥形筒子和三截头圆锥形筒子三种。

（1）圆柱形筒子。图 5-31（a）所示的圆柱形筒子，主要源于化学纤维厂，原料为化学纤维长丝，如涤纶低弹丝等，一般情况下，圆柱形筒子可以直接用于针织生产，也可以根据需要重新络纱。

（2）圆锥形筒子。圆锥形筒子是针织生产中广泛采用的一种卷装形式。图5-31（b）所示为等厚度圆锥形筒子，适用于各种短纤维纱，如棉纱、涤棉混纺纱等。

（3）三截头圆锥形筒子。三截头圆锥形筒子如图5-31（c）所示，适用于各种长丝，如化学纤维长丝、真丝等。

（a）　　　　　　　　（b）　　　　　　　　（c）

图5-31　卷装形式

（a）圆柱形筒子；（b）圆锥形筒子；（c）三截头圆锥形筒子

5.2.2　纬编机主要成圈机件与成圈过程

纬编针织机种类繁多，不同种类的纬编设备，其成圈机件及其配置或外观形态虽然会有差异，但其成圈过程基本相同。在此，以单面多三角机为例介绍纬编织物编织的成圈过程。

单面多三角机通常具有四条走针针道，对应四种踵位高低不同的织针。通过不同的三角配置，可以编织成圈、集圈、浮线三种线圈结构形式，可用来编织平针、提花、集圈、添纱组织等多种组织结构的织物。

课件：纬编机的主要成圈机件及成圈过程

视频：纬编机的主要成圈机件及成圈过程

1. 单面多三角机主要成圈机件及其配置

单面多三角机的成圈机件及其配置如图5-32所示。

（1）舌针。舌针是用钢丝或钢带制成的，如图5-24（b）所示。它由针杆、针钩、针舌、针舌销和针踵组成，插放在如图5-32所示针筒2的针槽内。针钩用以勾取纱线，使其弯曲成圈；针舌可绕针舌销回转，用以封闭针口；针踵在成圈过程中受织针三角的作用使织针在针筒针槽内上下运动。

（2）沉降片。单面圆纬机具有沉降片，如图5-32中3所示，位于两枚针的间隙中。沉降片用来协助舌针完成退圈、脱圈与成圈。其结构如图5-33所示，片喉2握持住旧线圈，防止

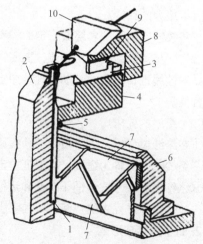

图5-32　单面多三角机的成圈机件及其配置

1—舌针；2—针筒；3—沉降片；4—沉降片圆环；
5—箍簧；6—三角座；7—针三角；8—沉降片三角座；
9—沉降片三角；10—导纱器

织物随织针上升；片颚 3 作为弯纱、成圈时线圈的搁持平面；片踵受沉降片三角的作用，控制沉降片沿针筒径向运动。

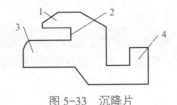

图 5-33　沉降片

1—片鼻；2—片喉；3—片颚；4—片踵

（3）三角。在多三角机上，三角有织针三角和沉降片三角之分，如图 5-34 所示。织针三角一般由弯纱三角（也称压针三角）1 和退圈三角（含起针、挺针三角）2 组成。织针三角固定在如图 5-32 所示的三角座 6 上，控制织针做上升、下降运动。沉降片三角如图 5-35 所示，沉降片三角 1 固定在如图 5-32 所示的沉降片三角座 8 上，作用于沉降片片踵 2 上，控制沉降片做进、出运动。

（4）导纱器。图 5-36 所示为一种导纱器。导纱器将穿过导纱孔 1 的纱线喂给织针。部分导纱器还可以起到防止因针舌反拨而产生非正常关闭针口的现象。

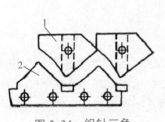

图 5-34　织针三角

1—弯纱三角；2—退圈三角

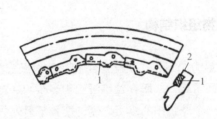

图 5-35　沉降片三角

1—沉降片三角；2—沉降片片踵

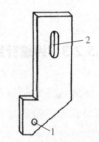

图 5-36　导纱器

1—导纱孔；2—调节螺孔

2. 单面多三角机编织成圈过程

单面多三角机编织成圈过程如图 5-37 所示。

（1）起始位置：如图 5-37（a）所示，表示成圈过程的起始位置。沉降片向针筒中心挺足，用片喉握持旧线圈的沉降弧，防止退圈时旧线圈随针一起上升。

（2）退圈：随着织针上升，旧线圈的沉降弧在沉降片的握持下退至针舌下方的针杆上，称为退圈。图 5-37（b）所示为织针上升到集圈位置，又称退圈不足高度，旧线圈还挂在针舌上。如图 5-37（c）所示，表示舌针沿退圈三角上升到最高位置，旧线圈从针钩内退到针杆上完成了退圈，导纱器防止针舌反拨。

（3）垫纱位置：如图 5-37（d）所示，表示舌针开始沿弯纱三角下降，并从导纱器垫入新纱线。沉降片向外退出，为弯纱做准备。

（4）套圈位置：如图 5-37（e）所示，表示舌针继续沿弯纱三角下降。垫上的新纱线被带入针钩内，旧线圈将针舌关闭，并套到针舌上。沉降片已移至最外位置，片鼻离开舌针，以免妨碍新纱线的弯纱成圈。

（5）成圈位置：如图5-37（f）所示，表示舌针已下降到最低点，旧线圈脱圈，新纱线搁在沉降片片颚上弯纱，新线圈形成。

（6）牵拉：从图5-37中位置（f）到位置（a），表示沉降片从最外移至最里位置，用其片喉握持旧线圈并进行牵拉。同时，为了避免新形成的线圈张力过大，舌针做适当的上升。

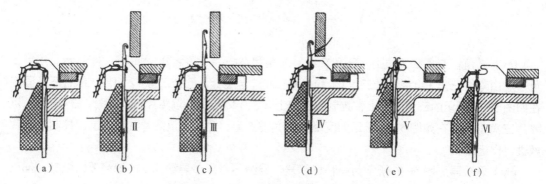

图5-37 单面多三角机编织成圈过程

（a）起始位置；（b）、（c）退圈

5.2.3 纬编针织物组织结构

纬编针织物组织可分为原组织、变化组织和花色组织三类。原组织包括单面的平针组织、双面的罗纹组织和双反面组织，是所有纬编针织物组织的基础；变化组织由两个或两个以上的原组织复合而成，即在一个原组织的纵行之间，配置了另外一个或几个原组织的纵行，以改变原有组织的性能，如单面的变化平针组织和双面的双罗纹组织等；花色组织是在原组织或变化组织的基础上，利用线圈结构的变化，或者另外编入一些色纱、辅助纱线或其他纺织原料，从而形成具有显著花色效应或不同性能的织物，主要有提花组织、集圈组织、添纱组织、衬垫组织、毛圈组织等。

1. 纬编针织物的表达方式

为了简明、清楚地显示纬编针织物的组织结构，便于分析织物、设计织物和制定上机工艺，需要采用一些图形与符号的方法来表示纬编针织物的组织结构。目前，常用的有线圈图、意匠图、编织图和三角配置图。

（1）线圈图。将线圈在针织物内的形态用图形表示称为线圈图或线圈结构图。可根据需要表示针织物的正面或反面。图5-38所示为一单面针织物的正面线圈。

课件：纬编针织物的
表达方式

从线圈图中，可清晰地看出针织物结构单元在针织物内的连接与分布，有利于研究针织物的性能和编织方法。但这种方法在绘制复杂的结构和大型花纹时较为困难，仅适用于较为简单的织物组织。

（2）意匠图。意匠图是将针织物结构单元组合的规律，用人为规定的符号在小方格纸上表示的一种方法。每个小方格代表一个线圈，每一行方格行代表一个横列，每一列方格代表一个纵行。根据表示对象的不同，常用的有结构意匠图和花型意匠图。

①结构意匠图。将针织物的成圈、集圈悬弧和浮线三种基本结构单元，用规定的符号在小方格纸上表示。一般用符号"×"表示成圈，"·"表示集圈悬弧，"□"表示浮线。图 5-39 是与图 5-38 线圈图相对应的结构意匠图。

结构意匠图通常用于表示由成圈、集圈和浮线组合而成的单面织物的结构。

②花型意匠图。花型意匠图方格内的不同符号仅表示不同颜色的线圈。图 5-40 所示为三色提花织物的花型意匠图。其中，"⊠"代表红色线圈，"○"代表蓝色线圈，"□"代表白色线圈。至于用什么符号代表何种颜色的线圈没有统一的规定，必须在意匠图的一侧加以备注。

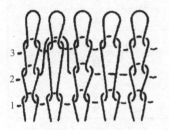

图 5-38　线圈图　　　　　图 5-39　结构意匠图　　　　图 5-40　花型意匠图

花色意匠图常用来表示提花织物正面（提花的一面）的花型与图案。用于设计织物或分析织物。

（3）编织图。编织图是将针织物的横断面形态，按编织的顺序和织针的工作情况，用图形表示的一种方法。

表 5-1 列出了编织图中常用的符号。其中，每一根竖线代表一根织针。注意，针筒织针对应的编织图的符号在竖线上方，针盘针对应的编织图的符号在竖线的下方。图 5-41 列出的即与图 5-38 所示的线圈图和图 5-39 结构意匠图对应的编织图。

表 5-1　编织图符号

编织方法	织针	表示符号
成圈	针盘织针	
	针筒织针	
集圈	针盘织针	
	针筒织针	
浮线	针盘织针	
	针筒织针	
抽针		⊦•⊦

编织图不仅表示了每一根针所编织的结构单元，而且显示了织针的配置与排列。这种方法适用于大多数纬编针织物，尤其是表示双面纬编针织物，主要用于分析针织物结构时采用。

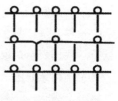

图 5-41　编织图

（4）三角配置图。在多三角机上，针织物的三种基本结构单元是由成圈、集圈和浮线三角作用于织针而形成的。因此，除用编织图等外，还可以用三角配置图来表示舌针纬编机织针的工作情况及针织物的结构，这在编排多三角机上机工艺的时候显得尤为重要。表 5-2 列出了三角配置图中各种三角符号的表示方法。

表 5-2　三角配置图符号

三角配置方法	三角名称	表示符号
成圈	针盘三角	∨
	针筒三角	∧
集圈	针盘三角	⊔ 或 ∪
	针筒三角	⊓ 或 ∩
不编织（浮线）	针盘三角	—
	针筒三角	—

图 5-42 列出的即与图 5-38 所示的线圈图、图 5-39 所示的结构意匠图和图 5-41 所示的编织图对应的针织物的三角配置图，即该针织物对应的多三角机的上机工艺。

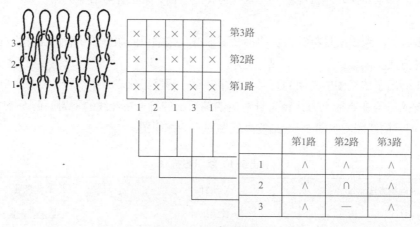

	第1路	第2路	第3路
1	∧	∧	∧
2	∧	∩	∧
3	∧	—	∧

图 5-42　三角配置图

2. 原组织与变化组织

（1）纬平针组织。纬平针组织是单面纬编针织物中的原组织，它由连续的单元线圈向一个方向依次串套而成。其结构如图 5-43 所示。

课件：原组织与变化组织

视频：纬平针组织及其特性

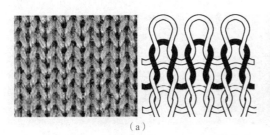
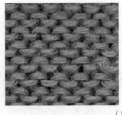
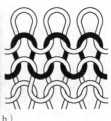

（a）　　　　　　　　　　　　　（b）

图 5-43　纬平针组织

（a）纬平针织物工艺正面；（b）纬平针织物工艺反面

在纬平针组织中，所有的线圈结构单元均为成圈线圈，所有的线圈均由针织物的工艺反面穿向针织物的工艺正面，针织物两面具有不同的外观。图 5-44（a）所示为纬平针织物工艺正面，图 5-44（b）所示为纬平针织物工艺反面。正面呈 V 形纵向配置的圈柱，反面呈与线圈横列同向配置的针编弧和沉降弧。由于圈弧比圈柱对光线有较大的漫反射作用，加之由于在成圈过程中，新线圈是从旧线圈的反面穿向正面，因而纱线上的结头、纱疵容易被旧线圈阻挡而停留在织物反面，所以，纬平针组织针织物的正面比反面平滑、光洁、明亮，纹路清晰。

纬平针组织在编织时，采用单面多针道机编织即可。

纬平针组织在纵向和横向受拉伸时有一定的延伸性，且横向优于纵向延伸性，所以在应用时，服装围度方向一般对应的是横列方向，长度方向对应的是纵行方向。在脱散性方面，沿横列方向，纬平针组织顺编织方向和逆编织方向均可以脱散；沿纵行方向存在"梯脱"现象。在卷边性方面，沿横列方向卷向针织物的工艺正面；沿纵行方向卷向针织物的工艺反面。同时，由于纱线捻度的不稳定，力图解捻，导致织物中线圈产生一定程度的歪斜，使得纵行和横列不相垂直。

纬平针组织广泛应用于内衣、外衣、羊毛衫、袜子和手套等的生产。

（2）罗纹组织。罗纹组织是双面纬编针织物的原组织之一，它是由正面线圈纵行和反面线圈纵行以一定组合相间配置而成的，如图 5-44 所示。在针织物中，正面线圈纵行与反面线圈纵行呈一隔一配置。

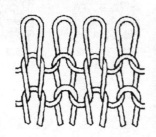

图 5-44　1 + 1 罗纹
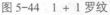

视频：罗纹组织、双反面组织及其特性

罗纹组织的种类很多，它取决于正面线圈与反面线圈纵行数的不同配置。通常用数字 $a + b$ 表示。a 表示一个完全组中，花宽方向上相邻正面线圈纵行的个数；b 表示相邻反面线圈纵行的个数，如图 5-44 所示，一个完全组织内，正、反面纵行呈一隔一配置，为 1 + 1 罗纹；如图 5-45 所示，一个完全组织内，正、反面纵行呈二隔二配置，为 2 + 2 罗纹。

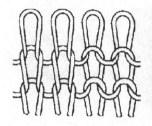  

织物工艺正面 织物工艺反面

图 5-45　2 + 2 罗纹

　　由于罗纹组织的正、反面线圈不在同一平面上，而沉降弧须由前到后，再由后到前把正、反面线圈连接起来，这就造成沉降弧较大的弯曲与扭转；加之由于纱线的弹性，沉降弧力图伸直，结果使罗纹组织中相同的线圈纵行相互靠拢，两面均呈现织物的正面外观。图 5-46（a）所示为 1 + 1 罗纹组织拉伸前自由状态时的结构，图 5-46（b）所示为 1 + 1 罗纹横向拉伸时的状态。

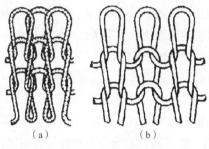

动画演示：1 + 1 罗纹延伸性

（a）　　　　（b）

图 5-46　1 + 1 罗纹拉伸

（a）拉伸前；（b）拉伸时

　　罗纹组织在编织时，可在传统的罗纹机上编织，也可在双面 2 + 4 多针道机上编织。

　　罗纹组织具有较大的横向延伸性和回弹性，并只能沿逆编织方向脱散。在正、反面线圈纵行配置相同的罗纹组织中，如 1 + 1 罗纹、2 + 2 罗纹组织等，由于卷边力的彼此平衡，基本不卷边；在正、反面线圈纵行数配置不同的罗纹组织中，有轻微的卷边性。

动画：罗纹机编织成圈过程　　动画演示：2 + 2 罗纹组织实物延伸性与回弹性

　　罗纹组织常用于服装的领口、袖口、裤口、下摆、袜口等部位，也可用于紧身的弹力衫、弹力裤、弹力背心等。

　　（3）双反面组织。双反面组织是由正面线圈横列和反面线圈横列相互交替配置而成的，是双面纬编组织的原组织之一。图 5-47 所示为 1 + 1 双反面组织，是由一个正面线圈横列和一个反面线圈横列相互交替配置而成的。双反面组织的种类很多，它取决于正面线圈横列数和反面线圈横列数的不同配置。

　　双反面组织由于弯曲纱线弹性关系，使针织物的两面都由线圈的圈弧凸出在表面，圈柱凹陷在里面，针织物正反两面都像纬平针组织的反面，所以被称为双反面组织。

　　双反面组织可在双反面机，俗称对筒机上编织。

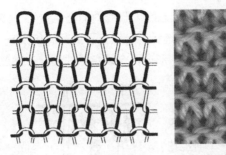

图 5-47　1 + 1 双反面组织

双反面组织在纵向拉伸时具有很大的延伸性和回弹性，因而具有纵向、横向延伸度相近的特点；卷边性类似罗纹组织，随正、反面线圈横列组合的不同而不同；其脱散性与纬平针组织相同，可逆、顺编织方向脱散，且具有纵向"梯脱"现象。

双反面组织及在其基础上形成的花色组织广泛应用于羊毛衫、围巾、袜子、帽子及运动装、童装等。

（4）双罗纹组织。双罗纹组织是由两个罗纹组织彼此复合而成的。即在一个罗纹组织的线圈纵行之间，配置了另一个罗纹组织的线圈纵行，它是罗纹组织的一种变化组织。其结构如图 5-48 所示。

视频：双罗纹、提花、集圈组织及其特点

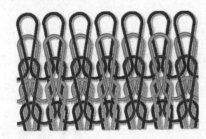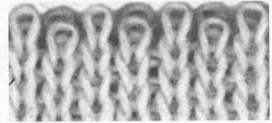

图 5-48　双罗纹组织

在双罗纹组织中，一个罗纹组织的反面线圈纵行被另一个罗纹组织的正面线圈纵行所遮盖，在织物两面都只能看到正面线圈，所以，也称为双正面组织。由于双罗纹组织是由相邻两个成圈系统形成一个线圈横列，因此，在同一横列上的相邻线圈在纵向彼此相差约半个圈高。

双罗纹组织在编织时，可在传统的双罗纹机上编织，也可在双面 2 + 4 多针道机上编织。

双罗纹组织的延伸性和回弹性都比罗纹组织小，但针织物厚实，表面平整，不卷边。当个别线圈断裂时，因受另一个罗纹组织线圈摩擦的阻碍，因而脱散性小，并且只能沿逆编方向脱散。

鉴于以上性能特点，双罗纹组织广泛应用于春、秋、冬季的棉毛衫、棉毛裤。因其尺寸稳定性好，还可以用于生产休闲装、运动装等外衣类面料。

3. 花色组织

（1）提花组织。提花组织是将纱线垫放在按花纹要求所选择的某些织针上编织成圈，而未垫放纱线的织针不成圈，纱线呈浮线状浮在这些不参加编织的织针后面所形成的一种花色组织，其结构单元为成圈和浮线。

编织提花组织时，如图 5-49（a）所示，织针 1 和 3 需要编织新的纱线

课件：花色组织

a，两者在选针机构作用下上升至最高位置进行退圈，旧线圈滑移至针舌下方，准备勾取新的纱线a；而织针2不需要编织新的纱线a，不被选针，针织2不上升。如图5-49（b）所示，织针1和3勾取纱线a从针杆上的旧线圈中穿过，形成两个黑色新线圈；在此过程中，织针2勾取的旧线圈被拉长，黑色纱线a以浮线状位于拉长线圈的背后。

提花组织有单面和双面之分。单面提花组织在单面组织基础上进行提花编织而成。单面提花组织可形成色彩图案花纹效果，或通过线圈大小不一形成结构效应花纹效果。双面提花组织是在双面组织基础上进行提花编织而成。用色纱形成双面提花组织，大多数采用一面提花，形成明显的花色效应。图5-50和图5-51所示分别为一块两色单面提花针织物和两色双面提花针织物。

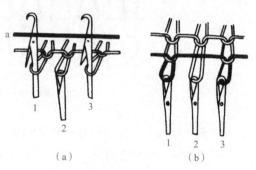

图5-49 提花组织编织方法

（a）勾线；（b）拉长

提花组织因织物中存在浮线，所以，横向延伸性较小，针织物较厚实，单位面积质量大。提花组织的卷边性与其基础组织相同。由于提花组织中线圈横列通常由两根或两根以上纱线编织而成，当其中某根纱线断裂时，还有另外一根或几根纱线承担外力负荷，所以，脱散性小。

提花组织可用于服用、装饰用、产业用织物等，主要突出其花纹图案特征。服用方面可用于T恤、羊毛衫等。

（2）集圈组织。在针织物的某些线圈上，除套有一个封闭的旧线圈外，还有一个或几个未封闭的悬弧，这种组织称为集圈组织。其结构单元为成圈线圈和不封闭的悬弧。如图5-52所示，在线圈a的根部，除套有旧线圈b外，还套有一个不封闭的悬弧c。

图5-50 两色单面提花针织物

图5-51 两色双面提花针织物

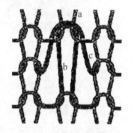

图5-52 集圈组织

编织集圈组织时，如图5-53（a）所示，织针1和3在成圈三角作用下，上升至最高位置，完成退圈，旧线圈退至针舌下方，位于针杆上；织针2在集圈三角作用下上升至半高高度，旧线圈仍压在针舌上，未退至针杆上。如图5-53（b）所示，3根织针依次下降，勾取纱线11，其中织针1和3将勾取的新纱线从针杆上的旧线圈中穿过，形成新的线圈；织针2勾取纱线11下降后，位于针舌上的旧线圈将重新回到针钩内，即织针2的针钩内既有一个旧线圈，又有一个不封闭的悬弧。如图5-53（c）所示，3根织针均上升至最高位置，完成退圈，并准备勾取新的纱线12。如图5-53（d）所示，织针1、2和3勾取新纱线12下降，分别从针杆上的旧线圈中穿过，形成新线圈。此时，织针2新形成的线圈的根部，既挂有一个拉长的旧线圈，还有一个不封闭的悬弧。这种集圈编织方式常用于纬编针织大圆机，也可用于横机。

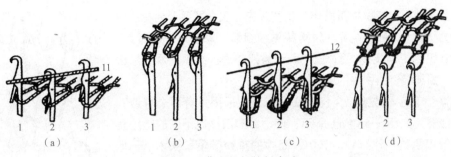

图 5-53　集圈组织编织方法

(a) 勾线；(b) 拉长；(c) 勾新线；(d) 新线拉长

集圈组织有单面和双面两种。集圈组织可形成色彩花纹效应、网眼效应、凹凸效应与横楞效应等，如图 5-54 所示。

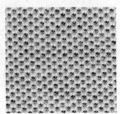

图 5-54　不同花色效应的集圈织物

集圈组织与其基础组织相比，宽度、厚度增大，长度缩短，延伸性减小。在集圈组织中，与线圈串套的除集圈线圈外还有悬弧，所以不易脱散。在集圈组织中，若线圈大小差异太大，就会导致表面高低不平，强力减小，且易勾丝和起毛。

集圈组织广泛应用于 T 恤、羊毛衫及运动衣面料。

（3）添纱组织。针织物的全部线圈或一部分线圈是由两根或两根以上纱线形成的，且纱线在织物中的位置相对固定，如一根纱位于针织物的正面，称为面纱，一根位于针织物的反面，称为地纱，这种组织称为添纱组织。

添纱组织可以在单面组织基础上形成，也可以在双面组织基础上编织而成。根据花色效应，添纱组织可分为单色添纱组织和花色添纱组织。

在单色添纱组织中，针织物一面由一种纱线显露，另一面由另一种纱线显露。图 5-55 所示为单面单色添纱织物，针织物两面显露的为不同材质的材料。

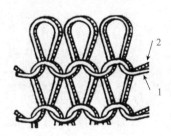

工艺正面　　　　　　工艺反面

图 5-55　单面单色添纱组织

1—地纱；2—面纱

花色添纱可以在织物正面形成花色效应，仅在需要形成花纹图案的地方添纱。图5-56所示为绣花添纱组织，添纱沿纵向过渡，似经编针织物中延展线；图5-57所示为架空添纱组织，添纱沿横向过渡，如纬编针织物中的浮线。

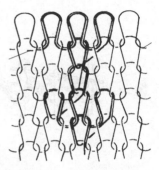

图5-56 绣花添纱组织

以单面单色添纱组织为例，在编织时，采用具有两个导纱孔眼的导纱器，如图5-58（a）所示，使地纱和面纱以不同的垫纱角度喂入针织机的工作织针，其中，面纱的垫纱横角和纵角小于地纱，面纱的编织张力略大于地纱，确保面纱（添纱）靠近针背；如图5-58（b）所示，使面纱显露于针织物正面。

图5-57 架空添纱组织

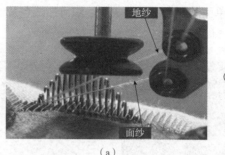

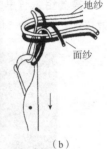

（a）　　　　　　　　　　　（b）

图5-58 单面单色添纱组织的编织原理

（a）采用两个导纱孔眼的导纱器喂入；（b）面纱显露于织物表面

单面单色添纱组织的性质与其基础组织相近。绣花添纱与架空添纱组织由于延展线的存在，延伸性和脱散性较小。

单面单色添纱组织的面纱通常采用棉等吸湿性好的材料，地纱采用具有导湿性能的功能性纤维材料，用来生产具有导湿排汗功能的热湿舒适性面料，用于T恤、运动装或比赛训练服等；绣花添纱主要用于袜品脚踝部位的图案或Logo的设计；架空添纱组织主要用于生产网眼袜。

（4）衬垫组织。衬垫组织是以一根或几根衬垫纱线按一定比例在织物的某些线圈上形成不封闭的悬弧，在其余的线圈上呈浮线停留在织物反面。衬垫组织的常用地组织是平针组织和添纱组织。

图5-59所示为平针衬垫组织。地纱，编织平针组织作为地组织，衬垫纱，在地组织上按一定的规律编织成不封闭的悬弧。该组织衬垫纱在a、b处容易显露于织物正面。

图5-60所示为添纱衬垫组织。面纱、地纱编织成平针添纱组织，衬垫纱周期地在针织物的某些线圈上形成悬弧。

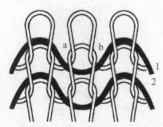

图5-59 平针衬垫组织

1—地纱；2—衬垫纱

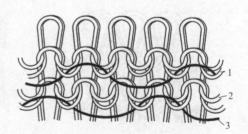

图5-60 添纱衬垫组织

1—面纱；2—地纱；3—衬垫纱

在衬垫组织中，衬垫纱垫放的比例有 1 : 1、1 : 2 或 1 : 3。前面一个数字表示针前垫纱，形成一个不封闭的悬弧，后面的一个数字表示针背垫纱，形成横跨过对应针距或横列的浮线。图 5-59 中的衬垫比为 1 : 1，即在同一横列，衬垫纱集圈和浮线所跨针距（纵行）为 1 : 1；在图 5-60 中，对应的衬垫比则为 1 : 2。

以常用的添纱衬垫组织的编织为例，一个横列由衬垫纱、面纱、地纱三根纱线构成，俗称三线卫衣，也称大卫衣或双卫衣。编织一个横列需要三路完成。其编织过程如下：

①编织衬垫纱。当衬垫比为 1 : 3 时，按照垫纱比的要求，织针 1、4、7、…在对应针道三角的作用下上升，垫入衬垫纱，如图 5-61（1）、（2）所示。在此过程中，其余的织针不上升，挂线圈随着针筒做回转运动，如图 5-61 中（a）、（b）所示。

②编织面纱。随着针筒的回转，未编织衬垫纱的织针在各自走针通道起针三角作用下上升，垫放面纱，如图 5-61（c）所示；接下来受压针三角作用下降，勾取面纱，并在沉降片的上片颚上弯纱，如图 5-61（d）所示。而编织衬垫纱的 1、4、7 等织针，在公共走针通道三角作用下下降，垫放面纱，如图 5-61（3）所示；织针继续下降，当针头低于沉降片上片颚时，面纱从衬垫纱形成的悬弧中穿过，衬垫纱挂在面纱形成的圈弧的根部，如图 5-61（4）所示。

③编织地纱。随着针筒的回转，所有织针在公共走针通道起针三角作用下再次上升，准备勾取地纱，如图 5-61（5）、（e）所示。接下来，所有织针在公共走针通道压针三角作用下下降，勾取地纱，如图 5-61（6）、（f）所示。织针继续下降，当织针针头低于沉降片下片颚时。所有织针针钩内勾取的面纱和地纱同时从上一编织横列的双纱旧线圈中穿过，直至形成新的双纱线圈，如图 5-61（6）→（7）、（f）→（g）所示。

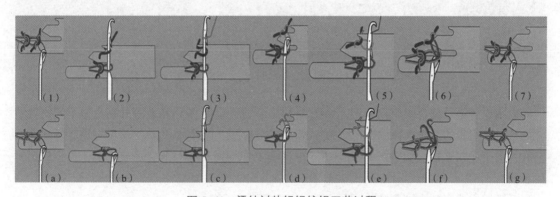

图 5-61　添纱衬垫组织编织工艺过程

（1）～（7）编织衬垫纱织针编织过程；（a）～（g）仅编织面纱、地纱织针编织过程

衬垫组织的脱散性较小，延伸性小，尺寸稳定。织物较厚实，保暖性好。

衬垫组织主要用于绒布生产，在整理过程中进行拉毛，使衬垫纱线成为短绒状，增加织物的保暖性，主要用于保暖服装、运动装、休闲装、T 恤等，也可直接用于 T 恤、休闲装等。

（5）毛圈组织。毛圈组织是在地组织中编入一些附加纱线，这些附加纱线形成带有拉长沉降弧的毛圈线圈。如图 5-62 所示，一根纱线编织地组织，另一根纱线编织带有毛圈的线圈。

毛圈组织可分为单面毛圈组织和双面毛圈组织。单面毛圈组织仅在织物工艺反面形成毛圈，如图5-62所示；双面毛圈组织则在针织物的正、反面都形成毛圈，如图5-63所示。毛圈组织还可分为普通毛圈和花色毛圈两类。在普通毛圈组织中，每只毛圈线圈的沉降弧都被拉长形成毛圈，如图5-62和图5-63所示；在花色毛圈组织中，毛圈是按照花纹要求，通过毛圈形成花纹图案和结构效应的毛圈组织，如图5-64所示，可分为提花毛圈组织、浮雕效应毛圈组织、高低毛圈效应毛圈组织。

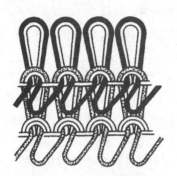 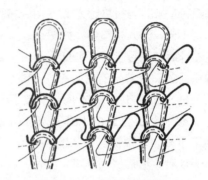

图5-62　单面毛圈组织　　　　　　　　图5-63　双面毛圈组织

（a）　　　　　　　　　　（b）　　　　　　　　　　（c）

图5-64　花色毛圈组织

（a）提花毛圈组织；（b）浮雕效应毛圈组织；（c）高低毛圈效应毛圈组织

以编织普通单面毛圈组织为例，如图5-65（a）所示，毛圈纱和地纱分别通过不同的导纱孔眼喂入针织机的工作织针。毛圈纱的垫放位置较高，在沉降片的片鼻上弯纱成圈，地纱在沉降片片颚上正常弯纱，如图5-65（b）所示，毛圈纱的沉降弧被拉长，形成毛圈，位于针织物的反面。

毛圈组织具有良好的保暖性与吸湿性，产品柔软、厚实。

毛圈组织经割圈、剪毛等后整理，可以形成天鹅绒或双面绒类织物，适宜制作内衣、睡衣、浴衣及休闲服装等。

（6）复合组织。复合组织是由两种或两种以上的纬编组织复合而成的，可以由不同的原组织、变化组织和花色组织复合而成。图5-66所示的是一种罗纹空气层组织，是由罗纹组织和平针组织复合而成的。上、下针分别进行单面编织形成空气层，根据单面编织的次数不同，空气层的高度有所不同。在罗纹空气层组织中，由于平针线圈浮线状沉降弧的存在，就使得针织物的横向延伸性比较小，尺寸稳定性比较好。同时，罗纹空气层组织厚实、挺括，保暖性好。在空气层中可衬入不参加编织的纬纱，保暖性进一步提高，大量用于保暖内衣。

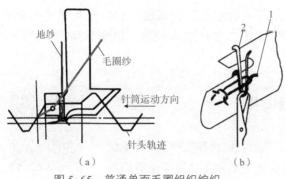

图 5-65　普通单面毛圈组织编织

（a）垫纱；（b）弯纱成圈

图 5-66　罗纹空气层组织

单元 5.3　经编生产及其针织物结构与性能

5.3.1　经编准备工序

课件：经编准备工序

整经是经编生产必不可少的生产前的准备工序，其质量的好坏将直接影响经编的生产及产品的质量。

1. 整经的目及要求

（1）整经目的。将筒子纱按照工艺要求的经纱根数与长度，在相同张力下，平行卷绕成经轴，以供经编机使用。

（2）整经要求。整经在经编生产中占有非常重要的位置，实践表明，经编生产中80%的疵点都是由整经不良造成的。所以，对整经有以下要求：

①整经根数、长度及不同性质的纱线（如不同材料、不同颜色、不同线密度等）的排列规律必须符合工艺要求。

②在整经过程中张力大小应合适，要保证各根纱线的张力均匀一致，并且在整个卷绕过程中保持张力的恒定。

③经轴成型良好，密度恰当。

④在整经过程中消除纱疵，并改善纱线的编织性能。

2. 整经方法

经编生产常用的整经方法有分段整经、轴经整经、分条整经三种。

（1）分段整经。在实际生产中，将一把梳栉所用的经纱，分成数份，分别卷绕成窄幅的分段经轴（也称盘头），再将分段经轴组装成经编机所用的经轴，称为分段整经。分段整经具有生产效率高，运输、操作方便等特点，是目前经编生产中广泛使用的一种整经方法。

（2）轴经整经。轴经整经是将一把梳栉所用的经纱，全部卷绕在一个经轴上。这种方法主要用于经纱根数较少的多梳栉经编机的花梳上，故又称花经轴整经。

（3）分条整经。分条整经是将梳栉上所需的经纱根数分成若干份，一份份地卷绕到大滚筒上，然后倒绕到经轴上的整经方法。该方法生产效率较低，操作麻烦，现已很少使用。

5.3.2 经编机的主要成圈机件与成圈过程

课件：经编机的
主要成圈机件与成圈
过程

经编机按照织针类型可分为舌针经编机、钩针经编机和槽针（也称复合针）经编机。不同织针类型的经编机，其成圈机件配置及作用等也有所不同。以下以钩针经编机为例介绍其主要成圈机件及其编织过程。

1. 钩针经编机主要成圈机件及其配置

如图 5-67 所示，钩针经编机的主要成圈机件有钩针 1、沉降片 2、压板 3、导纱针 4。

（1）钩针。钩针的形状如图 5-24（a）所示，它由针头、针钩、针杆、针槽和针踵组成。钩针插入针槽板内再由盖板固定。钩针的最大特点是结构简单，可以制作得很细小，因而机号较高，适用于编织轻薄、紧密的针织物。

（2）沉降片。沉降片由薄钢片制成，其根部按机号要求浇铸在座片内，座片再安装在沉降片床上。钩针经编机上的沉降片的结构如图 5-68 所示，片鼻 1、片喉 2 用来握持旧线圈，辅助退圈，片腹 3 用来抬起旧线圈，使旧线圈套到被压的针钩上，辅助套圈。

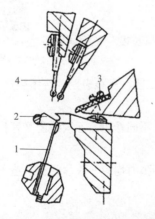

图 5-67 钩针经编机成圈机件配置

1—钩针；2—沉降片；3—压板；4—导纱针

图 5-68 沉降片

1—片鼻；2—片喉；3—片腹

（3）压板。压板是钩针经编机上配合钩针成圈的主要机件。其作用是将针尖压入针槽，使针口封闭。其形状如图 5-69 所示。压板通常用酚醛塑料层压板制成，可达到一定硬度，又不致磨损针钩。图 5-70 所示为花压板，用来编织集圈花式经编织物。

（4）导纱针。导纱针由薄钢片制成，其下端有孔，用以穿入经纱。导纱针的上端浇铸在合金座片内，是按机号要求间隔排列的，然后将座片顺序地安装在金属板上而构成梳栉，如图 5-71 所示。在成圈过程中，导纱针引导经纱绕针运动，将经纱垫于针上。

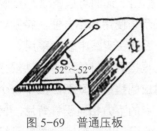 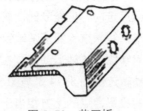 

图 5-69 普通压板   图 5-70 花压板   图 5-71 导纱针

2. 钩针经编机成圈过程

图 5-72 所示为双梳栉钩针经编机的成圈过程。

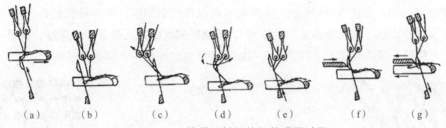

（a）   （b）   （c）   （d）   （e）   （f）   （g）

图 5-72 双梳栉钩针经编机的成圈过程

（1）织针从图 5-72（a）所示的最底位置上升到一定高度，使旧线圈由针钩内滑到针杆上，进行退圈。沉降片向前运动，握持住旧线圈，使其不随织针的上升而上升。压板向后退回。导纱针已摆到机前，开始向机后摆动，如图 5-72（b）所示。

（2）织针在第一高度近似停顿不动。导纱针摆到机后，在针钩前横移，做针前垫纱。沉降片和压板基本维持不动，如图 5-72（c）所示。

（3）导纱针摆到机前，将经纱垫到针钩上，压板开始向前运动，沉降片基本维持不动，如图 5-72（d）所示。

（4）织针上升到最高点，垫在针钩上的纱线滑落到针杆上，导纱针摆回到最前位置，沉降片基本不动。压板向前运动，为压板做准备，如图 5-72（e）所示。

（5）织针下降，新垫上的经纱处于针钩内，针稍作停顿，同时压板向前运动关闭针钩，如图 5-72（f）所示。

（6）织针继续下降，沉降片后退，由片腹将旧线圈抬起，套到关闭的针钩上，如图 5-72（g）所示。

（7）织针继续下降，压板向后运动。当针头下降到低于沉降片片腹最高点时，旧线圈从针头上脱下，完成脱圈。织针继续下降到最低点，形成新线圈。导纱针进行针背横移。沉降片向前运动，对旧线圈进行牵拉，如图 5-72（a）所示。

5.3.3 经编针织物组织结构

1. 经编针织物的表达方式

经编针织物组织结构的表示方法有线圈结构图、垫纱运动图与穿纱对纱图、垫纱数码等。

课件：经编织物
表达方式

视频：经编针织物组
织表示方法

（1）线圈结构图。图 5-73 所示为某种经编组织的线圈结构图。该图可以直观地反映经编针织物的线圈结构和经纱的顺序走向，但绘制时比较费时，表示与使用均不方便。特别对于多梳和双针床经编针织物，很难用线圈结构图清楚地给予表示，因此在实践中较少采用。

（2）垫纱运动图与穿纱对纱图。垫纱运动图是在点纹纸上根据导纱针的垫纱运动规律自下而上逐个横列画出其垫纱运动轨迹。图 5-74 是与图 5-73 相对应的垫纱运动图。图中每个点表示编织某一横列时一个针头的投影，点的上方相当于针钩前，点的下方相当于针背后。横向的"点行"表示经编针织物的线圈横列；纵向"点列"表示线圈纵行。用垫纱运动图表示经编针织物组织比较直观方便，而且导纱针的移动与线圈形状完全一致。

一般经编针织物的组织是由若干把导纱梳栉形成的，因此，需要画出每一梳栉的垫纱运动图。如果某些梳栉的部分导纱针未穿纱（部分穿经），通常还应在垫纱运动图下方画出各把梳栉的穿纱对纱图，如图 5-75 所示。该图表示两梳栉经编组织，每一梳栉都是一穿一空（竖线代表该导纱针穿纱，点代表该导纱针空穿），两梳栉的对纱方式是穿纱对穿纱，空穿对空穿。如果梳栉上穿有不同颜色或类型的纱线，可以在穿纱对纱图中用不同的符号表示。

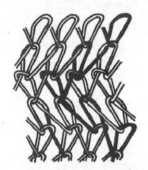

图 5-73　线圈结构图

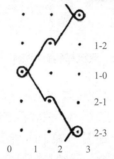

图 5-74　垫纱运动图

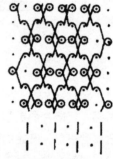

图 5-75　垫纱运动与穿纱对纱图

（3）垫纱数码。用垫纱数码来表示经编组织时，以数字顺序标注针间间隙。对于导纱梳栉横移机构在机头左侧的经编机，数字应从左向右顺序标注；导纱梳栉横移机构在机头右侧的经编机，数字则应从右向左顺序标注。拉舍尔型经编机的针间序号一般采用 0、2、4、6、…，而数字 0、1、2、3、…多适用于特利柯脱型经编机。

垫纱数码顺序地记录了各横列导纱针在针前（点的上方）的横移情况。例如，与图 5-74 相对应的垫纱数码为 2-3/2-1/1-0/1-2//，其中横线连接的一组数字表示某横列导纱针在针前的横移动程；在相邻两组数字之间，即相邻两个横列之间，用单斜线加以分隔开；第一组的最后一个数字与第二组的起始一个数字，表示梳栉在针后的横移动程；双斜线表示一个完全组织的结束。以上述例子来说，第 1 横列的垫纱数码为 2-3，它的最后一个数字为 3；第 2 横列的垫纱数码为 2-1，它的起始一个数字为 2。因此，3-2 就代表导纱针在第 2 横列开始编织前，在针背进行横移的动程。以上垫纱数码适用于二行程（针前横移一次，针后横移一次）梳栉横移机构。

对于三行程梳栉横移机构，编织每一横列梳栉在针前横移一次，在针后横移二次，因此，一般是利用三个数字来表示梳栉的横移过程。例如，与图 5-74 所对应的垫纱数码为 2-3-3/2-1-1/1-0-0/1-2-2//。在每一组数字中，第 1、第 2 两个数字表示导纱针在针前的横移动程，第 2、第 3 两个数字表示导纱针在针后的第一次横移动程，前一组最后一个数字与后一组最前一个数字表示导纱针在针后的第二次横移动程。

2. 单面单梳经编基本组织

（1）编链组织。编链组织是指每根纱线始终垫于同一根针上所形成的组织。根据导纱针不同的垫纱运动，编链组织可分为闭口编链组织和开口编链组织两种，如图 5-76 所示。闭口编链组织的垫纱数码为 0-1//；开口编链组织的垫纱数码为 0-1/1-0//。

视频：认识经编基本组织　　课件：单面单梳经编基本组织

在编链组织中，各纵行之间没有联系，不能成为一整块织物，需要与其他组织复合而形成经编针织物。

编链组织与其他组织结合而形成的针织物纵向延伸性小，纵向强力较大，横向收缩小，布面稳定性好。

（2）经平组织。在经平组织中，每根纱线在相邻两根针上轮流编织成圈，可以由闭口线圈、开口线圈或闭口和开口线圈相间组成。图 5-77 所示的经平组织是由闭口线圈形成的，称为闭口经平组织。图 5-77（b）中 D 表示导纱针做针背垫纱运动，为下一横列编织做准备；A 表示导纱针向针前（机后）摆动；B 表示导纱针做针前垫纱运动，C 表示导纱针向针后（机前）摆回形成线圈。图 5-77（c）表示与图 5-77（b）相对应的垫纱运动图，其垫纱数码为 1-0/1-2//。图 5-77（d）所示为对应的实物图。

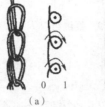 

图 5-76　编链组织

（a）闭口编链组织；（b）开口编链组织

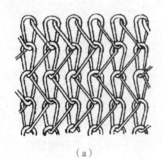  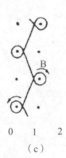 

图 5-77　闭口经平组织

（a）线圈图；（b）导纱针运动示意图；（c）垫纱运动图；（d）织物图

图 5-78 所示的经平组织是由开口线圈形成的，为开口经平组织，其垫纱数码为 0-1/2-1//。

经平组织中两个横列为一个完全组织，如用满穿梳栉，即可编织成坯布。

经平组织中的所有线圈的导入延展线和引出延展线都处于该线圈的一侧。由于弯曲线段力图伸直，因此，经平组织的线圈纵行呈曲折形排列在针织物中。线圈向着延展线相反的方向倾斜，线圈倾斜度随着纱线弹性及针织物密度的增加而增加。当纵向或横向拉伸织物时，具有一定的延伸性。当纱线断裂时，线圈会沿纵行在逆编织方向脱散，从而使针织物分裂成两片。

在经平组织的基础上，若导纱针在针背做较多针距的横

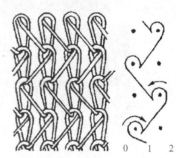

图 5-78　开口经平组织

移，可得到变化经平组织。如三针经平组织，又称经绒组织，如图 5-79 所示，垫纱数码为 1-0/2-3//；四针经平组织，又称经斜组织，如图 5-80 所示，垫纱数码为 1-0/3-4//。

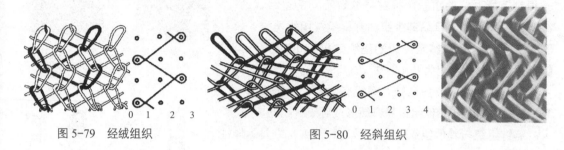

图 5-79　经绒组织　　　　　　　　　图 5-80　经斜组织

（3）经缎组织。经缎组织是指每根经纱顺序地在 3 根或 3 根以上织针上垫纱编织而成的一种组织。图 5-81 所示为最简单的一种经缎组织，称为三针经缎组织，其垫纱数码为 1-0/1-2/2-3/2-1//，4 个横列为一个完全组织。经缎组织在向一个方向进行垫纱中为开口线圈，而在垫纱转向处则为闭口线圈。

因为闭口线圈呈倾斜状态，所以，不同方向的倾斜线圈在针织物表面形成横条纹外观。经缎组织的弹性较好，在纱线断裂时，沿逆编织方向脱散，但针织物不会分成两片。

在经缎组织的基础上导纱针在每一横列上做较多针距的针背横移，就可得到变化的经缎组织，如图 5-82 所示。

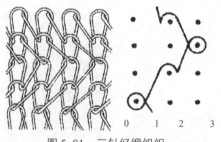 

图 5-81　三针经缎组织　　　　　　　　图 5-82　变化经缎组织

（4）重经组织。凡是一根纱线在一个横列上连续形成两只线圈的经编组织称为重经组织。当编织重经组织时，在每一横列，每根经纱每次必须同时垫纱在两根织针上。图 5-83 所示为重经组织的几种形式。图 5-83（a）所示是开口重经编链，垫纱数码为 0-2/2-0//；图 5-83（b）所示是闭口重经编链垫纱数码为 0-2//；图 5-83（c）所示是闭口重经平，垫纱数码为 2-0/1-3//。

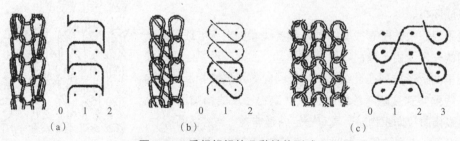

图 5-83　重经组织的几种结构形式

(a) 开口重经编链；(b) 闭口重经编链；(c) 闭口重经平

3. 单面满穿双梳经编基本组织

单面满穿双梳经编基本组织是指前后两把梳栉的每一根导纱针上均穿有纱线，并各自做基本组织的垫纱运动而形成的织物。命名时一般前梳在后，后梳在前，如经平绒组织表示后梳编织经平组织，前梳编织经绒组织。通常由工艺反面到工艺正面依次显露的是前梳纱延展线、后梳纱延展线、后梳纱圈柱、前梳纱圈柱。

课件：单面满穿
双梳经编基本组织

（1）经平绒、经绒平组织。

①经平绒组织是指后梳做经平，前梳做经绒的双梳组织，如图 5-84 所示。织物反面是前梳的长延展线覆盖在外层。这种织物弹性较好，光泽较好，手感柔软，但易勾丝和起毛起球。

②经绒平组织是后梳做经绒，前梳做经平的双梳组织，如图 5-85 所示。这种织物反面最外层是前梳经平组织的短延展线，所以，与经平绒组织相比，这种针织物结构较稳定，不易勾丝和起毛、起球，但手感不够柔软，光泽没那么好。

图 5-84　经平绒组织　　　　　　　　　　　　图 5-85　经绒平组织

（2）经平斜、经斜平组织。

①经平斜组织是后梳做经平、前梳做经斜而形成的织物组织，如图 5-86 所示。这种织物的反面是由前梳经斜组织的长延展线紧密地排列在一起，织物光泽好，手感柔软，布面平整，延伸性较大，易起毛、起球和勾丝。

②经斜平组织是后梳做经斜、前梳做经平而形成的织物组织，如图 5-87 所示。织物的反面最外层是前梳的短延展线，织物性能与经绒平组织相似。

（3）经斜编链组织。经斜编链组织是前梳编织编链组织，后梳编织经斜组织而形成的织物组织。经斜编链组织的长延展线把编链纵行连接起来，如图 5-88 所示。这种织物收缩率极小，仅为 1%～6%，纵横向延伸性较小，结构稳定，不卷边，布面平整、手感柔软。

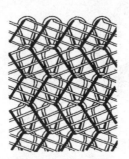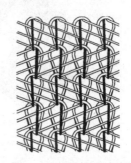

图 5-86　经平斜组织　　　　　图 5-87　经斜平组织　　　　　图 5-88　经斜编链组织

单面双梳经编基本组织可采用涤纶丝做原料，生产服装衬里、鞋子面料和旗帜面料等，诸如经平斜、经平绒等反面具有较长延展线的织物可经起绒处理生产绒类织物。该类组织也可采用锦纶、涤纶与氨纶交织以生产弹性织物。用锦纶和氨纶交织，织物手感柔软，采用经绒平组织，织物表面呈纬平针组织的外观，纵横向都有弹性，可做女装紧身衣、运动衣、游泳衣等；若采用双经平组织，织物具有光泽柔和的效果，用于女性内衣。现在国外正较多采用阳离子可染涤纶与氨纶交织，使织物具有涤纶的一些优良性能。对不染色的织物（如印花织物）则可使用常规涤纶与氨纶交织，多用于泳装。

4. 单面部分穿经的双梳经编组织

单面部分穿经的双梳经编组织是指一把或两把梳栉的部分导纱针不穿经纱而编织的双梳经编织物。

图 5-89 所示为凹凸纵条纹双梳经编织物，前梳编织经平，两穿一空，后梳编织经绒组织，满穿，可在织物表面形成凹凸效应。

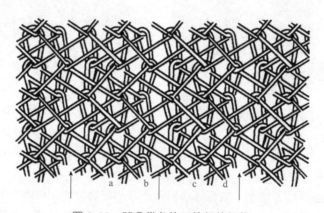

图 5-89 凹凸纵条纹双梳经编织物

图 5-90 所示为双梳部分空穿经缎网眼组织，前、后两把梳栉均采用四列经缎组织，一穿一空反向垫纱形成。如将经缎垫纱与经平垫纱结合，则可以得到更大的孔眼效应，如图 5-91 所示，前、后梳栉仍为一穿一空穿纱。

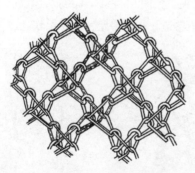

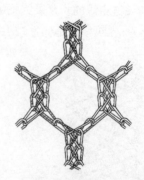

图 5-90 双梳部分空穿经缎网眼组织　　　　图 5-91 双梳部分空穿经缎与经平网眼组织

单面部分穿经的双梳经编组织可以在织物表面形成凹凸或孔眼效果，主要用于头巾、夏季衣料、女用内衣、服装衬里、蚊帐、鞋面料、网袋及装饰织物等。

拓展资源

（1）在中国共产党的正确领导下，我国纺织行业高速发展，"衣被甚少"已成为历史。现如今"中国制造"大举进入国际市场，中国已成为全球纺织产业规模最大的国家。纺织行业的生产制造能力、纺织产业体系的完备程度和进出口贸易规模居于世界首位。其中，针织在纤维加工方面的产量已经超过机织产品，在纺织工业中占据重要的地位，具有较强的国际竞争力。中国一大批现代化服装企业在生产、管理和设计上都达到了世界先进水平。从纺织行业取得的成绩来看，是社会主义市场经济政策环境催生形成了庞大的纺织产业体系，因此，坚持社会主义道路是正确的。

从历史的角度，在中华人民共和国成立前，我国的纺织工业的发展停滞不前，与其他国家有很大的差距。中华人民共和国成立以后，在中国共产党的带领下，纺织工业得到了迅速发展，中国成为世界上最大的纺织服装生产和出口国，这都得益于中国共产党的正确领导。

（2）文化自信是一个民族、一个国家及一个政党对自身文化价值的充分肯定和积极践行，并对其文化的生命力持有的坚定信心。爱国奉献是中华民族的传统美德，是新时代奋斗者的价值追求。

目前，我国的针织工业的发展及成就巨大。我国针织服装占服装总量的60%以上，针织类纺织品占家用纺织品的15%、占产业用纺织品的20%、占全国纤维总量的1/3，针织服装每年出口数据表示2005年首次在数量上超过梭织服装，2006年首次在金额上超过梭织服装，2013年针织物出口更是突破千亿美元，占据纺织服装出口额的38%。

特别是利用衬纬网格开发的"天宫一号"电池帆板，以及"北斗""鹊桥""天通"卫星天线反射面等航空航天用经编织物复合材料，充分显示了我国自主设计的纺织特色，以及我国针织行业的先进水平。

——— 习 / 题 ———

在线答题

指标	评价内容	分值	自评	互评	教师
思维能力	能够从不同的角度提出问题，并解决问题	10			
自学能力	能够通过已有的知识经验来独立地获取新的知识和信息	10			
学习和技能目标	能够归纳总结本模块的知识点	10			
	能够根据本模块的实际情况对自己的学习方法进行调整和修改	10			
学习和技能目标	能够掌握针织及针织物的基本概念	10			
	能够掌握针织物的分类、物理指标和性能	10			
	能够掌握经编、纬编及其针织物的组织结构和区分方法	10			
	能够分辨纬平针、罗纹等组织，并了解其特点和用途	10			
素养目标	能够具有独立思考的能力、归纳能力、勤奋工作的态度	10			
	能够具有细心踏实、独立思考、爱岗敬业的职业精神	10			
总结					

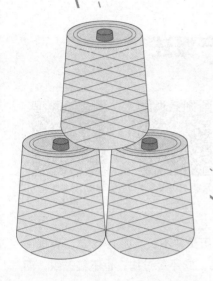

模块 6
非织造技术

教学导航

知识目标	1. 理解非织造布的概念和分类； 2. 熟悉非织造布纤维原料的种类和性能特性和选用； 3. 了解非织造布的生产流程、成网方法；了解针刺固结、水刺固结、化学粘合、热轧粘合及热熔粘合的加固原理； 4. 了解纺粘法、熔喷法非织造布的加工原理和产品特点
知识难点	1. 认识机械加固产品的应用范围和应用特点； 2. 认识纺粘法、熔喷法产品的技术特点
推荐教学方式	1. 重视实践经验的教学，重视现代信息技术的使用，使用现代化、信息化、多样化的方式方法进行理论教学和实践指导； 2. 转换教学模式，采取"主题教学""情景教学"等多种教学模式，以问题为先导，以任务为驱动，引导学生进行研究性实训，使得学生变被动为主动，尊重学习个性，正确引导学生的专业技能培养
建议学时	6 学时
推荐学习方法	1. 利用现代信息科技手段学习录像、多媒体课件、FLASH 动画、思维导图等多种形式，极大丰富教学内容和拓展专业素质与能力； 2. 利用校内实训实践基地，对技术机械内容进行现场学习，提高动手操作，增强工作实践的体验感，掌握与岗位相适应的能力
技能目标	1. 掌握各种非织造生产技术原理，熟知工艺技术参数的选择与使用； 2. 能够区分各种非织造布的品种，纤维原料的性能； 3. 能识别非织造布生产的各种机器
素质目标	1. 培养较强的问题分析判断以及解决能力； 2. 培养良好的沟通交流能力、自主学习能力

单元 6.1　非织造生产概述

非织造布（Nonwovens）又称为无纺布或不织布。非织造布工业综合了纺织、化工、造纸、塑料、皮革等工业生产技术，根据最终产品的使用要求，经科学合理的结构设计和工艺设计，在航天技术、环保治理、农业技术、医用保健或人们的日常生活等许多领域，非织造新材料已成为一种应用越来越广泛的重要产品。

视频：非织造生产概述

课件：非织造生产概述

非织造材料的起源可追溯到几千年前的中国古代。但世界非织造材料工业，是一个新兴的纺织工业领域，它的历史并不长。在 1942 年，美国一家生产了数千码与传统纺纱原理和工艺截然不同的新型布品，它不经过纺，也不经过织，而是用化学粘合法生产的，当时定名为 "Nonwoven fabric"，意为"非织造布"。这一名称一直沿用至今，被世界上多数国家所采用。我国从 1958 年开始对非织造布进行研究，发展至 2019 年，我国非织造材料的产量达到 621.31 万吨，其中纺粘非织造材料和水刺非织造材料继续引领整个非织造材料行业的增长。

由于具有原料来源广、工艺流程短、成本低、产量高、产品品种多、应用范围广等优点，非织造产业获得了飞速的发展，其成为继机织、针织之后的第三领域，并被誉为纺织工业中的"朝阳工业"。

6.1.1　非织造布的定义

根据国家标准《纺织品　非织造布　术语》（GB/T 5709—1997）对非织造布的定义：定向或随机排列的纤维通过摩擦、抱合或粘合或这些方法的组合而相互结合制成的片状物、纤网或絮垫（不包括纸、机织物、簇绒织物，带有缝编纱线的缝编织物及湿法缩绒的毡制品）。所用的纤维可以是天然纤维或化学纤维；可以是短纤维、长丝或当场形成的纤维状物。

从定义可以知道，非织造技术是一门源于纺织，但又超越纺织的材料加工技术。它结合了纺织、造纸、皮革和塑料四大柔性材料加工技术，并充分结合和运用了诸多现代高新技术，如计算机控制、信息技术、高压射流、等离子体、红外、激光技术等。非织造技术正在成为提供新型纤维状材料的一种必不可少的重要手段，是新兴的材料工业分支。

6.1.2　非织造布的结构

非织造布与机织物或针织物，无论从外观上还是从结构上看，都有很大差异。非织造布的形成不需要将纤维材料加工成纱线，而是直接将松散的短纤维以一定方式铺叠成网或直接纺丝成网，然后通过针刺、水刺、粘合等方式形成织物。由于成网和加固方法不同，非织造布的结构会有很大的差异，并表现出各种各样的性能特点。从结构上看，非织造布以纤维网（纤网）结构为主，这些纤维在纤维网中以不同的形式存在，有的纤维之间基本是平行排列，有的纤维之间是二维单层薄网几何结构，也有的是三维排列的网络几何结构。纤维之间的连接又有不同的方式，如纤维与纤维之间可以机械外力的形式互相纠结在一起形成纤维网架结构，也可以通过胶粘剂将纤维交接点予以固定的纤维网架结构，还可以利用热联合的方式强合在一起等。图 6-1 所示为不同工艺技术下的非织造布微观结构图。

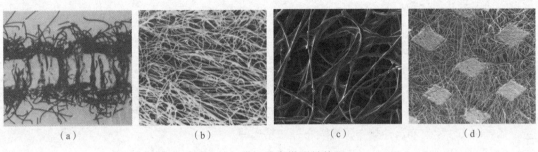

图 6-1　非织造布微观结构图

(a) 针刺；(b) 水刺；(c) 化学粘合；(d) 热孔粘合

6.1.3　非织造基本工艺过程

非织造布生产突破了传统的纺织原理，它不像机织物和针织物是以纱线或长丝为基本原料，经过交织或编织来形成一定规格性能的机织物或针织物。根据原材料及产品要求的不同，非织造布的生产有多种的工艺技术。不同的非织造工艺技术具有各自对应的工艺原理。但从宏观上来说，非织造技术的基本原理是一致的，可用其工艺过程来描述，一般可分为图 6-2 所示的四个程序。

纤维/原料准备 → 成网 → 加固 → 后整理

图 6-2　非织造基本工艺过程

1. 纤维 / 原料准备

纤维 / 原料准备主要有纤维或原料的选择和成网前准备工序。纤维的选择主要基于非织造布的使用要求、加工工艺和设备的要求、产品成本及其他要求几个方面。另外，在选择纤维原料时，要考虑到环境保护因素，尽可能选择在加工过程中对环境没有污染的、可生物降解的及可循环回收利用的纤维原料，以满足环境保护与可持续发展的要求。

2. 成网

成网是指将纤维形成松散的纤维网结构。此时形成的纤维网强度很低，纤维网中纤维可以是短纤维也可以是连续长丝，主要取决于成网的工艺方法。根据非织造学的工艺理论和产品的结构特征，非织造的成网工艺主要有干法成网、湿法成网和聚合物挤压成网三大类。

3. 加固

纤维网形成后，需要通过相关的工艺方法对松散的纤维网进行加固，赋予纤维网一定的物理机械性能和外观。加固工艺可分为机械加固、化学粘合和热粘合工艺三大类。具体加固方法的选择主要取决于材料的最终使用性能和纤维网类型。有时也会组合使用两种或多种加固方式，以得到理想的结构和性能。

4. 后整理

后整理是指通过物理、化学或物理和化学联合的方法，旨在改善产品的结构和手感，有时也为了改变产品的性能，如透气性、吸收性和防护性等。由于整理工序多安排在整个固网加工的后期或固网加工后进行，故常称为后整理。后整理弥补了原来单一的非织造材料性能上的缺陷和不足，又可以改变材料的外观和风格，同时，又使材料增加了新的功能，如防水、拒油、抗菌防霉、抗静电、防紫外线、阻燃、亲水、柔软、防辐射等。经整理后，非织造材料通常在成型机器上转化为最终产品。

6.1.4 非织造主要成网与加固技术

在如图 6-2 所示的非织造四个基本工艺过程中，成网与加固是关键的工艺技术。现有的主要成网方式与加固方法见表 6-1。非织造布也常以纤维成网方式或纤维网加固方法来分类或命名，如针刺布、水刺布、热熔布、熔喷布、纺粘布等。

表 6-1　非织造布生产工艺分类表

成网方式		加固方法	
干法成网	梳理成网 气流成网	机械加固	针刺法、水刺法、缝编法
		化学粘合	浸渍法、泡沫法、喷洒法、印花法、溶剂粘合法
		热粘合	热熔法、热轧法、超声波粘合法
聚合物挤压成网	纺丝成网	机械加固、化学粘合、热粘合等	
	熔喷法	自粘合、热粘合等	
	膜裂成网	热粘合、针刺法等	
	静电纺	化学粘合、热粘合等	
湿法成网	圆网法 斜网法	化学粘合、热粘合、水刺法	

非织造布的成网方式一般为干法成网、湿法成网和聚合物挤压成网三大类。

（1）干法成网。干法成网是指纤维在干态下，利用机械梳理成网或气流成网等方式制得一定规格和面密度的纤维网，然后经过机械、化学、溶剂或热粘合等方式加固成具有足够尺寸稳定性的非织造布。纤维网密度可达 30 ~ 3 000 g/m²。

（2）湿法成网。湿法成网是以水为介质，短纤维均匀地在水中呈悬浮状，利用造纸的原理和设备，借助水流的作用形成纤维网，然后用化学粘合、机械或热粘合的方法加固成非织造布。纤网密度可达 10 ~ 540 g/m²。

（3）聚合物挤压成网。聚合物挤压成网是指将聚合物高分子切片由熔体或溶液通过喷丝孔形成长丝或短纤维。这些长丝或短纤维在移动的传送带上铺放而形成连续的纤维网，然后经过机械加固、化学粘合或热粘合形成非织造布。纤维网密度可由 $10 \sim 1\,000\ \text{g/m}^2$。

纤维网的加固工艺一般可分为机械加固、化学粘合和热粘合三大类。具体加固方法视纤维网类型和产品的使用性能而定。有时也会组合使用两种或多种加固方式，以得到理想的结构和性能。

本项目主要介绍几种常见的非织造成网与加固工艺。

6.1.5　非织造布用纤维原料

纤维是构成非织造布最基本的原料，由于非织造布是由纤维原料直接构成的纤维集合体，因此，纤维原料的特性对非织造布的产品性质有着更为直接的影响。适用于非织造布的纤维种类很多，习惯上，按原料的来源可分为以下三大类：

（1）天然纤维。天然纤维包括棉、木棉、椰壳纤维、甲壳质纤维、海藻纤维、苎麻、黄麻、亚麻、丝和羊毛纤维等。

（2）化学纤维。化学纤维常用的有粘胶、聚酯、聚丙烯、聚酰胺、聚乙烯醇、聚丙烯腈及其他纤维等。

（3）无机纤维。无机纤维包括玻璃纤维、碳纤维、金属纤维、陶瓷纤维、石棉纤维等。

目前，化学纤维已成为非织造布的主要原料，约占 95%。由于非织造加工方法的特殊性，一些纺纱工序的落棉、落毛、落麻、精梳短绒、精梳短毛及化学纤维厂废丝、服装裁剪的边角料等，都可成为非织造加工的原材料。

非织造布应用的纤维原料非常广泛，绝大多数的纤维可以使用。这就要求掌握纤维性能，科学、合理、经济地选择原料，有时往往很难找到一种既能满足使用性能和加工性能的要求又经济、环保的纤维原料，这就必须将上述几点综合起来考虑，合理而恰当地选择纤维原料。非织造业经过了几十年的迅速发展，已经为纺织工业中举足轻重的行业，但同时也产生了一系列的环境问题。2020 年 9 月，我国明确提出了"双碳"战略，即力争 2030 年前实现"碳达峰"和 2060 年前实现"碳中和"。这要求非织造工业，在选择原料时应尽可能地选择可生物降解的、生产过程中对环境无污染的、可循环利用的等方面的纤维原料。

单元 6.2　干法成网

干法成网技术是非织造布最早采用的生产方法，虽然近年来聚合物挤压成网法占非织造布生产总量的比例逐年上升，但干法成网以其产品品种多、应用范围广泛，在非织造布中仍占主要地位。

干法成网是将短纤维在干燥状态下经过梳理成网法或气流成网法制成纤维网，它是非织造布在加工过程中最重要的半成品。由于纤维网的均匀度、纤维网面密度和纤维网结构直接影响非织造布产品的形状、结构、性能和用途，所以，干法形成纤维网的过程是干法非织造布极其重要的加工工序。

干法成网技术涉及纤维前准备和纤维网制备两道工序。纤维前准备工序是指干燥状态的纤维在梳理前的准备工序，良好的准备工序是实现良好的梳理、保证纤网质量的必要条件；纤维网制备工序主要是指将梳理后的纤维直接铺叠成网或气流吹送成网，主要有梳理成网法和气流成网法。

课件：纤维成网　　　视频：纤维成网

6.2.1　纤维准备

干法成网前的纤维前准备工序，主要包括配料、纤维的开清与混合、加油水。各工序说明如下。

1. 配料

将多种原料搭配起来使用，生产出来的纤网质量比使用单一原料生产的更好。使用混合料生产纤维网，不仅可以保证生产和产品质量的稳定，而且能达到取长补短、降低产品成本的目的。由于纤维特性对非织造布性能有直接影响，所以，应根据产品用途合理选用纤维原料。

非织造布常采用 2 ～ 6 种纤维混合，可能有些纤维所占比例在 10% 以下。可将这些小组分纤维先采用"假合"（先预混合一次）的方法分布在其余的组分中，然后将"假合"后的混合成分和其他纤维再混合，这样能保证低比例和高比例的纤维都能充分混合均匀。

2. 纤维的开清与混合

开清与混合主要是将各种成分的纤维原料进行松解，使大的纤维块、纤维团离解，同时，使原料中的各种纤维成分获得均匀的混合。这一处理总的要求是混合均匀、开松充分并尽量避免损伤纤维。

但是，这种混合作用效果并不是很好。为了达到纤维原料按成分比例的均匀混合，往往在开松机后面还要配置专门的混合机械。可供混合、开松的设备种类很多，必须结合纤维密度、纤维长度、含湿量、纤维表面形状等因素来选择混合与开松设备。混合主要有两个方面：一是不同成分或不同数量的混合；二是不同色泽的混合。

3. 加油水

纤维在混合开松、梳理成网的过程中，纤维与纤维之间、纤维与机件之间都存在摩擦力，为了减少摩擦和加工中的静电现象，增加纤维的抱合性和柔软度，非织造生产一般在开松前给纤维混合料添加油剂和水。油剂一般包含润滑剂、加柔剂、抗静电剂和乳化剂等，由于各种纤维对水的亲疏性不同，所以，必须采用不同的油剂。

通常在纤维开松前，把油剂稀释，以雾点状均匀地喷洒到纤维中，再堆积 24 ～ 48 h，使纤维均匀上油，达到润湿、柔和的效果。加纯油量一般为纤维质量的 0.3% ～ 4.0%，水的用量是油的 3 ～ 6 倍。加油量的多少应根据原料性质、工艺要求及季节情况而定。在保证生产能顺利进行的前提下，应尽量少用，减少无谓的消耗和降低成本。

6.2.2　纤维网制备

经过开松、混合、加油水闷放后的散纤维，需要经过梳理工序后采用直接铺叠或气流吹送方式制备纤维网。

1. 梳理

梳理是干法非织造布生产过程中的关键工序，梳理工序的质量直接影响纤维网的质量。

（1）梳理的作用。

梳理工序要实现下列目标：

①彻底分梳混合的纤维原料，使其成为单纤维状态。

②使纤维原料中各种纤维进一步均匀混合。

③进一步除杂。

④使纤维近似伸直状态。

（2）梳理机。梳理机的种类较多，根据不同的工作要求和工作元件配置可分为不同的种类。根据不同的主梳理元件，梳理机可分为罗拉－锡林梳理机构 / 盖板－锡林梳理机构。通过变换梳理罗拉和针布的配置，罗拉－锡林式梳理机可以加工 38 ～ 203 mm、线密度为 1.1 ～ 55 dtex 的短纤维；盖板－锡林式梳理机适用于梳理棉纤维、棉型化学纤维及中长型纤维。

①罗拉－锡林式梳理机。罗拉－锡林式梳理机的基本结构如图 6-3 所示，由喂入罗拉 1、刺辊 2、锡林、工作罗拉 6、剥棉罗拉 5、道夫 9 和斩刀 8 组成，到最终输出纤维网。其各工作元件上的针布配置类似开松混合装置上的开松元件，从前到后针布的密度配置也是"前疏后密"，针布的粗细配置为"前粗后细"，以满足梳理过程中彻底分梳又尽量减少纤维损伤的要求。通常，非织造梳理机锡林齿密为每 25.4 mm × 25.4 mm 面积上 250 ～ 400 齿，道夫为 200 ～ 300 齿。

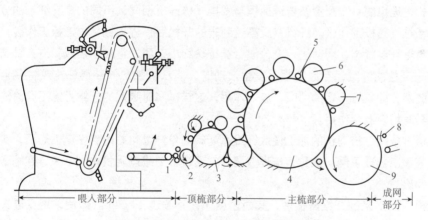

图 6-3　罗拉－锡林式梳理机的基本结构

1—喂入罗拉；2—刺辊；3—预分梳机构；4—主锡林；5—剥棉罗拉；6—工作罗拉；7—风轮；8—斩刀；9—道夫

在罗拉－锡林式梳理机中，梳理主要是产生于工作罗拉和锡林的针面间的，剥棉罗拉的作用是将梳理过程中凝聚在工作罗拉上的纤维剥取下来，再转移回锡林，以供下一个梳理单元梳理，由剥棉罗拉、工作罗拉和锡林组成的单元称为梳理单元或梳理环，通常在一个大锡林上最多可配置 5 ～ 6 对工作罗拉和剥棉罗拉，形成 5 ～ 6 个梳理单元，对纤维进行反复梳理。

②盖板－锡林式梳理机。盖板－锡林式梳理机的基本结构如图 6-4 所示。该梳理机采用固定盖板代替活动盖板，省去了相应的传动机构，结构紧凑，维护、保养也较为方便。固定盖

板上插入的是金属针布条，而传统的盖板－锡林式梳理机活动盖板采用的是弹性针布。

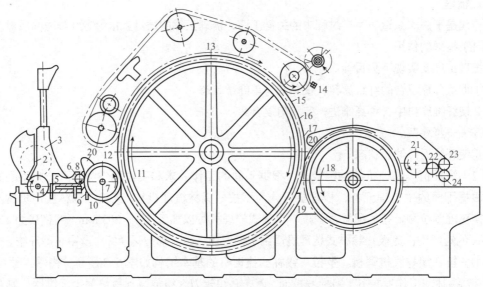

图 6-4　盖板－锡林式梳理机的基本结构

1—棉卷架；2—棉卷杆；3—棉卷；4—棉卷罗拉；5—给棉板；6—给棉罗拉；7—刺辊；8—绒辊；9—除尘刀；
10—小漏底；11—锡林；12—后罩板；13—盖板；14—上斩刀；15—前上罩板；16—抄针门；17—前下罩板；
18—道夫；19—大漏底；20—吸尘罩；21—剥棉罗拉；22—转移罗拉；23—上轧辊；24—下轧辊

　　盖板式梳理机的针布配置及梳理原理与罗拉式梳理机相同，不同的是其纤维的分梳作用主要发生在锡林、盖板工作区。纤维束受高速刺辊的开松后，进入锡林、盖板工作区，受到细致分梳而成为单纤维状态，同时进行充分混合及排除细小杂质。锡林、盖板和道夫针布的针隙内都能容纳一定量的纤维，在原料喂入发生波动时，能从针隙之间获得补充或将多余纤维"存入"针齿缝隙，即具有一定的"吸、放"作用，这样，同时喂入的纤维可能不同时输出，从而使梳理机具有均匀混合作用。

　　（3）梳理成网。梳理机的加工使散纤维逐渐趋向单纤维化并附着在道夫表面，实际上，纤维在道夫表面已经成了网，故称为梳理成网。它通过斩刀或剥网机构剥下来，在输送网帘上形成纤维网输出。

　　梳理机生产出来的纤维网很薄，其面密度通常不超过 20 g/m²。即使采用双道夫，两层薄网叠合也不超过 40 g/m²。由于梳理机是非织造材料生产中的关键设备，自 20 世纪 80 年代以来，为满足非织造材料高速生产及其最终不同结构产品的要求，通过配置不同的工作元件对典型的单锡林、单道夫形式的普通梳理机进行改进，开发了多种类型的梳理机，如单锡林双道夫、双锡林双道夫等梳理机，可通过两个道夫同时输出两层纤维网并叠合，起到均匀作用，改善产品的外观，同时提高输出效率，提高产能。

2. 铺网

　　在梳理成网过程中，除极少数产品将梳理机输出的薄网直接进行加固外，更多的是把梳理机输出的落网通过一定方法铺叠成一定厚度的纤维网，再进行加固。铺网的目的有增加纤维网单位面积质量；增加纤维网宽度；调节纤维网纵横向强力比；改善纤维网均匀性；获得不同规格、不同色彩的纤维分层排列的纤维网结构。

铺网根据铺网方式可分为平行式铺网和交叉式铺网。

图 6-5 和图 6-6 所示分别为串联式和并列式平行铺叠成网。从道夫剥下的纤维网较轻，通常单位面积（m^2）质量只有 8 ~ 30 g，当要求较大的纤维网单位面积质量时，可采用平行铺叠成网。平行式铺网的外观均匀度高，并可获得不同规格、不同色彩的纤维分层排列的纤网结构。平行式铺网的不足之处：纤维网宽度被梳理机工作宽度限制；其中一台梳理机出现故障，就要停工，生产效率低；要求纤维网很厚时，梳理机台数也需要增加很多，不经济；无法调节纤维排列方向。

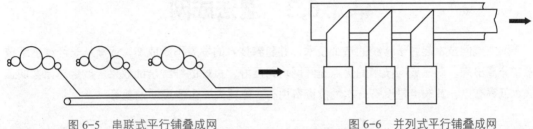

图 6-5　串联式平行铺叠成网　　　　　图 6-6　并列式平行铺叠成网

由于平行式铺网存在上述不足，因而目前大多采用交叉式铺网的方式。交叉式铺网方式主要有立式摆动式、四帘式（图 6-7）和双帘夹持式等几种。这种成网方法是使梳理机输出的纤维网方向与成网帘上纤维网的输出方向呈直角配置。其特点：铺叠后纤维网宽度不受梳理机工作宽度限制；可获得很大单位面积质量的纤维网；可以调节纤维网中纤维的排列方向，甚至使最终非织造材料的横向强力大于纵向强力；可获得良好的纤维网均匀性。

3. 气流成网

气流成网的基本原理如图 6-8 所示。纤维经过开松、除杂、混合后喂入主梳理机构，得到进一步的梳理后呈单纤维状态，在锡林高速回转产生的离心力和气流的共同作用下，纤维从针布锯齿上脱落，由气流输送并凝聚在成网帘（或尘笼）上，形成纤维三维杂乱排列的纤维网。

动画：气流成网

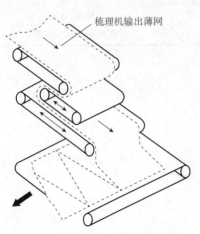

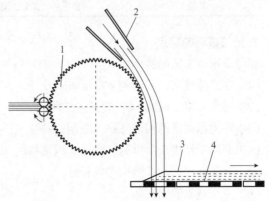

图 6-7　四帘式交叉折叠铺网　　　　图 6-8　气流成网的基本原理

1—锡林；2—压入气流风道；3—凝聚后的纤网；4—成网帘

气流成网制得的纤维网，纤维呈三维杂乱排列，纵横向强力差异小（MD：CD ＝ 1.1 ～ 1.5），最终产品基本各向同性。影响气流成网的均匀度因素有喂入纤维层的均匀性；纤维在气流中的均匀分布和输送；纤维在成网帘上的凝聚条件。气流成网存在的问题：不适用于加工细长纤维；成网均匀度差，因此，只能加工定积质量较大的纤维网；在加工纤维细度和相对密度差异较大的混合原料时，容易发生纤维分离的现象。但其在短纤维成网上的应用极具发展前景。

单元 6.3　湿法成网

湿法成网技术起源于传统的造纸技术，并随着技术的发展不断成熟，逐渐从长纤维造纸技术中分离出来。湿法成网技术的优点是纤网均匀度好、良好的纤维杂乱效果、产量高记忆加工成本低等有点，其缺点是设备一次性投资费用高、能耗大、生产灵活性差等。

6.3.1　湿法成网的定义及特点

1. 湿法成网的定义

湿法成网是由水槽悬浮的纤维沉集而制成的纤维网，再经固网等一系列加工而成的一种纸状非织造布。即湿法非织造布是水、纤维及化学助剂在专门的成形器中脱水而制成的纤维网，经物理、化学方法固网后所获得的非织造布。

2. 湿法成网与造纸的区别

湿法非织造材料与纸张的差异见表 6-2。

表 6-2　湿法非织造材料与纸张的差异

材料 对比项目	湿法非织造材料	纸张
纤维原料	8 ～ 30 mm	1 ～ 4 mm
加固	粘合剂	自身氢键
性能	密度小，柔软，有一定湿强	手感硬，耐水性差

3. 湿法成网的特点

湿法非织造工艺的特点：

（1）生产速度高，可达到 400 m/min；

（2）适合长度 20 mm 以下短纤维成网；

（3）不同品质纤维相混几乎无限制；

（4）纤网中纤维杂乱排列，湿法非织造材料几乎各向同性；

（5）产品蓬松性、纤网均匀性较好；

（6）生产成本较低；

（7）湿法非织造材料品种变换可能性小；

（8）用水量大。

6.3.2 湿法成网的工艺原理和过程

1. 湿法成网的原理

湿法成网的工艺原理：以水为介质，造纸技术为基础，将纤维铺制成纤网。

2. 湿法成网的工艺流程

湿法成网的过程包含：纤维原料→悬浮浆制备→湿法成网→加固→后处理。

（1）悬浮浆制备。置于水中的纤维原料开松成单纤维状态，同时使不同纤维原料充分混合，制成纤维悬浮浆，然后在不产生纤维团块的条件下，将悬浮浆送至湿法成网机构。非连续制浆的工艺过程如图 6-9 所示。纤维素浆粕首先送入料桶 1 溶解，再送入桶 2，经送浆泵 3 送入粉碎机 4，然后经储料桶 5 溶入混料桶 6。最后送入储料桶 7，由此可连续地输送至成网机构。

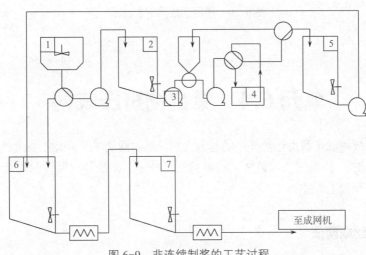

图 6-9　非连续制浆的工艺过程

（2）湿法成网。湿法成形是湿法非织造工艺的关键工序，与干法成网不同的是，纤维是由水流分布到成网帘上。由于制浆工序的末端贮料桶中的纤维浓度一般为成网时悬浮浓度的 5 ～ 10 倍，因而在成网前纤维悬浮浆还需要进一步的稀释。湿法成网常用的成网方式有斜网式、圆网式及复合式，其中以斜网式应用较为广泛，其工艺流程见图 6-10。非连续制浆的工艺过程如图 6-9 所示。纤维悬浮浆从混料桶 1 靠重力流入搅拌桶 2，搅拌后再经计量泵 3 导入一输送通道，通道内水流靠轴流泵 4 驱动。纤维悬浮浆进入成网料桶 5 时，靠 A、B、C、D 四点冲击转向后流至成网帘 6。悬浮浆中的水分，透过帘子的网眼渗透到帘下的集水箱，经处理后循环使用。

（3）加固和整理。湿法成网可采用机械、化学粘合、热粘合三种方法对纤网进行加固。机械法主要应用水刺技术。热粘合法采用热风和热轧。化学黏合法在湿法生产中用得最多，其一是在成网前的纤网制浆阶段加入黏合剂，其二是成网烘燥后加入黏合剂。

湿法非织造布的后处理加工主要包括烘燥和焙烘，基本与干法黏合法非织造布的热处理加工类似。为改善湿法非织造布的悬垂性、手感等，可采用轧花、轧光等手段对非织造布进行起绉处理。

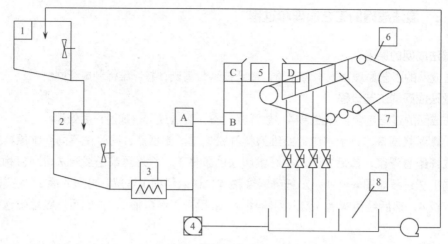

图 6-10　斜网式成网工艺过程

单元 6.4　聚合物挤压成网

聚合物挤压成网法是利用化学纤维纺丝方法制备纤维网的工艺，其主要生产工艺方法有纺丝成网法（纺粘法）、熔喷法、膜裂法、静电纺法等技术。而纺丝成网法和熔喷法是最重要且应用最广泛的两种加工方法。

6.4.1　纺丝成网法

纺丝成网法又被称为纺粘法，充分利用了化学纤维纺丝成型原理，采用高聚物的熔体进行熔融纺丝成网，或浓溶液进行纺丝和成网，纤维网经机械、化学、热粘合加固后制成非织造材料。纺丝成网法具有工艺流程短、产量高、产品机械性能好、产品适应面广等优点。

1. 纺丝成网工艺原理

纺丝成网工艺原理如图 6-11 所示。聚合物切片送入螺杆挤出机，经熔融、挤压、过滤、计量后，由喷丝孔喷出，形成长丝；长丝丝束经气流冷却并牵伸后，经过分丝后均匀铺放在凝网帘上形成纤维网；该纤维网经热粘合、化学粘合或针刺加固后成为熔融纺丝成网法非织造材料。

与热粘合加固工艺一样，熔融纺丝成网利用的同样是高聚物的热塑性特性。目前用于纺丝成网工艺的高聚物主要有丙纶（PP）、涤纶（PET）、聚乙烯（PE）、锦纶（PA）等。

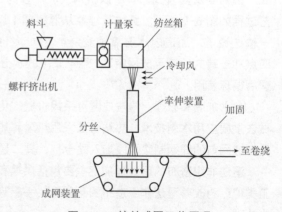

图 6-11　纺丝成网工艺原理

2. 纺丝成网工艺流程

纺丝成网生产的工艺流程：聚合物切片→切片烘燥→熔融挤压→纺丝→冷却→牵伸→分丝→铺网→加固→卷绕。

（1）切片烘燥。经铸带切粒后所得到的高聚物切片（如 PET、PA 切片）通常都含有一定的水分，在再熔融之前必须烘燥除去水分，PP 切片由于几乎不含水分而一般不需要烘燥。

切片烘燥的目的：一是去除水分，含水 PET 切片再熔融时会水解，使分子量下降，影响成丝质量，而且水在高温下汽化，可形成气泡丝，易造成纺丝断头或毛丝避；二是提高结晶度和软化点，含水 PET 切片是无定形结构，软化点低，在螺杆的加料段造成环状粘结阻料现象，影响正常生产。

目前，生产厂一般规定 PET 干燥切片的含水率低于 0.01%，PA 干燥切片的含水率低于 0.05%，另外，还要求含水率波动范围要小，以便保证纺丝成网的工艺稳定。

（2）熔融挤压。烘燥后的聚合物切片靠自重喂入料斗送至螺杆挤出机进行熔融、挤出熔体。螺杆挤出机结构示意如图 6-12 所示。按照高聚物在挤压机中的状态变形，可将机筒分为固体物料输送区、熔融区和熔体物料输送区三个区域。螺杆也相应分为三段，即加料段、压缩段和计量段。

固体切片进入螺杆后，首先在螺杆进料段被输送和预热，继而经螺杆压缩段压实、排气并逐渐熔化，熔融成黏流态的聚合物，并被挤出机压缩而具有一定的压力，向熔体管道输送至后道工序。

（3）纺丝。纺丝过程与传统纺丝类似，其工艺过程：熔融挤压→过滤→静态混合→计量→熔体分配→挤出成型→冷却。

过滤可去除聚合物熔体中一些凝胶和细小的固体粒子。静态混合是指聚合物熔体输送管道中静态混合器对聚合物熔体的均匀混合作用。计量和熔体分配可精确控制产量和纤维细度的一致性。通过熔体分配装置将聚合物熔体均匀送至各个喷丝孔，聚合物熔体从喷丝孔挤出，经历入流、微孔流动、出流、变形和稳定的流变过程后，形成初生纤维。由于高聚物熔体是非牛顿体，即黏弹性体，流动时，内部变化极为复杂。图 6-13 所示为纺丝喷出过程。

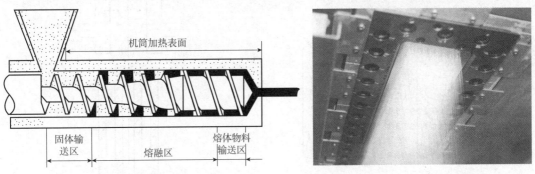

图 6-12 螺杆挤出机结构示意   图 6-13 纺丝喷出过程

当聚合物熔体离开出口区后，温度仍然很高，流动性也较好，在张力的作用下能迅速拉伸变形。同时，由于空气的冷却作用，熔体细流的温度越来越低，而黏度越来越高，因此，黏流态的熔体细流逐渐变成稳定的固态长丝纤维。如果不再创造新的拉伸条件，长丝纤维直径将稳定不再发生变化，但刚成型的初生纤维的性能是很低的。

（4）冷却。冷却与熔体细流的变形同时进行，选择好成型工艺条件，使熔体细流在形变区内所受到的冷却条件均匀稳定，成为纺好丝的关键之一。从喷丝板挤出的丝束温度相当高，冷却可防止丝条之间的粘连和缠结，配合拉伸，使黏流态的熔体细流逐渐变成稳定的固态长丝纤维。

冷却过程伴随着结晶过程，初期由于温度过高，分子的热运动过于剧烈，晶核不易生成或生成的晶核不稳定。随着温度的降低，均相成核的速度逐渐加快，熔体黏度增大，链段的活动能力降低，晶体生长速度下降。

纺丝成网工艺常采用单面侧吹和双面侧吹的形式，冷却介质为洁净空调风，风量应保证流动方式为稳定的层流状态，从而避免丝条振动，影响丝条的均匀性。

（5）牵伸。线型高分子的长度是其宽度的几百、几千甚至几万倍，这种结构上悬殊的不对称性使它们在某些情况下很容易沿特定方向形成占优势的平行排列结构，称为取向结构。大分子的自然状态和取向的示意如图6-14所示。

刚成型的初生纤维强力低、伸长大，结构极不稳定。牵伸的目的是让构成纤维的分子长链及结晶性高聚物的片晶沿纤维轴向取向，纤维变细，从而提高纤维的拉伸性、耐磨性。牵伸是手段，取向是获得的结果。取向后应使温度迅速降到聚合物玻璃化温度以下，以"冻结"取向结果，防止解取向。

纺丝成网过程与合成纤维纺丝过程基本相同，但牵伸工艺显著不同。合成纤维的生产中多采用机械牵伸的方式，而纺丝成网工艺多数采用气流牵伸，且在常温环境下，对丝条进行拉伸。喷丝孔挤出的聚合物细流经冷却后由高速牵伸气流进行较为充分的牵伸，然后经分丝铺设成网。气流牵伸是利用高速气流对丝条表面产生的黏性摩擦力进行牵伸。从牵伸设备的形式划分，气流牵伸的形式可分为管式牵伸和狭缝牵伸。图6-15所示为一种气流牵伸装置的示意。丝条由喷孔喷出，经横向吹入的冷却气流冷却后，进入狭缝式气流风道。拉伸气流由纤维两侧吹入，纤维在高速气流的夹持下，产生加速度，实现拉伸。

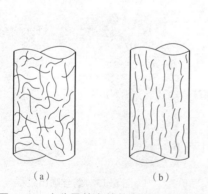

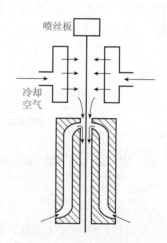

图6-14　大分子的自然状态和取向的示意

（a）未取向的自然状态；（b）取向的大分子

图6-15　一种气流牵伸装置

（6）分丝。分丝是将经过牵伸的丝束分离成单丝状，防止成网时纤维间互相粘连或缠结。常用形式有以下几种：

①气流分丝法：利用空气动力学的Coanda效应，高速气流在牵伸装置的某一部位截面面

积突然扩大，造成气流再次扩散和减速，同时使纤维与纤维形成索流，纤维的运动状态呈无规则运动，以达到随机均匀分丝和成网的目的。

②机械分丝法：利用挡板、摆丝辊、振动板、回转导板等机械装置，使牵伸后的丝束遇到机械装置撞击反弹，从而改变了丝束原先的运动状态，来达到分丝目的。

③静电分丝法：让纤维束通过高压静电场或摩擦生电，使丝条带上同性电荷，利用同性电荷相互排斥的原理，达到分丝目的。

（7）铺网。经拉伸、分丝后的长丝必须均匀地铺放到成网帘上。铺网是控制以一定的方式将长丝铺放到凝网帘上，主要有以下两种控制方式：

①气流控制：利用气流扩散和附壁效应使长丝束按一定方式铺放到凝网帘上，如圆周运动或椭圆运动；也有利用侧吹气流交替吹风使长丝左右摆动而铺置成网。

②机械控制：利用罗拉、转子、摆片或牵伸分丝管道的左右往复运动将丝束规则地铺放到凝网帘上。

纺丝成网工艺的成网均匀度不及干法工艺，产品单位面积质量越小，CV 值越大。

（8）加固。长丝经过冷却、牵伸、铺网之后，所得的纤维网只是半制品，还必须将纤维网加固成布，才能成为最终产品。目前，国际上长丝纤维网加固成布的方法基本上有三种形式：一是热轧法，主要用于定量为 $10 \sim 150\ \mathrm{g/m^2}$ 的纺粘法非织造布；二是针刺法，主要用于定量为 $80\ \mathrm{g/m^2}$ 以上的纺粘法非织造布；三是水刺法，主要用于高质量、手感柔软、成网均匀的纺粘法非织造布。

3. 典型纺丝成网生产工艺

DOCAN 法纺丝成网工艺可采用聚酯、聚丙烯及聚酰胺为原料生产纺丝成网非织造织物，但应用最多的是聚丙烯。图 6-16 所示为 DOCAN 法纺粘工艺过程。

将聚合物切片从料斗 1 喂入螺杆挤出机或浓缩熔体直接喂入经自动过滤器后，由计量泵 3 将熔体送入纺丝组件，熔融聚合物通过喷丝板 4 纺丝；熔体细流经侧吹冷空气冷却，同时在高压气流作用下，逐渐被牵伸变细；最后铺设成网送入加固工序。高压空气的压力高达 $1.5 \sim 2.0\ \mathrm{MPa}$，最狭窄的断面气流速度可达到 1 马赫数，纺丝速度为 $3\,500 \sim 4\,000\ \mathrm{m/min}$，正压牵伸的效果接近 FOY 丝。

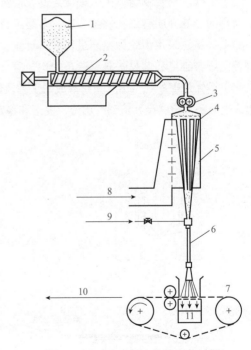

图 6-16 DOCAN 法纺粘工艺过程

1—料斗；2—螺杆挤出机；3—计量泵；4—喷丝板；
5—冷却室；6—气流拉伸系统；7—成网机；8—冷却空气；
9—牵伸空气；10—往加固工序；11—抽吸装置

6.4.2 熔喷法

与纺粘法不同，熔喷法是将螺杆挤出机挤出的高聚物熔体，通过用高速热空气流

（310℃～374℃）喷吹或通过其他手段（如离心力、静电力），使熔体细流受到极度拉伸而形成超细的短纤维，然后聚集到成网滚筒或网帘上形成纤维网，最后经自粘合作用或其他加固方法而制成熔喷法非织造布。

1. 熔喷工艺原理

熔喷工艺原理如图 6-17 所示。将聚合物熔体从模头喷丝孔中挤出，形成熔体细流，加热的牵伸空气从模头喷丝孔两侧风道中高速吹出，对聚合物熔体细流进行牵伸。冷却空气在模头下方一定位置从两侧补入，使纤维冷却结晶。在接收装置的成网帘下方设置真空抽吸装置，使经过高速气流牵伸形成的超细纤维均匀地收集在凝网帘或滚筒上，依靠自身粘合或其他加固方法成为熔喷法非织造材料。

从理论上讲，凡是热塑性聚合物切片原料均可用于熔喷工艺。聚丙烯是熔喷工艺应用最多的一种切片原料，除此之外，熔喷工艺常用的聚合物切片原料有聚酯、聚酰胺、聚乙烯、聚四氟乙烯、聚苯乙烯、EMA、EVA、聚氨基甲酸酯等。

2. 熔喷工艺流程

熔喷工艺过程：熔体准备→过滤→计量→熔体从喷丝孔挤出→熔体细流牵伸与冷却→成网。

（1）熔体准备。与纺丝成网工艺相同，熔喷工艺使用聚酯、聚酰胺等切片原料时，必须对切片进行干燥预结晶。聚丙烯切片通常不需要干燥。熔喷工艺主要采用螺杆挤出机对聚合物切片进行熔融并压送熔体。

（2）过滤。聚合物熔体进入模头之前，应经过过滤，以滤去杂质和聚合反应后残留的催化剂。常用的过滤介质有细孔烧结金属、多层细目金属筛网、石英砂等。

（3）计量。采用齿轮计量泵进行熔体计量，高聚物熔体经准确计量后才送至熔喷模头，以精确控制纤维细度和熔喷法非织造布的均匀度。

（4）熔体从喷丝孔挤出。与纺丝成网工艺及传统纺丝工艺的原理相似，聚合物熔体从喷丝孔挤出，也经历入流、微孔流动、出流、变形和稳定的流变过程。图 6-18 所示为熔喷喷出过程。

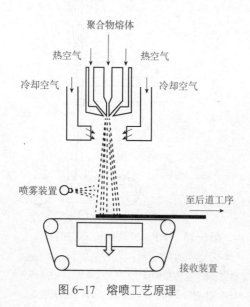

图 6-17　熔喷工艺原理

图 6-18　熔喷喷出过程

（5）熔体细流牵伸与冷却。在熔喷工艺中，从模头喷丝孔挤出的熔体细流发生膨化胀大时，受到两侧高速热空气流的牵伸，处于黏流态的熔体细流被迅速拉细。同时，两侧的室温空气掺入牵伸热空气流，使熔体细流冷却固化成型，形成超细纤维。

（6）成网。在熔喷工艺中，经牵伸和冷却固化的超细纤维在牵伸气流的作用下，吹向凝网帘或滚筒，由此纤维收集在凝网帘或滚筒上，依靠自身热粘合或其他加固方法成为熔喷法非织造材料。

3. 典型熔喷生产工艺

图 6-19 和图 6-20 所示分别为德国 Reifenhaüser 公司的熔喷生产设备和熔喷纺丝成网复合生产设备。其原料喂入采用多料斗，便于添加色母粒和其他添加剂。熔喷生产线的模头水平位置固定，通过平网式接收装置传动辊的左右移动来调节熔喷工艺接收距离。熔喷纺丝成网复合生产线的退卷装置可退卷各种材料，如退卷纺丝成网非织造材料，最终形成 SMS 材料，退卷塑料薄膜，则可生产复合防护服材料，因此，该复合生产线的产品品种变化较灵活。

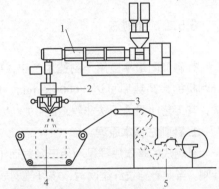

图 6-19　Reifenhaüser 公司熔喷生产设备

1—挤出机；2—计量泵；3—熔喷模头系统；
4—成网装置；5—切边卷绕装置

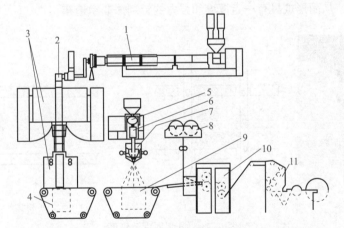

图 6-20　Reifenhaüser 公司熔喷纺丝成网复合生产设备

1—纺丝成网部分的挤出机；2—计量泵；3—气流冷却拉伸及分丝装置；4—成网装置；5—熔喷系统的挤出机；
6—计量泵；7—熔喷模头系统；8—退卷装置；9—熔喷成网装置；10—热轧复合装置；11—切边卷绕装置

单元 6.5　纤网加固

由于纤维成网工序所制成的纤维网强度很低，不能满足非织造布的使用要求，因此，必须使纤维网中的纤维彼此缠结或粘合，即对纤维网进行加固，以制备一定物理力学性能和外观结构的纤维网。在非织造工艺中，常用的纤维网加固方法可分为机械加固、化学粘合和热粘合三大类。其中，机械加固法主要有针刺法、水刺法和缝编法，它们与化学粘合法、热粘合法等是目前非织造生产中主要的加固工艺技术。

课件：纤网加固

视频：纤网加固

6.5.1 针刺法

针刺加固最早应用于制毡生产中，早在 1870 年英国就制造出最古老针刺机的样机。目前，针刺机的最高频率可达 3 000 次 /min，最大幅宽可达 16 m。针刺法是一种典型的机械加固方法，其工艺比重为干法非织造的 30% 以上。

1. 针刺法基本原理

针刺法的基本原理是利用三角截面（或其他截面）且棱边带有钩刺的针，对纤维网进行反复针刺。当刺针穿过纤维网时，将纤维网表面和局部里层纤维强迫刺入纤维网内部，如图 6-21（a）所示。由于纤维之间的摩擦作用，原来蓬松的纤维网受到压缩。当刺针退出纤维网后，刺入的纤维束脱离倒钩而留在纤维网中，如图 6-21（b）所示，这样，许多纤维束纠缠住纤维网使其不能再恢复原来的蓬松状态。经过许多次的针刺，相当多的纤维束被刺入纤维网，使纤维网中的纤维互相缠结，从而形成具有一定厚度和强力的针刺法非织造布。

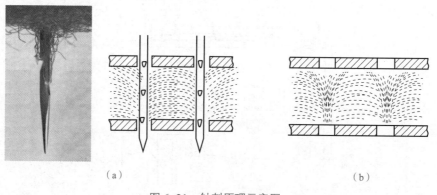

（a）　　　　　　　　　　　　　　　　　　（b）

图 6-21　针刺原理示意图

（a）刺针穿刺纤维网时；（b）刺针退出纤维网后

针刺过程是由专门的针刺机来完成的。图 6-22 所示为针刺机原理。针刺机的机构主要由送网机构、针刺机构和牵拉机构组成，如图 6-22 所示。纤维网 2 由压网罗拉 1 和输网帘 3 握持喂入针刺区。针刺区由剥网板 4、托网板 5 和针板 8 等组成。刺针 7 是镶嵌在针板上的（图 6-23），并随主轴 10 和偏心轮 9 的回转做上下运动，穿刺纤维网。托网板起托持纤维网作用，承受针刺过程中的针刺力；当针刺完成穿刺加工做回程运动时，由于摩擦力会带着纤维网一起运动，利用剥网板挡住纤维网，使刺针顺利地从纤维网中退出，以便纤维网做进给运动，因此，剥网板起剥离纤维网的作用。托网板和剥网板上均有与刺针位置相对应的孔眼，以便刺针通过。在针刺过程中，纤维网的运动由牵拉辊 6 输出辊传送。

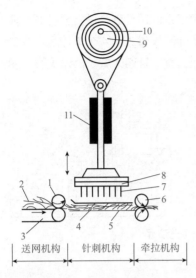

图 6-22　针刺机原理

图 6-23　针板与刺针

1—压网罗拉；2—纤维网；3—输网帘；4—剥网板；

5—托网板；6—牵拉辊；7—刺针；8—针板；

9—偏心轮；10—主轴；11—滑动轴套

2. 针刺工艺生产流程

按加工工序，针刺工艺可分为喂入、预针刺机、主针刺机、输出等。针刺工艺一般先经由预针刺机再送入主针刺机针刺制成所需的成品。纤维经开松、混合、梳理、铺网并牵伸或气流成网后喂入针刺加固系统（预针刺），经针刺缠结加固后打卷输出。然后，经预针刺的纤网退卷，再次喂入针刺加固系统，进行第二道针刺（主针刺）。根据试样针刺密度的要求，经多道针刺后，纤维网成为具有一定机械性能和外观的针刺非织造布。根据产品外观要求不同，还可以采用花纹针刺机获得特殊的外观效果，如绒面、毛圈、几何图案等。

预针刺的任务是将高蓬松且抱合力很小的纤维网进行针刺，使其具有一定的强力、密度和厚度，便于后道加工。

预针刺的工艺过程：将蓬松的纤维网在喂给帘夹持下送入针刺区。当针板向下运动时，刺针刺入纤维网，纤维网紧靠托网板。当针板向上运动时，纤维网与刺针之间的摩擦使纤维网和刺针一起向上运动，纤维网紧靠剥网板。纤维网通过针刺区后，具备一定的强力、密度和厚度，然后再送至主针刺或花纹针刺加工。

主针刺的任务是对经过预针刺后初步缠结的纤维网做进一步的加固，从而达到产品工艺要求的缠结效果与针刺密度。因此，与预针刺相比，主针刺的主要特点是剥网板与托网板之间的距离较小；不需要专门的导网装置（预针刺则需配有导网装置以便于纤维网的喂入）；针刺频率较高；针刺动程较小；针板植针密度较大，刺针较短。

针刺工艺流程灵活多变，便于柔性设计。仅一台针刺机也能生产出针刺加固非织造材料，但是在多数情况下，为了满足产品质量要求及某些特殊要求，需要将数台针刺机及有关设备（复合机、热定型机等）按一定顺序排列成一个工艺流程进行工业化生产。

图 6-24 所示为德国迪罗（Dilo）公司推荐的土工布针刺工艺流程。蓬松的纤维网由短纤维

经交叉式铺网或纺粘法直接成网后再由压缩式喂入装置送入预针刺机进行预针刺。通过牵伸装置可使部分纤维从横向转成纵向，以适应主针刺，牵伸装置省 3～4 个牵伸区。主针刺机进一步加固产品，采用四针板双面针刺机，这种上下针板交替的针刺方式可缩短流程，生产出密度较高的产品。

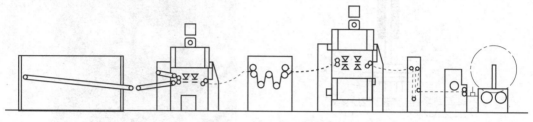

图 6-24　土工布针刺工艺流程

6.5.2　水刺法

动画：水刺

水刺法又称水力缠结法、水力喷射法、射流喷网法，是一种独特的、新型的非织造布加工技术。水刺法非织造材料具有透气性好，手感柔软，强度高，悬垂性好，无化学胶粘剂等特点，外观比其他非织造材料更接近传统纺织品，因此，尽管水刺法工艺发展较晚，但已成为增长速度最快的非织造工艺方法之一。

1. 水刺法基本原理

水刺法加固纤维网的原理与针刺法较为相似，是依靠水力喷射器（水刺头）喷出的微细高压水射流（又称水针）来穿刺纤维网，使短纤维或长丝缠结而固结纤维网。

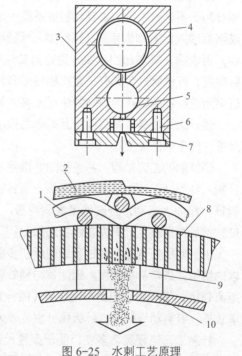

水刺法的基本原理如图 6-25 所示，依靠高压水，经过水刺头 3 喷水板小孔（喷水孔），形成多股微细的高压水射流，垂直喷射纤维网，使纤维网中一部分表层纤维发生位移，垂直向网底运动。水针穿过纤维网后，受托持网帘（托网帘）1 的反弹，并呈不同方向散射到纤维网 2 的反面再次穿插纤维网，由此，纤维网中纤维在水刺冲击力和反射作用力的双重作用下，产生位移、穿插、缠结和抱合，形成无数的机械结合，从而使纤维网得到加固。经水刺后的余水，在真空脱水箱 10 的负压作用下，从滚筒上的孔隙进入滚筒内腔，然后被抽至水处理系统。纤维网经过正面、反面多次水刺后，就形成了具有一定强度的湿态非织造布，再经烘燥装置烘干后，就制成了水刺法非织造布。

图 6-25　水刺工艺原理

1—托网帘；2—纤维网；3—水刺头；4—动态水腔；
5—均流腔；6—密封胶；7—喷水板；8—滚筒；
9—密封装置；10—真空脱水箱

水刺喷射缠结加固的机械称为水刺机。它主要由水刺头、喷水板、高压水泵、托网帘（或水刺转鼓）、真空脱水箱、水过滤装置与水循环装置等组成。

2. 水刺工艺流程与设备

水刺工艺技术路线主要由纤维成网系统、水刺加固系统、水循环及过滤系统和干燥系统四大部分组成。用于水刺法加固的纤维网可以是干法成网、湿法成网、纺丝成网、浆粕气流成网，也可以是上述几种成网方法的组合，然后经水刺加固成型。

水刺法非织造布生产的常见工艺过程如下：

纤维成网→预湿→纤网正反面水刺缠结→后整理→烘燥→卷绕
　　　　　　↓↑
　　　　水处理、循环系统

（1）预湿。预湿的目的是压实蓬松的纤维网，排除纤维网中的空气，使纤维网进入水刺区后能有效地吸收水针的能量，使水刺效果更好。预湿工艺水压力一般为 0.5 ～ 6.0 MPa。

（2）正反面水刺缠结。为达到产品要求的强度、面密度等要求，一般在预湿后需要对纤维网进行多次的正面和反面的水刺缠结。

水刺头是水刺非织造工艺中产生高压集束水针的关键部件（图 6-26），均采用优质不锈钢材料制造，水刺头结构设计须考虑可以快速更换喷水板的因素。水刺头一般均由进水管腔、高压密封装置、喷水板和水刺头外壳等组成。其结构如图 6-23 所示。喷水板上的孔径的直径和排列密度决定着水刺生产中的水针的直径和排列密度。一般在水刺时，纤维网的正面和反面都需要配置多个水刺头。水刺的加固方式主要有平网式水刺加固、转鼓式水刺加固和平网式与转鼓式相结合的水刺加固三种形式。

图 6-26　水刺头

在平网式水刺加固工艺（图 6-27）中，水刺头通常位于一个平面上，纤维网由托网帘输送做水平运动，并接受水刺头垂直向下喷出的水射流的喷射。设置过桥输送机构可使纤维网反面接受水刺。托网帘的编织结构可采用平纹、半斜纹和斜纹等，从而使产品得到不同的外观效果。但设备占地面积大，导辊传动方式也不适合高速。

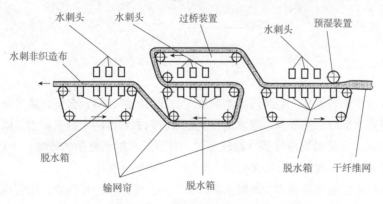

图 6-27　平网式水刺加固工艺

在转鼓式水刺加固工艺（图 6-28）中，水刺头沿着转鼓圆周排列，纤维网吸附在转鼓上，接受水刺头喷出的水射流的喷射。纤维网吸附在转鼓上，有利于高速生产，同时，纤维网在水刺区内呈曲面运动，接受水刺面放松，反面压缩，这样有利于水射流穿透，有效地缠结纤维。转鼓式水刺工艺可在很小空间位置内完成对纤维网多次正反水刺。通常，平网式水刺工艺的占地面积是转鼓式水刺工艺的两倍。转鼓式水刺工艺适合加工单一外观效果特别是平纹的水刺非织造材料，不适合加工不同外观效果特别是开孔的水刺非织造材料，这是转鼓结构所决定的。

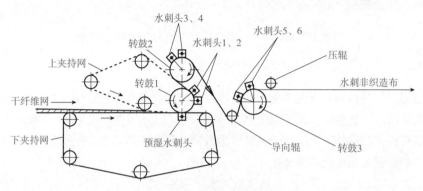

图 6-28　转鼓式水刺加固工艺

平网式与转鼓式的水刺头排列各有其优缺点，组合使用可扬长避短，发挥其各自的优势。目前，水刺加固系统设备一般是将两组或多组水刺装置串联使用，通常第一级、第二级为转鼓式水刺，第三级为平网式水刺。图 6-29 所示为德国 Fleissner 公司的纯棉水刺加固系统的转鼓式与平网式相结合的水刺加固工艺流程。

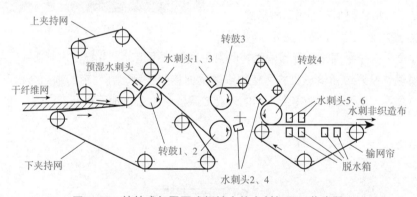

图 6-29　转鼓式与平网式相结合的水刺加固工艺流程

（3）脱水与水处理循环。经预湿或水刺加工处理后的纤维网，含有大量水分，可采用脱水辊和抽吸装置把大部分水抽吸掉。脱水的目的是及时除去纤维网中的滞留水，以免影响下道水刺时的缠结效果。当纤维网中滞留水量较多时，将引起水射流能量的分散，不利于纤维缠结。水刺工序结束后将纤维网中水分降至最低，有利于降低烘燥能耗。

平网水刺加固的脱水箱结构和转鼓水刺加固不同，但原理是相同的，均利用真空脱水。真空脱水的机理是靠纤维网两面压力差挤压脱水及空气流穿过纤维网层时将水带走。常用真空度为 16 ～ 37 kPa。

真空脱水机吸水后将其送至水处理循环系统进行处理。水刺非织造布生产的用水量很大，一般日产 10 ～ 15 t 水刺非织造材料规模每小时需水量达 150 ～ 200 m³。为节约用水，减少生产成本，需把其中约 95% 的水经处理后循环使用，根据工艺要求必须对水质进行处理，因此，水的循环过滤系统是水刺生产的一个重要部分。

（4）后整理。后整理主要有提花水刺、印花、染色、浸胶、拒水整理和卫生整理等。有些后整理加工在预烘干后即可进行，有些则需要在干燥定型后进行加工。

（5）烘燥。烘燥的目的是要将纤维网中的水分完全除去，而不影响纤维网的结构。水刺加固后的非织造材料中水分的存在形式有游离水、毛细管水和结合水三种。游离水和毛细水存在于纤维细胞腔体中和纤维网的毛细管中，能用加热干燥的方法除去。结合水是以化学结合的形式存在于纤维网中，它实质上属于材料本身结构的一个部分，占材料质量的 1% 左右。它不能用加热干燥的方法除去，而只能通过燃烧或其他的化学作用来破坏和除去。水刺工艺主要采用烘缸式烘燥和热风穿透式烘燥的方式。

6.5.3　缝编法

缝编法是在经编技术基础上发展起来的一种快速编织技术，它是利用经编线圈结构对各种衬料（如纤维网、纱线层、非织造布、机织物、针织物、塑料薄膜等或其组合体）进行加固的过程。可以认为缝编是由经编派生而来的，在工艺上多与经编类同。就缝编技术的编织方式和采用的缝编纱线而言，将它视为传统纺织的生产方法更为合适。但它作为一种固结方法，用来固结纤维网时，可以认为它是一种非织造布的固结技术，是属于干法非织造布中的一种机械加固法。

缝编法具有工艺流程短、产量高、能耗低、原料适用范围广等特点。由于采用纱线固结纤维网，因此，可以加工用粘合方法难以加工的纤维原料（如玻璃纤维、石棉纤维等）。从产品的风格上讲，缝编产品的外观和特性非常接近传统的机织物和针织物，而不像其他工艺生产的非织造布那样呈网状结构，而且其强度也较高。从产品的用途上看，缝编非织造布的外观和特性，使它比其他非织造布更适合用来制作服装材料和家用装饰材料，也可用来作人造革底市、土工布、传送带基布、过滤材料、绝缘材料等工业用途产品。

根据固结的对象不同，缝编法可分为纤维网型、纱线层型及毛圈型三大类。其相应代表性的缝编工艺是马利瓦特、马利莫和马利颇尔。用于非织造布加固的主要是马利瓦特工艺，是属于纤维网型的缝编加固工艺。纤维网型的缝编加固工艺主要有纤维网—缝编纱型和纤维网—无纱线型两种工艺。

1. 纤维网—缝编纱型缝编工艺

纤维网—缝编纱型缝编工艺法是用缝编纱形成的线圈结构对纤维网进行加固。由于它只用少量缝编纱、构成产品的主要原料是纤维网，因而成本低，而且可用于纤维网的纤维原料十分广泛，一些难以使用其他方法加固的纤维，如玻璃纤维、石棉纤维等也可用这种方法加固。因此，这种方法是非织造布缝编工艺的一种主要方法。

马利瓦特型缝编机是马利莫系列中的典型代表，也是世界上使用量较大的一种。其原理是将一定厚度的纤维网喂入缝编区，通过成圈机件的作用，由缝编纱形成线圈结构将纤维网加固而形成织物。其缝编过程与纱线层型缝编相似。图 6-30 所示为马利瓦特型缝编机工艺方法。马利瓦特缝编机采用卧式排列，即针床水平安装，纤维网 8 以近 45° 的角度从上向下倾斜地喂入缝编区。缝编纱 7 由机器前方经导纱针 5 喂入缝编区。形成的坯布 9 垂直向下被牵拉出缝编区。槽针的针芯 2 和针身 1 均做前后水平往复运动。导纱针 5 既摆动又横动。沉降片 3 与下挡板 6 均固定不动，退圈针 4 是固定安装。

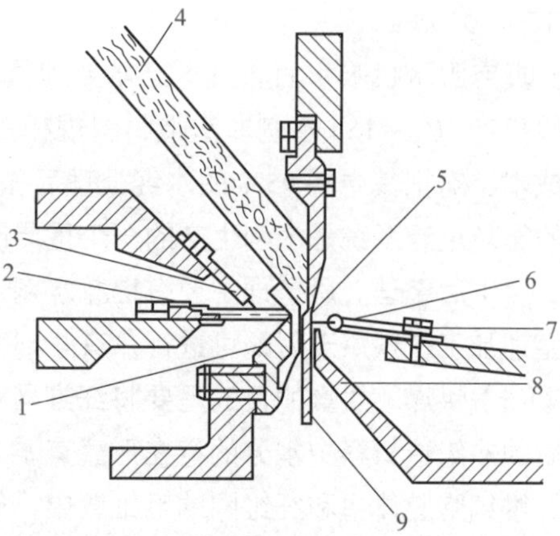

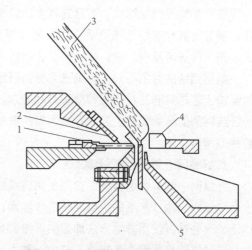

图 6-30　马利瓦特型缝编机工艺方法

1—针身；2—针芯；3—沉降片；4—退圈针；5—导纱针；
6—下挡板；7—缝编纱；8—纤维网；9—坯布

纤维网—缝编纱型缝编要求喂入纤维呈横向排列，用气流成网机生产的杂乱纤维网不如交叉折叠纤维网好。因为交叉折叠纤维网的纤维呈横向排列，而缝编加固又是将纤维网在纵向进行加固，这样产品的横向强力和纵向强力都很好。

在实际生产中，对揩布、垫料等低级产品常用下脚纤维做纤维网原料。缝编纱可采用棉、粘胶短纤维、涤纶短纤维，且宜用单梳、10 号以下的缝编机。生产服装面料和装饰布一般用化学纤维做纤维网原料。缝编纱可采用合成纤维长丝，宜采用双梳、18 号或 22 号的高机号缝编机。而生产工业用布时，除一般常用纤维外，还可用玻璃纤维、石棉纤维做纤维网原料。缝编可用涤纶长丝、锦纶长丝，宜采用单梳、低机号缝编机。

2. 纤维网—无纱线型缝编工艺

纤维网—无纱线型缝编工艺法不用缝编纱，也不需要导纱针和经轴送纱等系统。槽针的针钩直接从纤维网中钩取纤维束来形成纤维圈结构而加固纤维网并形成缝编产品。这类缝编产品全由纤维网构成，而纤维网的原料多数是低级或废次纤维，因而产品成本低，具有良好的经济效益。

在马利莫系列缝编机中，属于这一缝编方式的机型为马利伏里斯。这种缝编法与前述的纤维网—缝编纱型缝编不同。图 6-31 所示为马利伏里斯型缝编机工艺方法。其针床水平安装。为了增加针钩的强度以承受钩取纤细时的较大助力，槽针的尺寸要加大。纤维网 3 以近似 45° 的方向由上向下倾斜地喂入缝编区。针身 1 和针芯 2 做水平的前后往复运动。当槽针向前运动时，由于垫网梳片 4 的作用，纤维可以垫入针钩。当针由纤维网中退出时，针钩直接由纤维网中钩取纤维来。针钩钩取纤维束后槽针闭口，接着完成脱圈、弯纱、成圈、牵拉。形成的坯布 5 直接向下被拉出缝编区。

图 6-31　马利伏里斯型缝编机工艺方法

1—针身；2—针芯；3—纤维网；4—垫网梳片；5—坯布

　　纤维网—无纱线型缝编法要求喂入的纤维网必须是以纤维横向排列为主，以便针钩容易从纤维网中勾取纤维。由于取消了缝编纱，马利莫系列缝编机取消了导纱针、经轴等送经系统。在导纱针的部位，该机型装了一排垫网梳片，用于帮助将纤维垫入针钩。另外，将槽针的闭口时间距迟，以使槽针的针钩能够直接由纤维网中钩取纤维成圈。

　　纤维网—无纱线型缝编法非织造布的强力不及有纱线型的，因此，需要通过恰当的后整理工艺（如涂层、叠层、热收缩、粘合等方法）来提高强力。这类非织造布适用于做人造革底布、贴墙布、擦布、抛光布及纤维网型缝编法人造毛皮的底基等。

6.5.4　化学粘合法

　　化学粘合法是采用化学胶粘剂乳液或溶液，对非织造纤维网实施浸渍、喷洒、泡沫和印花等一种或几种组合技术，再通过热处理使纤维网中的胶粘剂与纤维在化学作用和物理作用下固结，制得具有一定强度和规格的非织造材料。也可采用化学溶剂等使纤维网中纤维表面部分溶解和膨润，产生粘合作用后达到纤维网固结，制成非织造布。

　　化学粘合法具有工艺灵活多变、产品多样化、生产成本较低等优点，是非织造生产中应用历史最长、产品使用范围最广的方法之一。其成型原理涉及精细化学、高分子化学及物理、化学工程、纺织工程等，是多门学科交叉的综合性技术。目前，化学粘合法的主要问题是胶粘剂生产技术问题，即生产胶粘剂过程中产生有害于环境保护、人体健康方面的影响，限制了化学粘合法的发展速度。随着无毒副作用的"绿色"化学胶粘剂的出现，化学粘合法技术定会得到进一步的发展。

　　化学粘合法生产的非织造材料中，被粘合的固体主要是纤维，纤维之间的粘合牢度取决于胶粘剂和被粘纤维分子之间及胶粘剂自身分子之间的结合强度。胶粘剂的种类繁多，其分类方法也很多，目前国内外还没有一个统一的分类标准。

　　非织造材料的化学粘合法工艺，就是将化学胶粘剂的乳液或溶液采用不同的工艺方法施加到纤维网中，经热处理后达到纤维网加固目的。非织造材料常用胶粘剂绝大多数为分散型胶粘剂，即乳液或乳胶，大多采用浸渍法，也可用于喷洒法或泡沫法。粉末型胶粘剂（热熔胶）则主要用于热熔粘衬。而低熔点纤维作为热粘合法中的纤维型胶粘剂。

　　下面主要介绍浸渍法、喷洒法两种工艺。

1. 浸渍法工艺

　　浸渍法又称全浸渍或饱和浸渍法，是由传统饱和染色工艺发展而来的，是化学粘合加固中应用最早、最广泛的方法。纤维网经粘合剂饱和浸渍后，然后经过挤压或抽吸使胶粘剂在纤维网中的含量达到工艺要求，这种方法称为浸渍法粘合加固。其基本工艺流程：铺置成型的纤维网在输送装置的输送下，被送入装有胶粘剂液的浸渍槽 1，纤维网在胶液中穿过后，通过一对轧辊 3 或吸液装置除去多余的胶粘剂，最后通过烘燥系统使胶粘剂受热固化而成为非织造材料。图 6-32 所示为浸渍法的基本工艺流程。这种方法由于受到轧辊表面张

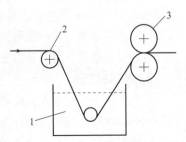

图 6-32　浸渍法的基本工艺流程
1—浸渍槽；2—传输辊；3—轧辊

力的影响，不易浸渍较薄的纤维网，一般只能加工 30 g/m² 以上的纤维网。

由于未经预加固的纤维网强力很低，容易发生变形，为此，对传统的浸渍机进行改进，设计了专门用于纤维网浸渍的设备，常用的有以下三种：

（1）双网帘浸渍机（图6-33）：是利用上网帘1、下网帘4将纤网夹持住并带入浸渍槽3中浸渍纤网的，其特点是手感较硬，适宜做衬布。

（2）单网帘浸渍机（图6-34）：也称圆网滚筒压辊式浸渍机，是将双网帘浸渍机的上网帘改为圆网滚筒2而成的，这样可有效地减少网帘的损耗。在此基础上，若将轧辊5换成真空吸液，或经真空吸液后用轻辊轻轧，会赋予产品更好的蓬松性和弹性，是生产薄型粘合法非织造布较理想的方法，适宜做衬布和用即弃卫生材料等。

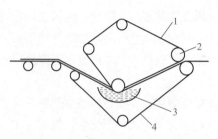

图 6-33　双网帘浸渍机

1—上网帘；2—轧辊；3—浸渍槽；4—下网帘

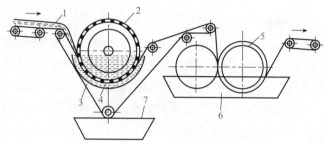

图 6-34　单网帘浸渍机

1—纤维网；2—圆网滚筒；3—循环网帘；4—浸渍槽；
5—轧辊；6—浆槽；7—网帘清洗槽

（3）转移式浸渍机（图6-35）：是将胶粘剂由胶粘剂浆槽流到胶粘剂转移辊上，再浸透到纤维网中，其优点是纤维网呈水平运动，不易变形，产品手感和弹性较好，适用于对宽幅纤维网的浸渍加工。

随着浸渍法生产工艺的不断进步及胶粘剂、各种助剂等新品种的问世，浸渍法非织造产品拓宽了应用领域。如以粘胶纤维或棉为原料的揩布，采用丙烯酸能、醋酸乙烯酯及其共聚物为粘合剂，定量在 40 g/m² 左右；农用保温材料多采用较轻的定量，在 30 g/m²

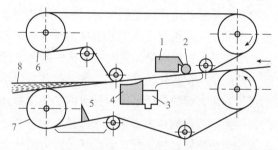

图 6-35　转移式浸渍机

1—胶粘剂浆槽；2—胶粘剂转移辊；3—储液槽；
4—真空洗液装置；5—网帘洗涤装置；
6、7—上、下金属网帘；8—纤维网

左右，用于种子播下后农田表面的覆盖，用来缩小昼夜温差，抵御突发的降温天气对种芽的袭击。这种产品透气性好，强力适中，可重复使用，成本较低。

2. 喷洒法工艺

利用压缩空气通过喷头或喷枪，沿纤维网横向移动时不断向纤维网喷洒胶粘剂，然后在烘房中加热、烘干，这种方法称为喷洒粘合法。

喷洒粘合法多用于生产高蓬松、多孔性、保暖性的非织造布。产品上的胶粘剂分布均匀，产品有喷胶棉（保暖絮片）、过滤材料、仿丝棉、松棉等。由于喷洒法胶粘剂呈雾状喷洒在纤维网上，分布均匀，与浸渍法相比，不需要轧液过程。因此，产品的蓬松度高，适用于生产高蓬松和多孔性的保暖絮片、过滤材料等。若在原料中加入三维卷曲纤维，或三维卷曲加中空涤纶纤维，则产品的蓬松性、保暖性更好。

喷头的形式主要有以下两种：

（1）气压式喷头。气压式喷头以空气为介质，与油漆喷枪的原理基本相同，只适用于经过初步加固的纤维网进行喷洒和加工，因为气流会破坏纤维网的均匀度。

（2）液压式喷头。液压式喷头采用静压力来控制集中分散的雾粒，因此，雾粒小而均匀，胶粘剂的施加效果好。

喷洒粘合生产线以生产喷胶棉产品为代表，该生产线为双面喷洒工艺，工艺流程：

纤维→开松→混合→梳理→铺网→喷胶（正面）→烘燥→喷胶（反面）→烘燥→焙烘→分切→卷绕，如图 6-36 所示。

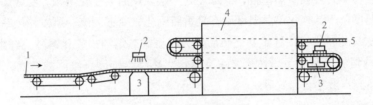

图 6-36　双面式喷洒机

1—纤维网；2—喷头；3—吸风装置；4—烘房；5—成品

铺叠成的纤维网经输网帘输送到喷头下方的送往帘上，往复运动的喷头对其正面喷胶，然后进入烘燥箱的最底层接受烘燥。当行至烘燥箱出口时，纤维网翻转，在烘箱第二层入口处接受喷头对其反面喷胶，接着进入烘燥箱第二层和最上层进行烘燥和焙烘。喷头下方设有负压抽吸装置及多余胶液回收装置，增强了胶液对纤维网的扩散和渗透，减少了胶雾逸散，节省了胶液。

3. 泡沫法工艺

泡沫法是用发泡剂和发泡装置使胶粘剂浓溶液成为泡沫状态，并将发泡的胶粘剂涂于纤维网上，经加压和热处理，由于泡沫的破裂，泡沫中的胶粘剂微粒在纤维交叉点成为很小的黏膜状粒子沉积，使纤维网粘合后形成多孔性结构。

泡沫法主要用于薄型非织造材料，与一般浸渍法相比，其优点是结构蓬松、弹性好；浸渍以后，纤维网含水量低，烘燥时能耗小，比全浸渍低 33%～40%；粘合结构在纤维的交叉点上，成为点状黏膜粒子；胶粘剂水分少、浓度高，烘燥时避免产生泳移现象。泡沫法漏水少，污染小；生产速度高（薄型产品为 80 m/min，厚型产品为 20 m/min）。

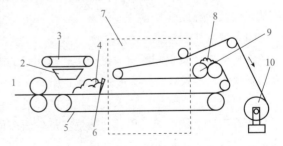

图 6-37 所示为德国 Freudenberg 公司的泡沫浸渍设备工艺过程。它采用了刮涂与轧涂结合的方式。其工艺过程是纤维网 1

图 6-37　德国 Freudenberg 公司的泡沫浸渍设备工艺过程

1—纤维网；2—泡沫胶槽；3—发泡装置；

4、8—泡沫胶粘剂；5—输网帘；6—刮刀；7—三层式烘箱；

9—轧液辊；10—卷绕装置

被输网帘 5 送至刮涂作用区，在刮刀 6 的作用下泡沫胶粘剂 4 涂敷在纤维网一面，之后进入三层式烘箱 7 的最下层进行烘燥。在轧涂工作区，纤维网被导辊输送并翻转后，在轧液辊 9 的作用下将泡沫胶粘剂 8 涂于纤维网的另一面，再进入烘箱中层和上层，完成烘燥固化。

6.5.5 热粘合法

动画：热粘合

热粘合法生产技术随着合成纤维工业的技术进步而得到广泛应用，并获得迅速发展，成为固结纤维网的一种重要方法。该方法改善了环境，提高了生产效率，节省了能源，尤其是利用低熔点聚合物取代化学胶粘剂，使产品更加符合卫生要求。因此，现在已有很多热粘合法产品取代了化学粘合法产品，使热粘合法成为一种很有发展前景的生产工艺。

合成高分子材料大多具有热塑性，即加热到一定温度后会软化熔融，变成具有一定流动性的黏流体，当温度低于其软化熔融温度后，又重新固化，变成固态。所以，热粘合机理为利用热塑性高分子材料的特性，使纤维网受热后部分纤维或热熔粉末软化熔融，纤维间产生粘连，冷却后纤维网得到加固而成为热粘合非织造材料。热粘合加固纤维网的方式，可分为热轧粘合、热熔粘合及超声波粘合方式等。

1. 热轧粘合工艺

热轧粘合在热粘合非织造工艺中的应用较晚，其借用了印染工业中的亚光、烫光技术，由于其生产速度快、无三废问题，因而发展很快。热轧粘合生产速度快，因而特别适用于薄型纺粘法非织造材料的加固。热轧法非织造材料广泛应用于用即弃产品的制造，如手术衣帽、口罩、妇女卫生巾、婴儿尿裤、成人失禁垫及各种工作服和防护服等。

热轧粘合非织造工艺（图 6-38）是利用一对或两对钢辊或包有其他材料的钢辊对纤维网进行加热加压，导致纤维网中部分纤维熔融而产生粘结，冷却后，纤维网得到加固而成为热轧法非织造材料。

实际上，热轧粘合是一个非常复杂的工艺过程，在该工艺过程中，发生了一系列的变化，包括纤维网被压紧加热，纤维网产生形变，纤维网中部分纤维产生熔融，熔融的高分子聚合物的流动及冷却成型等。

（1）纤网变形与热传递过程。

①形变热：轧辊间的压力使处于轧辊钳口的高聚物产生宏观放热效应，导致纤维网温度进一步上升。

②热传递：当纤维网进入轧辊组成的热轧粘合区域时，由于轧辊具有较高的温度，因此，热量将从轧辊表面传向纤维网表面，并逐渐传递到纤维网的内层。

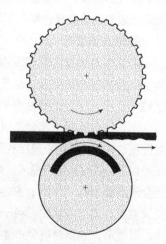
图 6-38　热轧粘合非织造工艺

（2）流动过程。在热轧粘合过程中，纤维网中部分纤维在温度和压力的作用下发生熔融，同时，还伴随着熔融的高聚物的流动过程。

（3）扩散过程。热轧粘合时，在熔融高聚物的流动过程中，同时存在着高聚物分子向相邻纤维表面的扩散，纤维熔融相互接触部分会产生扩散过程，扩散作用有利于形成良好的粘合。

（4）冷却过程。在冷却过程中，即热塑性纤维高分子结晶过程，纤维的微观结构将发生一定的变化，纤维的性能也必然会产生一定程度的变化。

热轧粘合根据其作用，可分为点粘合、面粘合、表面粘合三种加固方式。

2. 热熔粘合工艺

热熔粘合工艺是指利用烘房对混有热熔介质的纤维网进行加热，使纤网中的热熔纤维或热熔粉末受热熔融，熔融的聚合物流动并凝聚在纤维交叉点上，加压、冷却后纤维网得到粘合加固而成为非织造材料。图 6-39 所示为双帘网热风喷射式热熔烘房。在纤维网经过热风穿透式热粘合后，还经过一对热轧辊，在生产定量较大的厚型产品时，可控制产品所需厚度，或者使产品两面都比较光洁，起烫光作用。最后经自然冷却或用冷风、冷水辊强制冷却，再卷绕成布卷。

图 6-39　双帘网热风喷射式热熔烘房

与热轧粘合相似，热熔粘合工艺存在纤维网变形与热传递过程、流动过程、扩散过程、加压和冷却过程。

（1）纤维网变形与热传递过程。热熔粘合工艺中的传热与热轧粘合有所区别。热轧粘合时，轧辊热量主要通过传导和辐射施加到纤维网上，同时，由于轧辊钳口的压力作用，纤维网内部出现形变热。热熔粘合工艺主要是利用热空气穿透纤维网对热熔纤维进行加热，少数采用如红外辐射的加热方式。

（2）流动过程。热熔粘合时存在与热轧粘合相同的聚合物流动过程。在热熔粘合过程中，纤维网中部分纤维或热熔粉末在温度的作用下发生熔融，熔融的高聚物向纤维交叉点流动。

（3）扩散过程。热熔粘合时存在与热轧粘合相同的聚合物扩散过程。在熔融高聚物的流动过程中，同时存在高聚物分子向相接触的纤维表面的扩散过程，扩散作用有利于形成良好的粘合。

（4）加压和冷却过程。在热熔粘合过程中，纤维网离开烘房的热熔区域后应马上采用一对轧辊对纤维网加压，轧辊的机械作用可改善纤维网的粘合效果，同时提高产品的结构、尺寸的稳定性。

热熔粘合非织造材料广泛用于妇女卫生巾、婴儿尿片面料、过滤材料及复合增强材料、高蓬松回弹"海绵"材料等，产品的纤维网结构稳定，手感柔软、弹性好，生产过程中无三废现象。

3. 超声波粘合工艺

人类听觉上限频率约为 20 000 Hz，高于此频率的声波通常称为超声波，或称为超声。美国杰姆士·亨特机械公司在 20 世纪 70 年代后期研制成功了称为 Pinsonic 的超声波热粘合技术，该技术发展至今，已经可取代热粘合工艺，如生产叠层复合类非织造材料。

图 6-40 所示为超声波粘合的原理。超声波粘合的能量来自电能转换的机械振动能，换能器 3 将电能转换为 20 kHz 的高频机械振动，经过变幅杆 4 振动传递到传振器 5，振幅进一步

放大，达到 30 ～ 100 μm。在传振器的下方，安装有钢辊筒 6，其表面植入许多钢销钉。

超声波粘合时，被粘合的高分子聚合物纤维网或叠层材料（塑料膜）喂入传振器和辊筒之间形成的缝隙，纤维网或叠层材料在植入销钉的局部区域将受到一定的压力，在该区域内纤维网中的纤维材料受到超声波的激励作用，纤维内部高分子之间急剧摩擦而产生热量，当温度达到被粘合材料的熔点时，与销钉接触区域的纤维迅速熔融，在压力的作用下，该区域高分子聚合物材料发生流动、扩散过程，当纤维网与销钉脱开后，不再受到超声波的机理作用，纤维网或叠层材料冷却定型，形成良好的热粘合点。

图 6-41 所示为 Kuster 超声波热粘合复合设备，工作幅宽为 2.2 m，复合速度为 5 m/min，采用气缸加压，装机容量为 12 kW，配有 10 套超声波粘合单元。整套设备还设有退卷、张力控制和卷绕装置等。

图 6-40　超声波粘合的原理

1—超声波控制电源；2—高频电缆；3—换能器；
4—变幅杆；5—传振器；6—带销钉的钢辊筒

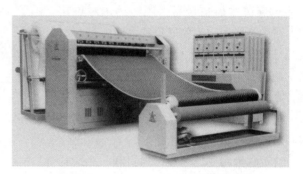

图 6-41　Kuster 超声波热粘合复合设备

◎ 拓展资源

非织造技术是一种新型的制造工艺，具有生产效率高、产品质量好、成本低等优点，广泛应用于汽车、医疗、建筑等领域。近年来，由于不断增长的需求推动，非织造行业已成为全球纺织业中成长最快、创新最活跃、备受关注的领域之一。非织造材料作为现代经济、社会发展所必不可少的新型材料，尽管其在我国的发展历史不长，但发展速度惊人，呈现出爆发式增长的趋势。目前，我国非织造材料的产量占全球总产量的 40% 以上，位居全球首位。我国也已成为全球最大的非织造材料生产国、消费国和贸易国。随着"健康中国"战略的升级，大健康产业已成为我国经济转型的新引擎之一。同时，对于当前中国的经济发展和产业升级，非织造技术的应用具有重要意义。非织造技术的发展与我国的现代化建设和创新精神有着密切的联系。非织造技术的出现和应用，体现了我国自主创新的能力和创新精神。在全球化和自由贸易的背景下，我国不断地提高了自身的产业竞争力，而自主创新是提升竞争力的关键。非织造技术的发展也证明了我国的科技水平和制造能力，为我国走向世界提供了新的支撑。其次，非织造技术的应用也反映出我国经济发展的方向和目标。当前，我国正处于从"制造大国"向"制造强国"的转型期，而非织造技术的应用体现了中国制造业向高端化、智能化、绿色化的方向发展。推广非织造技术，可以提高我国的产业附加值和产品质量，推动我国制造业的转型升级，提高中国制造的国际竞争力。最后，非织造技术的应用也有利于推动我国的可持续发展和环境保护。非织造技术的特点是原材料利用率高、能耗低、污染少，与传统制造工艺相比，可以大大减少对环境的影响。推广非织造技术，可以促进我国的资源节约型、环境友好型产业发展，实现经济效益和社会效益的双赢。因此，我们应该加强对非织造技术的研究和应用，为我国的现代化建设和创新发展提供更多的支撑；也应该积极参与推广非织造技术的过程，共同建设美丽中国。

习 / 题

在线答题

学 / 习 / 评 / 价 / 与 / 总 / 结

指标	评价内容	分值	自评	互评	教师
思维能力	能够从不同的角度提出问题，并解决问题	10			
自学能力	能够通过已有的知识经验来独立地获取新的知识和信息	10			
学习和技能目标	能够归纳总结本模块的知识点	10			
	能够根据本模块的实际情况对自己的学习方法进行调整和修改	10			
	能够掌握非织造布的概念和分类	10			
	能够掌握各种非织造生产技术原理和流程	10			
	能够熟悉非织造布纤维原料的种类和性能	10			
	能够了解不同成网、加固方式的原理和特点	10			
素养目标	能够具有精益求精的工匠精神，和分析问题、解决问题的能力	10			
	能够具有独立思考的能力、归纳能力、勤奋工作的态度	10			
总结					

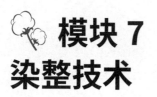

模块 7
染整技术

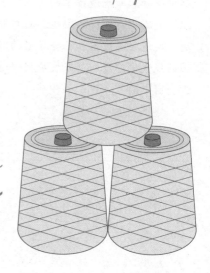

知识目标	1. 了解染整用水要求及水处理的方法； 2. 了解染整加工各工序中常用的加工设备； 3. 掌握常用产品前处理、染色、印花和后整理对应的加工流程及各工序的作用； 4. 掌握常用产品各工序中常用助剂作用、染料的选用等
知识难点	染整加工各工序中主要用剂与助剂的选择
推荐教学方式	采用任务式教学与线上线下相结合的混合式教学模式。学生通过接受学习任务，完成线上资源（PPT、视频等）等的学习，结合线下讲授与实践，掌握染整加工基本理论知识和技能
建议学时	8 学时
推荐学习方法	以学习任务为引领，通过线上资源掌握相关的理论知识和技能，结合课堂实践，完成对整加工基本理论知识和技能的掌握
技能目标	1. 能掌握常用织物染整加工各工序的作用及其加工工艺流程； 2. 能掌握常用染料与印染助剂的基本知识； 3. 能根据常用织物品种及用途等选择合适的工艺流程、染料和助剂
素质目标	1. 具有较强的问题分析判断及解决能力； 2. 具有良好的沟通交流能力； 3. 要体会我国科技人员的社会责任和担当； 4. 培养严谨求实的科研精神； 5. 树立环保和可持续发展理念

单元 7.1　染整加工生产概述

纺织品一般是由纺织材料经过纺纱、织造、染整等加工环节后，继而应用于服用领域、装饰用领域或产业用领域。其中，染整加工环节是整个纺织品生产环节中重要的一环。

纺织品的染整加工就是借助各种染整机械设备，通过物理机械的、化学的或物理化学的作用，对纺织品进行处理，赋予纺织品所需的外观及服用性能或其他特殊功能的

课件：染整加工
生产概述

视频：认识染整
生产的过程

加工过程，从而提高纺织品的附加值，美化人们的生活，满足各行业对纺织品不同性能的要求。

纺织品的染整加工主要包括前处理、染色、印花和后整理四大工序。

1. 前处理
主要是去除纺织品上的各种杂质，包括天然杂质及生产中人为引入的杂质，改善纺织品的性能，为后续工序提供合格的半制品。

2. 染色
通过染料和纺织纤维发生物理或化学的结合，使纺织品获得鲜艳、均匀和坚牢的色泽。

3. 印花
借助染料或颜料在纺织品上获得各种花纹图案的加工工艺过程。

4. 后整理
通过化学或物理机械的作用，改进纺织品的外观或形态稳定性，提高纺织品的服用性能或赋予纺织品阻燃、拒水、抗静电、抗菌防霉等特殊功能。

当前纺织品发展的总趋势是向精加工、深加工、高档次、多样化、装饰化、功能化等方向发展，并以增加纺织品的"附加值"为提高经济效益的手段。染整技术已围绕着全球竞争、小批量加工、生态平衡、应变市场和成本控制等主题而展开。目前主要在欧洲倡导应用的三 E 系统（Efficient 效能、Economy 经济、Ecology 生态）和清洁生产的四 R 原则（Reduction 内部减少、Recovery 回收、Reuse 回用、Recycle 循环）是世界染整工业技术发展的主流。

单元 7.2　染整用水与表面活性剂

7.2.1　染整用水及水的软化处理

1. 染整加工对水质的要求
在染整加工过程中，水是常用的溶剂和介质。印染加工对蒸汽和水的需求量较大。据统

计，印染厂每生产 1 km 棉印染织物，耗水量近 20 t，其中前处理用水约占 50%。水的品质不仅对前处理及其他工序制品的质量影响很大，而且还影响染化料、助剂的消耗，增加生产成本。

课件：染整用水与　　视频：认识染整用水
表面活性剂

印染厂要求水质无色、无味、透明，具体指标见表 7-1。

表 7-1　印染厂用水水质要求

水质项目	透明度	色度	pH 值	含铁量	含锰量	总硬度
指标	> 30	≤ 10	6.5 ～ 8.5	≤ 0.1	≤ 0.1	染液、皂洗用水 < 18 一般洗涤用水 < 180
单位	—	铂钴度	—	mg/L	mg/L	mg/L

天然水因来源不同而含有不同量的悬浮物和水溶性杂质。悬浮物可以通过静置、澄清或过滤等方法去除；水溶性杂质中最常见的是钙、镁的氯化物、硫酸盐及酸式碳酸盐等。含有较多可溶性钙、镁化合物的水称为硬水，它们含量的多少可以用硬度来表示。

硬水对于染整加工或锅炉都会造成不良后果。硬水遇到肥皂时会生成不溶性的钙皂、镁皂而沉积在织物上，不但造成肥皂的浪费，还会造成斑渍沾污织物，并影响织物的手感和光泽。硬水能使某些染料发生沉淀，不但浪费染料，还会造成色泽鲜艳度差和牢度下降，并易导致染色不匀等。锅炉中若使用硬水，能在锅体及炉管的内表面形成水垢，降低热传导率，浪费燃料，严重时还会由于导热不均匀，酿成锅炉爆炸事故。

在生产中，一般用于练漂、染色、印花后的水洗用水，只要水质洁净，接近中性，硬度在 180 mg/L 以下即可，而配制练、漂液的用水，应使用硬度低于 18 mg/L 的软水。

2. 水的软化处理

为了保证染整用水的质量，染厂会根据需要，采用适当的方法降低水中钙、镁等离子的含量，这一处理过程称为水的软化。软化方法大致有以下几种：

（1）化学软化法。化学软化法是在水中加入化学药品与水中钙、镁离子作用后，生成不溶性沉淀，使其从水中去除，或形成稳定的可溶性络合物，降低水的硬度。

①沉淀法。通常使用石灰和纯碱，使水中的钙离子形成 $CaCO_3$ 沉淀，镁离子形成 $Mg(OH)_2$ 沉淀，从而降低水的硬度，该法称为石灰—纯碱沉淀法。经处理后水呈碱性。在进行软化处理时，水中的铁、锰盐也可以转变成不溶性的氢氧化物沉淀而去除。

$$Ca^{2+} + CO_3^{2-} \rightarrow CaCO_3 \downarrow \qquad Mg^{2+} + 2OH^- \rightarrow Mg(OH)_2 \downarrow$$

磷酸三钠也是常用的软水剂，它能与硬水中的钙、镁离子作用，生成磷酸钙，磷酸镁沉淀，具有较好的软化效果。

$$3Ca^{2+} + 2PO_4^{3-} \rightarrow Ca_3(PO_4)_2 \downarrow \qquad 3Mg^{2+} + 2PO_4^{3-} \rightarrow Mg_3(PO_4)_2 \downarrow$$

②络合法。多聚磷酸钠如六偏磷酸钠，能与水中钙、镁离子形成稳定的水溶性的络合物，降低水的硬度。

$$Na_2[Na_4(PO_3)_6] + Ca^{2+} \rightarrow Na_2[Ca_2(PO_3)_6] + 4Na^+$$

用于络合法的软水剂效果最好的是有机膦酸钠，如羟基亚乙基二膦酸（HEDP）、氨基三亚甲膦酸（ATMP）。

化学软化法不需要专门设备，方法简单方便，经济实用。软水剂用量可根据水的硬度及用水量计算后定量施加。对于要求较高的软水，用化学法软化常有残余硬度，不能达到软化的目的。

（2）离子交换法。离子交换法是使用磺化煤或离子交换树脂等交换水中钙、镁等水溶性的离子，以降低水的硬度。目前，常用的为离子交换树脂，借助阳离子交换树脂的阳离子与水中的钙镁离子交换，以达到软化水的目的。

$$2R-SO_3Na + Ca^{2+} \rightarrow (R-SO_3)_2Ca + 2Na^+$$

离子交换树脂作用一段时间后软水效果会降低，此时，可使离子交换树脂再生：

$$(R-SO_3)_2Ca + 2Na^+ \rightarrow 2R-SO_3Na + Ca^{2+}$$

离子交换树脂具有机械强度较好，化学稳定性优良，交换效率高，使用周期长等特点，但价格较高，需用专门设备，并耗费动力及化学药剂，成本较高。锅炉用水对水质要求高，目前都使用阳离子交换树脂除去水中钙、镁离子。

7.2.2 表面活性剂

印染加工绝大多数在水溶液中进行。由于水具有较大的表面张力，使水溶液不能迅速良好地对纤维湿润、渗透，不利于印染加工的进行。为此，常在水中加入一种能降低水的表面张力的物质，这种物质就是表面活性剂，即只需加入少量就能显著地降低水的表面张力的一类物质。

视频：认识染助剂

从表面活性剂的分子结构来看，它们都具有一个共同的特征，即都是由亲水基和疏水基两部分组成的，如图 7-1 所示。

表面活性剂根据其溶于水所带电荷的情况，可分为离子型和非离子型两大类。离子型表面活性剂又可分为阴离子型、阳离子型和两性型三类，如图 7-2 所示。

图 7-1 表面活性剂分子结构特征示意

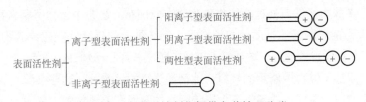

图 7-2 表面活性剂依据带电荷情况分类

在染整加工中，表面活性剂主要具有以下几种作用。

1. 湿润、渗透

湿润、渗透作用主要体现在表面活性剂降低液体表面张力后，有助于处理液中的染料，以及助剂通过纺织材料内部空隙向材料内部渗透，加速处理进程。

在生产中，常用的湿润、渗透剂有渗透剂 JFC、渗透剂 T、拉开粉 BX、渗透剂 5881、丝光渗透剂 MP 等。

2. 乳化、分散

乳化作用是将本不相溶的两种液体中的一种液体以极微小的液滴均匀地分散在另一种液体中，形成稳定的分散体系的过程，该分散体系称为乳状液或乳液。

分散作用是将不溶于液体的固体物质以极微小的颗粒均匀地分散在液体中，形成稳定的分散体系的过程，对应的体系称为分散液或悬浮液。

在生产中，乳化、分散作用可使本不溶于水的染料、助剂或杂质等在水溶液中形成均匀稳定的体系，避免其聚集沉淀，如分散染料染色时需要添加分散剂。

常用的乳化剂有平平加 O 系列、OP 系列、红油、EL、FH 等。常用的分散剂有分散剂 NNO、分散剂 CNF、分散剂 WA、分散剂 M-9 等，以阴离子型表面活性剂居多。

3. 增溶

增溶作用是指胶束或胶粒对疏水物质的溶解过程，即使本不溶于水的液体或固体以极小的微粒包裹在表面活性剂所形成的胶束中，形成类似透明的液体。如分散染料染涤纶时，分散剂的增溶作用对于染料的溶解具有重要的作用。

4. 洗涤作用

洗涤作用是表面活性剂润湿、渗透、乳化、分散等综合作用的结果。可以理解为在表面活性剂润湿、渗透、乳化、分散的作用下，污垢与织物之间的附着力减弱，在机械作用下，使得污垢从织物表面脱离，继而借助表面活性剂的乳化、分散、增溶作用，使污垢均匀稳定地悬浮在洗液中，加以除去。

染整加工洗涤剂品种有净洗剂 AS、AES、LS、105 等。

此外，表面活性剂还具有发泡、消泡作用，以及一些派生作用，如柔软作用、匀染作用、抗静电作用等。

单元 7.3 　前处理

从织机上下来的未经任何处理的织物称为原布或坯布。坯布中常含有相当数量的杂质，包括天然杂质和人为杂质。天然杂质，如棉纤维、麻纤维上的蜡状物质、果胶物质、含氮物质、矿物质和色素等，蚕丝里的丝胶，羊毛纤维中的羊脂、羊汗和植物性杂质等；人为杂质，如纺织加工过程中所用的浆料、油剂和沾染的污物等。这些杂质的存在，不仅影响织物色泽、手感，还会影响织物的吸湿和渗透性能，使织物着色不均匀、色泽不鲜艳，对染色的坚牢度也会造成一定程度的影响。

前处理是在尽量减少纺织品强力损失的条件下，去除纤维上的各种杂质及油污等，充分发挥纤维的优良品质，并使纺织品具有洁白、柔软及良好的润湿渗透性能，为染色、印花、整理等后续工序提供合格的半制品。

不同纤维、不同纱线、不同组织结构的织物，或同种材料，但不同用途的织物等，其前处理所采用的设备、助剂、工艺方法等也不尽相同。

课件：前处理

视频：棉织物前处理

7.3.1　棉织物的前处理

棉织物的前处理需要经烧毛、退浆、煮练、漂白和丝光等工序。除烧毛与丝光必须以平幅状态进行外，其他工序采用平幅或绳状均可，但厚织物及涤棉混纺织品仍以平幅加工为宜，以免产生折皱，影响印染加工。

1. 坯布准备

坯布准备是染整加工的第一道工序，包括坯布检验、翻布（分批、分箱、打印）、缝头，经分箱、缝头后的坯布送往烧毛车间或练漂车间。

（1）坯布检验。坯布在进行前处理之前都要经过检验，以便发现问题及时采取措施，保证印染成品的质量，避免不必要的损失。坯布检验内容包括物理指标检验和品质检验。物理指标检验包括坯布的长度、幅宽、平方米质量、密度、强力和经纬纱细度等；品质检验主要是指织造过程中所形成的疵病是否超标，这些疵病包括缺经、断纬、跳纱、油污纱、色纱织入、棉结、筘条、破洞等。另外，还要检查有无硬物，如织入的铜、铁等坚硬物质可能损坏染整设备的轧辊，并由此轧破织物，产生连续性破洞。

一般漂白布对坯布的油污，色布对坯布的棉结、筘条和稀密路要求较严，而花布由于其花纹对某些疵点有遮盖作用，外观疵点要求相对低一些。

坯布检验率一般在 10% 左右，可根据具体情况适当增减。

（2）翻布（分批、分箱、打印）。翻布是将织厂送来的布包（或散布）拆开，人工将每匹布翻平摆在堆布板上，把每匹布的两端拉出以便缝头，同时为便于生产和管理，常将相同规格和相同加工工艺的坯布划为一类加以分批分箱。

分批的原则主要是根据设备的容量、坯布的情况及后加工的要求而定，如煮布锅以煮布锅的容量为依据，绳状连续练漂加工以堆布池的容量为准，若采用平幅连续练漂加工，则以 10 箱为一批。

分箱的原则是根据布箱（布车）的容量、坯布组织和运输的便利性而定，一般为 60 ~ 80 匹一箱。为便于绳状双头加工，分箱数应为双数。卷染加工织物应使每箱布能分成若干整卷为宜（一般为 4 卷）。坯布分箱多采用人工翻布，翻布时将坯布包（或散布）拆开，将每匹布翻平摆放在堆布板或布车内，做到正反一致，同时拉出两个布头，并要求布边整齐。

为便于识别和管理，每箱布的两头（卷染布在每卷布的两头），打上印记，部位距离布头 10 ~ 20 cm 处，标明品种、工艺、类别、批号、箱号（卷染包括卷号）、日期、翻布人代号等。印油一般常用红车油与炭黑以（5 ~ 10）∶1 充分搅拌均匀、加热调制而成。

每箱布都附有一张分箱卡（卷染布每卷都有），注明织物的品种、批号、箱号（卷号），便于管理。

（3）缝头。下机织物的长度一般为 30 ~ 120 m，而印染厂的加工多是连续进行的。为了确保成批布连续地加工，必须将坯布加以缝接。缝头要求平整、坚牢、边齐，在两侧布边 1 ~ 3 cm 处还应加密防止开口、卷边和后加工时产生皱条。如发现纺织厂开剪歪斜，应撕掉布头后再缝头，防止织物纬斜。注意不能搞错织物的正、反面。

常用的缝接方法有环缝式和平缝式两种。环缝式最常用，卷染、印花、轧光、电光等织物必须采用环缝。箱与箱之间的布头连接都在机台前缝接，可采用平缝机缝制，但布头重叠，在卷染时易产生横档疵病，轧光时易损伤轧辊。

2. 烧毛

布面上的绒毛影响织物表面光洁程度，易从布面上脱落、积聚，给印染加工带来不利影响，如产生染色、印花疵病和堵塞管道等。

烧毛时，坯布以平幅状态迅速地通过烧毛机的火焰或迅速地擦过赤热的金属表面，此时布面上绒毛因快速升温至着火点而燃烧，而织物本身因结构比较紧密、厚实，升温较慢，当温度尚未达到着火点时已经离开了火焰或赤热的金属表面，从而既达到烧去绒毛的目的，又不损伤织物本身。

烧毛机的种类有气体烧毛机、圆筒烧毛机、铜板烧毛机等。目前使用最广泛的是气体烧毛机，其结构如图7-3所示。它的品种适应范围广，烧毛较均匀，火焰容易控制。

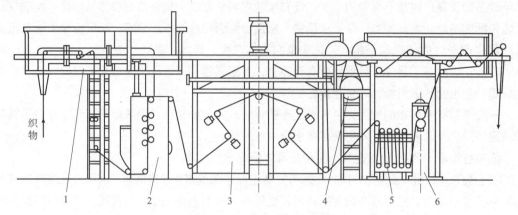

图7-3　气体烧毛机结构示意

1—吸尘风道；2—刷毛箱；3—气体烧毛机火口；4—冷水冷却辊；5—浸渍槽；6—轧液装置

3. 退浆

以单纱为经线的机织物，在织造前，经纱一般都要经过上浆处理，以提高其强力、耐磨性及光滑程度，从而减少经纱断头，提高生产效率和产品质量。但浆料的存在会沾污整工作液、耗费染化料，甚至会阻碍染化料与纤维的接触，影响印染加工的质量。因此，织物在染整加工之初必须经过退浆工序，尽可能地去除织物上的浆料。针织物在加工过程中，不需要对纱线进行上浆处理，故不需要进行退浆工序。

退浆时，可根据坯布品种、浆料组成、退浆要求和工厂设备等，选用适当的退浆方法。退浆后必须及时使用热水洗净，以防止浆料分解产物等杂质重新凝结在织物上。常用的退浆方法有碱退浆、酶退浆、酸退浆、氧化剂退浆等。

（1）碱退浆。热的稀烧碱溶液可以使各类浆料发生溶胀，使浆料与纤维的黏着变松，在机械作用下较易洗除大部分浆料，退浆率达 50% ~ 70%。另外，棉纤维中的含氮物质和果胶质等天然杂质经烧碱作用也可以发生部分分解而去除，对棉籽壳的去除作用也较大。

在棉印染厂有大量的稀碱液和废碱液，如丝光后的淡碱液和煮练后的废碱液等，均可用于碱退浆，故碱退浆成本较低，是目前印染厂使用最普遍的一种方法，可用于纯棉及其混纺织品，对绝大部分浆料都有去除作用。

碱退浆仅使浆料与织物黏着力降低，或提高浆料在水中的溶解度，并不能使浆料降解，所以碱退浆后必须水洗充分，洗液必须不断更换，以免浆料沾污织物。

（2）酶退浆。酶是一种生物催化剂，其作用快速，效率高，作用条件缓和，不需要高温、高压等剧烈条件。此法工艺简单、操作方便、浆料去除较完全，同时不损伤纤维。但酶具有作用专一性，一种酶只能催化一种或一类化学物质，如淀粉酶只能催化淀粉水解成糊精和低聚糖。同时，酶的活力会受到如温度、pH 值、活化剂等的影响。

（3）酸退浆。在适宜的条件下，稀硫酸能使淀粉等浆料发生一定程度的水解，转化为水溶性较大的产物而去除。但纤维素在酸性条件下也会发生水解，所以，采用酸退浆时应严格控制工艺条件，以减轻对棉纤维的损伤，最后充分水洗。

酸退浆一般很少单独使用，而常与酶退浆和碱退浆联合起来使用。除具有良好的退浆作用外，还能使棉籽壳膨化，去除部分矿物质，提高织物的白度。因此，酸退浆特别适用于含有杂质较多的棉织物。

（4）氧化剂退浆。在氧化剂的作用下，淀粉等各种浆料都会发生氧化、降解直至大分子链断裂，从而使其溶解度增大，经水洗后容易去除。用于退浆的氧化剂有双氧水、亚溴酸钠、过硫酸盐等。氧化剂退浆对浆料品种的适应范围广、速度快、效率高、质地均匀，退浆后织物手感柔软，同时，还具有一定的漂白作用。但在去除浆料的同时，其也会使纤维氧化降解，损伤棉织物。因此，一定要严格控制好氧化剂退浆的工艺条件。

4. 煮练

棉织物经过退浆后，大部分天然杂质（如蜡状物质、果胶物质、含氮物质、棉籽壳及部分油剂）和少量浆料还残留在织物上，使其布面较黄，吸湿渗透性差。为了使棉织物具有一定的吸水性和渗透性，有利于染整加工过程中染料助剂的吸附、扩散，因此，在退浆以后，还要经过煮练，以去除棉纤维中大部分的残留杂质。

烧碱是棉及棉型织物煮练的主要用剂，在一定的温度、时间作用下，可与织物上的各类杂质发生作用。如可使蜡状物质中的脂肪酸皂化生成脂肪酸钠盐，转化成乳化剂，使不易皂化的蜡质去除。另外，能使果胶物质和含氮物质水解成可溶性物质而去除。棉籽壳在碱煮过程中发生溶胀而变得松软易除。

为了加强煮练效果，还要加入一定量的表面活性剂、亚硫酸钠（或亚硫酸氢钠）、硅酸钠、磷酸钠等作为助剂。

表面活性剂能降低水的表面张力，起到润湿渗透、乳化、净洗等作用。在表面活性剂的作用下，煮练液容易渗透到织物内部，有助于杂质的去除，提高煮练效果。

亚硫酸钠能使木质素变成可溶性的木质素磺酸钠，所以有助于棉籽壳的去除。另外，因其具有还原性，可以防止棉纤维在高温带碱情况下被空气中的氧气氧化而受到损伤，还可以提高棉织物的白度。

硅酸钠俗称水玻璃或泡花碱，具有吸附煮练液中的铁质和棉纤维中杂质分解产物的能力，可防止在织物上产生锈斑或杂质分解产物的再沉积，有助于提高织物的吸水性和白度。水玻璃的用量不能过多，否则将影响织物的手感。

磷酸钠具有软水作用，可去除煮练液中的钙、镁离子，提高煮练效果，节省助剂用量。

棉布煮练按织物加工形式不同有绳状与平幅两种，两种加工形式中又有间歇式和连续式之分；按设备操作方式不同可分为煮布锅煮练、绳状连续汽蒸煮练、常压平幅汽蒸煮练、高温高压平幅连续汽蒸煮练和其他方式的煮练等。一般中薄棉织物适宜在绳状连续汽蒸煮练机上加工，厚型棉织物（如卡其、华达呢及涤棉混纺织品）在绳状加工时容易产生折皱与擦伤，影响成品质量，因而适宜在平幅煮练设备上加工。

5. 漂白

棉织物经过煮练后，大部分杂质被去除，吸水性有了很大改善，但纤维上还有天然色素存在，外观尚不够洁白，对于漂白织物及色泽鲜艳的浅色花布和色布，一般都要进行漂白，否则会影响染色或印花的色泽鲜艳度。

漂白的目的是在保证纤维不受到明显损伤的情况下，破坏天然色素，赋予织物必要和稳定的白度，同时去除煮练后残存的杂质，特别是棉籽壳。

目前，棉印染厂广泛使用过氧化氢作为漂白用剂，而亚氯酸钠多用于合成纤维及其混纺织物的漂白。通常将过氧化氢漂白简称为氧漂，亚氯酸钠漂白简称为亚漂。漂白加工时，必须严格控制好工艺条件，否则纤维可能会被氧化而受到严重损伤，甚至可能完全失去服用性能。

漂白方式有平幅、绳状，单头、双头，松式、紧式，连续、间歇之分，可根据织物的品种、使用的设备、后续工序对白度的要求等制定不同的漂白工艺。

（1）过氧化氢漂白。过氧化氢又称双氧水。用过氧化氢漂白的织物白度较好，色光纯正、储存时不易泛黄，适用范围广，对煮练的要求低，多用于高档棉织物的漂白，也广泛用于棉型织物的漂白。过氧化氢漂白成本较高，需要不锈钢设备，能源消耗较大。

过氧化氢漂白的方式比较灵活，可以连续化生产，也可以在间歇设备上生产；可以用汽蒸法漂白，也可以用冷漂；可以用绳状，也可以用平幅。

①平幅汽蒸法：是目前印染厂使用较多的方式。其工艺流程为轧过氧化氢漂液→汽蒸→水洗。此法连续化程度、自动化程度、劳动生产率都较高，工艺流程简单，且不污染环境。

②冷轧堆法：织物轧漂液后，立即打卷，用塑料膜包覆不使织物风干，在特定的设备上保持慢速旋转（5～7 r/min），以防止工作液积聚在布卷的下层，造成漂白不均匀。冬季适当通入一定量蒸汽，保持一定的温度，可提高漂白的均匀性和生产效率。其工艺流程为室温浸轧漂液→打卷→堆置（14～24 h，30 ℃左右）→充分水洗。此法虽然时间长，生产效率低，但比较灵活，适应多品种、小批量、多变化的要求。

除上述方法外，氧漂还可以采用卷染机漂白工艺。即在没有适当设备的情况下，对于小批量及厚重织物的氧漂，可在不锈钢的卷染机上进行。其工艺流程为冷洗1道→漂白8～10道（95 ℃～98 ℃）→热洗4道（70 ℃～80 ℃，两道后换水一次）→冷洗上卷。

过氧化氢漂白还可以在间歇式的绳状染色机、溢流染色机中进行。

（2）亚氯酸钠漂白。亚氯酸钠漂白的织物白度好、晶莹透亮、手感柔软、对纤维损伤小，同时兼有退浆和煮练功能，特别是对去除棉籽壳和低分子量的果胶物质有独特的功效，白度的稳定性也好。亚漂成本较高，对金属腐蚀性强，需用含钛金属材料或陶瓷材料。在亚漂过程中会产生 ClO_2 有毒气体，侵害人的呼吸道和眼黏膜，需要配备良好的防护设施，因此，在使用上受到了一定的限制，目前多用于涤棉混纺织物的漂白。

常用亚漂工艺与氧漂类似，可以采用平幅连续轧蒸法，工艺流程为轧漂液→汽蒸→水洗→脱氯→水洗。亚漂也可以根据设备情况采用冷漂工艺。

棉织物经过漂白后，白度得到大幅度的提高，但对白度要求高的织物（如漂白布、白地印花布等），还需要进行增白处理，以进一步提高织物的白度。

6. 开幅、轧水、烘燥

经过练漂加工后的绳状织物必须恢复到原来的平幅状态，才能进行丝光、染色、印花或整理。为此，必须通过开幅、轧水和烘燥工序，简称开轧烘。

（1）开幅。绳状织物扩展成平幅状态的工序叫作开幅，在开幅机上进行。开幅机有立式和卧式两种，卧式使用较多。开幅机的主要机构是快速回转的铜制打手和具有螺纹的扩幅辊。当绳状布匹经导布圈进至打手时，即被扩展成平幅，再经螺纹扩幅辊将布进一步展开。

（2）轧水。轧水是为了使织物含水均匀，提高烘干效率，节省蒸汽，并使织物平整，织物在烘干前，需要先经过轧水机轧水，轧水后的织物还含有 60% ～ 70% 的水分。

（3）烘燥。棉织物经过轧水后还含有一定量的水分，这些水分只能通过烘燥的方式才能去除。目前印染厂常用的烘燥设备有烘筒烘燥机、红外线烘燥机、热风烘燥机等，其中开轧烘工序一般采用烘筒烘干织物，常用的为立式烘筒烘燥机。

为了便于操作，开幅机、轧水机和烘筒烘燥机可以连接在一起，组成开轧烘联合机，但必须将三者的线速度调好，使其互相适应。

7. 丝光

棉纤维使用浓烧碱溶液浸透后，纤维产生不可逆的剧烈溶胀，其横截面由扁平的腰圆形转变为圆形，天然转曲消失，再辅以张力，阻止纤维收缩，纤维表面皱纹消除，纤维成为表面十分光滑的圆柱体，对光线的反射增强，从而提高织物的光泽效果。若在张力持续状态下水洗去碱，棉纤维溶胀时的形态就会保留下来，成为不可逆的溶胀，获得持久的光泽效果，这一工艺过程称为丝光。

丝光除提升织物的光泽外，使织物的强力、延伸度和尺寸及形态稳定性都得到了提高，同时，纤维的化学反应能力和对染料、助剂的吸附能力也有了提高，所以，棉织物的丝光是染整加工的重要工序之一。

影响丝光效果的主要因素是碱液的浓度、温度、作用时间、对织物所施加的张力和去碱效果。碱液浓度一般控制为 240 ～ 280 g/L，此浓度对织物光泽及改进染色性能都有较好的效果。如丝光的目的是提高染色时染料的上染率，则可将丝光碱液浓度控制为 150 ～ 180 g/L，称为半丝光工艺。目前多采用常温丝光，在轧碱槽外壁夹层中通以冷流水，使槽内碱液降温，保持一定温度。用时一般为 50 ～ 60 s 为宜，薄织物可适当缩短，厚重织物应稍延长。一般纬向施加的张力尽可能使织物达到坯布幅宽，甚至略微超过一点，经向张力控制在丝光前后织物无伸长或少伸长为佳。丝光时必须将织物上烧碱量冲洗降低至 7% 以下，才能够放松张力，否则织物仍将收缩，影响丝光效果。

棉织物的丝光按品种的不同，可以采用原布丝光、漂后丝光、漂前丝光、染后丝光等不同工序。对于某些不需要练漂加工的品种，如黑布，或一些单纯要求通过丝光处理以提高强度、降低断裂伸长的工业用布及门幅收缩较大，遇水易卷边的织物宜用原布丝光，但丝光不容易均匀。漂后丝光可以获得较好的丝光效果，纤维的脆损和绳状折痕少，是目前最常用的工序，但织物白度稍有降低。漂前丝光所得织物的白度及手感较好，但丝光效果不如漂后丝光。对某些容易擦伤或匀染性极差的品种可以采用染后丝光，染后丝光的织物表面无染料附着，色泽较均匀，但废碱液有颜色。

常用的丝光机有布铗丝光机（图 7-4）、弯辊丝光机和直辊丝光机三种。其中以布铗丝光机效果最好，应用最广泛。它又可分为单层和双层两种。后者有一定的局限性，已很少使用。单层布铗丝光机由前轧碱槽、绷布辊、后轧碱槽、布铗扩幅装置（包括冲水、淋洗和真空吸水装置），去碱箱、平洗机、烘筒烘燥机组成。布铗丝光机的优点是其伸幅装置易于调节对织物的伸幅控制程度，有较好的张力控制条件，并且伸幅时间长，冲洗去碱效率较高，因而能获得良好的丝光效果；主要缺点是设备占地面积大、辅助设备多、操作不当易产生破边、卷边和铗子印等疵病。

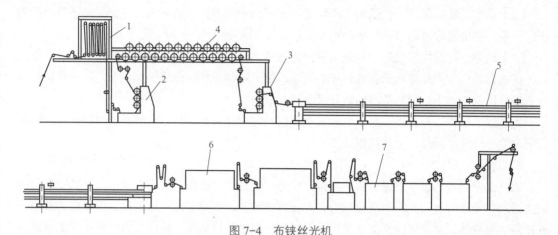

图7-4　布铗丝光机

1—透风装置；2、3—烧碱溶液平幅浸轧机；4—绷布辊；5—布铗链拉幅淋吸去碱装置；6—去碱蒸箱；7—平洗机

7.3.2　其他织物前处理

视频：其他织物前处理

1. 苎麻纤维的脱胶和苎麻织物的前处理

苎麻织物制成成衣后，具有穿着挺括、吸湿和散湿快、不贴身、透气、凉爽等特点，是制作夏季服装的良好面料，也是制作抽绣工艺品如床单、被罩、台布、窗帘的理想材料。

苎麻纺纱前必须将其韧皮中的胶质去除，使苎麻的单纤维相互分离，这一过程称为脱胶。苎麻纤维胶质的含量一般在15%以上，必须把胶质含量降低到2%左右，才能进行纺纱。织成织物后，视含杂质的情况和产品要求，再进行不同程度的练漂。

（1）苎麻纤维的脱胶。苎麻化学脱胶可分为预处理、碱液煮练和后处理三个阶段。其工艺流程：扎把→浸酸→冲洗→高压二次煮练→水洗→打纤→酸洗→冲洗。

预处理工艺主要包括拆包、扎把、浸酸等工序。碱液煮练工艺多数工厂采用高压二煮法工艺，即高温、高压下用碱液对苎麻进行两次处理。后处理工艺主要包括打纤、酸洗、水洗等。打纤又称敲麻，利用机械的槌击和水的喷洗作用，将已被碱液破坏的胶质从纤维表面清除，使纤维松散、柔软；酸洗是用硫酸中和纤维上的残余的碱液及去除纤维上残胶等，使纤维进一步松散、洁白。随后再洗去纤维上残留酸和残留胶质。

（2）苎麻织物的前处理。苎麻织物的练漂基本上与棉织物的前处理相似，由烧毛、退浆、煮练、漂白和半丝光等工序组成。苎麻纤维刚性大，毛羽较多，烧毛后可减少苎麻织物在服用中的刺痒感。必要时，半丝光前再进行第二次烧毛。由于苎麻纤维的结晶度和取向度明显高于棉纤维，本身已具有较好的光泽，强度高、延伸度低，用较高浓度碱处理，反而会降低织物的强度，并使手感粗硬。因此，苎麻织物一般用150～180 g/L烧碱溶液进行半丝光。通过半丝光可明显提高纤维对染料的吸附能力，从而提高染料的上染率。

2. 羊毛纤维的初加工及毛织物的前处理

（1）羊毛纤维的初加工。从绵羊身上的直接剪下来的羊毛称为原毛。原毛中含有大量的杂质，占原毛质量的 40% ~ 50%，主要是羊脂、羊汗、泥砂、污物及草籽、草屑等。原毛必须经过选毛、洗毛、炭化、漂白等初步加工，以获得符合毛纺生产要求的比较纯净的羊毛纤维。

为了合理地使用原料，工厂对进厂的原毛，根据工业用毛分级标准和产品的需要，将毛纤维人工分选成不同的品级，这一工序叫作选毛，也称为羊毛分级。

洗毛的主要目的是除去原毛中的羊脂、羊汗及沙土等杂质。洗毛质量如果得不到保证，将直接影响梳毛、纺纱及织造工序的顺利进行。洗毛工艺一般有皂碱法，合成洗涤剂纯碱法和溶剂洗毛法。

炭化是基于羊毛纤维和纤维素物质（植物性杂质的主要成分）对强无机酸具有不同的稳定性而实现的。在酸性条件下，使纤维素大分子降解；在烘干和焙烘阶段，酸浓度加大，纤维素脱水成为质脆的炭或水解纤维素，强度降低，再通过碾碎、除尘而除去。只要控制好工艺条件，羊毛本身并不会受到明显的损伤。

这些加工，可使原毛呈现原有的洁白、松散、柔软及较高的弹性等优良品质，保证纺织加工能顺利进行，如果加工产品为浅色或漂白品种，则羊毛还需要进行漂白加工。

（2）毛织物的前处理。毛织物的前处理包括洗呢、煮呢、缩呢、脱水及烘呢定幅等工序。

①洗呢。洗呢是利用表面活性剂对毛织物的润湿渗透、乳化和分散、洗涤等作用，再经过一定的机械挤压、揉搓作用，使织物上的污垢脱离织物并分散到洗涤液中加以去除。在洗呢过程中除要洗除污垢和杂质外，还要防止羊毛损伤，更好地发挥其固有的手感、光泽和弹性等特性，减小织物摩擦，防止呢面发毛或产生毡化现象。

②煮呢。煮呢是将呢坯浸入高温水浴中给予一定的张力定形，获得平整、挺括的外观和丰满柔软的手感。由于作用时间充分和煮呢后的冷却，其定形效果比较持久，可以防止在后续湿整理过程中呢坯产生组织歪斜、折痕、皱印等疵点，有利于提高产品质量。煮呢是精纺毛织物整理的重要工序，可以安排在洗呢前后或染色前后进行。

③缩呢。缩呢是指在水和表面活性剂作用下，毛织物经受反复挤压的湿处理，使织物变得结构紧密、手感柔软丰满、尺寸缩小、表面浮现一层致密绒毛的加工过程。缩呢后毛织物收缩，质地紧密、厚度增加，弹性及强力获得提高，保暖性增强，手感柔软丰满；表面产生一层绒毛，从而遮盖织物组织和某些织造疵点，改进织物外观，并获得丰满、柔软的手感。粗纺毛织物下机后呢坯结构疏松，手感僵硬，外观粗糙，缩呢前后呢坯外观变化较大，可达到规定的长度、幅宽和平方米质量等，是控制织物规格的重要工序。精纺织物一般不缩呢，少数需要呢面有轻微绒毛的品种，可进行轻度缩呢。

④脱水。脱水的目的是去除染色或湿整理后织物上的水分，便于运输和后续加工。

⑤烘呢。烘呢定幅的目的是烘干织物并保持适当的回潮率，同时，将织物幅宽拉伸到规定的要求。

3. 丝织物的前处理

蚕丝织物含有大量杂质，包括纤维本身固有的丝胶及油蜡、无机物、色素等，以及织造过程中加入的浆料、着色剂与染整加工前沾染的各种污渍等，通过前处理工序除杂后，可以得到光泽明亮、手感柔软、白度纯正、纹路清晰、渗透性好的成品或印染半制品。

丝织物前处理的主要工序是脱胶（精练）。桑蚕丝脱胶大多采用皂碱法，以肥皂作为主要精练剂，添加适量的纯碱、磷酸三钠、硅酸钠等碱剂作为助剂。

有时为了提高织物的白度，常在脱胶液中加入适量的漂白剂如保险粉、双氧水等，以破坏天然色素和着色剂。对白度要求高的织物及黄丝坯绸经脱胶后仍呈浅黄色的织物，需要进行漂白。丝织物常用双氧水进行漂白。

4. 化学纤维及其混纺、交织织物的前处理

化学纤维在制造过程中，已经过洗涤、去杂甚至漂白，因此比较洁净。但化学纤维织物在纺纱过程中可能要上油剂，在织造过程中要上浆，且可能沾上油污，因此，仍需要进行一定程度的前处理。为改善织物的服用性能，通常将化学纤维与天然纤维（或其他化学纤维）混纺，或纺成纱线后交织。对于混纺或交织织物的前处理，要充分考虑各组成纤维的性能及比例，互相兼顾，以达到良好的练漂效果。

（1）粘胶纤维织物的前处理。粘胶纤维因稳定性较差，湿强力低，容易变形，所以，染整加工的工艺条件应尽可能温和，尽量利用松式设备。粘胶纤维的练漂工序与棉织物基本相同。若浆料为淀粉，尽可能用酶退浆。粘胶纤维织物一般不需煮练，必要时可用少量纯碱及肥皂轻煮。如是化学浆，可采用退煮一步法。粘胶织物一般不需要漂白，若白度要求较高，可采用轻度的氧漂或亚漂，漂白方式与棉相同。因粘胶纤维织物光泽性较强，且耐碱性差，一般不需丝光。

（2）合成纤维织物的前处理。合成纤维织物的前处理主要是为了去除纤维在制造及纺纱过程中所施加的油剂、织造时黏附的油污及化学浆料等，使织物更加洁净。一般只需要经过退浆、煮练即可，不需要漂白。

以涤纶织物为例，可用肥皂、纯碱和硅酸钠溶液进行退浆、煮练，然后充分水洗。如需要漂白，可平幅浸轧双氧水漂液或亚氯酸钠漂液，然后汽蒸、水洗。锦纶耐氧化性较差，如需要漂白，可采用亚氯酸钠漂白。

（3）混纺、交织织物的前处理。

①涤棉混纺和交织织物的前处理。涤棉织物的前处理与纯棉织物基本相同，工序一般包括烧毛、退浆、煮练、漂白、丝光和热定形等。

涤棉混纺织物烧毛时，使用气体烧毛机，一般进行一正一反烧毛。为了获得良好的烧毛效果，涤纶烧毛必须采用高温快速的方法进行。

涤棉混纺织物的上浆剂，我国目前采用以聚乙烯醇为主的混合浆料，可采用热碱退浆或氧化剂退浆。

涤棉混纺织物必须通过煮练去除棉纤维中的天然杂质及涤纶上的油剂和低聚物。如涤棉混纺织物中棉的比例高，则烧碱用量适量增加。但烧碱对涤纶有一定的损伤，因此，应严格控制好工艺条件，同时，使用乳化分散能力强的表面活性剂。

涤棉混纺织物的漂白主要是去除棉纤维中的天然色素，故用于棉织物的各种漂白剂均可用于涤棉混纺织物的漂白，其漂白的工艺条件与棉织物基本相同，但漂白剂用量相对低一些，可以考虑利用二步法或一步法工艺。

如需要丝光，则参考棉织物的丝光工艺，考虑到涤纶不耐碱，故碱溶液浓度和去碱箱温度可低一些。

涤棉织物需要热定型处理，可参考纯涤纶织物的热定形工艺，但温度一般为 180 ℃ ～ 200 ℃。

②粘棉混纺及交织织物的前处理。粘棉织物的前处理工艺随两者的比例不同而不同，若棉成分高，则练漂工艺与棉织物相似，否则练漂条件应缓和一些。粘棉织物一般上淀粉浆，由于粘胶纤维对酸、碱稳定性差，所以多采用酶退浆。丝光时，由于粘胶纤维的耐碱性差，碱液浓度应适当降低。

7.3.3 新型前处理工艺

1. 高效短流程前处理

退浆、煮练、漂白三道工序是相互联系相互补充的。传统的三步法前处理工艺稳妥、重现性好，但机台多、投资高、占地多、耗能大、时间长、效率低，为降低能耗，提高生产效率，可以将三步法前处理工艺缩短为二步法或一步法工艺，称为短流程前处理工艺，是棉织物前处理的发展方向。

（1）二步法工艺一般包括两种方法：一是织物先经退浆，再经碱氧一浴法浴法煮漂，适用于含浆较重的纯棉厚重紧密织物；二是织物先经退煮一浴法处理，再经常规双氧水漂白，适用于对浆料不重的纯棉中薄织物及涤棉混纺织品。

（2）一步法工艺是将退浆、煮练、漂白三个工序并为一步，其中的汽蒸一步法工艺是用烧碱、双氧水作为主要用剂，选择性能优异的耐碱、耐高温的稳定剂及高效精练剂，通过高温汽蒸来实现的。此法对上染率高和含杂量大的纯棉厚重织物有一定的难度，较适合与涤棉混纺轻薄织物。冷堆一步法工艺就是在室温条件下的碱氧一浴法工艺。因温度较低，碱氧用量要比汽蒸工艺高出 50% ～ 100%，同时需要较长的堆置时间，以及充分的水洗，才能取得较好的效果。但由于作用温和，对纤维的损伤相对较小，因而，此工艺可广泛地运用于各种棉织物的退煮漂一浴一步法工艺。

2. 少碱（或无碱）前处理

少碱（或无碱）前处理工艺包括少碱（或无碱）冷轧堆前处理、少碱（或无碱）短蒸热浴前处理、少碱（或无碱）汽蒸前处理。

（1）少碱（或无碱）冷轧堆前处理工艺对纯棉、涤棉和棉粘织物前处理，都可满足半制品质量要求，其一般工艺流程为浸轧工作液→（室温，二浸二轧）→打卷→堆置→热水洗→碱洗→热水洗→冷水洗→烘干。

（2）少碱（或无碱）短蒸热浴前处理工艺适用于纯棉、涤/棉和涤/粘等织物，更适用于粘胶纤维及其混纺织品的前处理。其一般工艺流程为二浸二轧处理液→饱和蒸汽汽蒸→热水洗→碱洗→热水洗→冷水洗→烘干

（3）少碱（或无碱）汽蒸前处理工艺适用于纯棉府绸、纯棉纱卡、涤/棉线卡、棉/粘纱卡进行前处理，都可满足半制品质量要求。此工艺很适合现有的退煮漂设备。其一般工艺流程为浸轧工作液→汽蒸堆置→热水洗→水洗→常规氧漂→汽蒸→热水洗→冷水洗→烘干。

3. 生物酶前处理

生物酶在染整前处理中主要用于天然纤维织物的前处理，用生物酶去除纤维或织物上的杂质，为后续染整加工创造条件。生物酶退浆、精练等生物酶前处理技术，不但可以避免使用碱剂，而且生物酶作为一种生物催化剂，无毒无害，用量少，催化效率高，处理条件较温和。生产中产生的废水可生物降解，减少污染，节省能源消耗。生物酶前处理主要包括生物酶退浆、生物酶精练、生物酶漂白、生物酶丝光与水洗。

单元 7.4　染色

7.4.1　染色概述

1. 染色的定义和分类

染色是指通过染料和纺织纤维发生物理的或化学的结合，使纺织品获得鲜艳、均匀和坚牢色泽的工艺过程。

课件：染色

视频：染色的基本原理

根据染色加工对象的不同，染色方法主要可分为成衣染色、织物染色（主要分为机织物染色与针织物染色）、纱线染色（可分为绞纱染色、筒子纱染色、经轴纱染色和连续经纱染色）和散纤维染色四种。其中，织物染色应用最广，纱线染色多用于色织物与针织物，散纤维染色主要用于色纺织品。

染色方法主要可分为浸染和轧染两种。浸染是将纺织品反复浸渍在染液中，使织物和染液不断相互接触，经过一段时间将织物染上颜色的染色方法，适用于散纤维、纱线、针织物的染色。轧染是先把织物浸渍染液，然后使织物通过轧辊的压力，把染液均匀轧入织物内部，再经过汽蒸或焙烘处理，完成染料上染的染色方法，适用于大批量织物的染色。

2. 染料基本知识

（1）染料的概念。染料是指能够使纤维材料获得色泽的有色有机化合物。同时，作为染料，一般要具备以下四个条件：

视频：染色常用染料

①色度，即必须有一定浓度的颜色；

②上色能力，即能够与纤维材料有一定的结合力，称为亲和力或直接性；

③溶解性，即可以直接溶解在水中或借助化学作用溶解在水中；

④染色牢度，即染上的颜色必须有一定的耐久性（染色牢度），不容易褪色或变色。

有些有色物质不溶于水，对纤维没有亲和力，不能进入纤维内部，但能靠胶粘剂的作用机械地固着在织物上，这种物质称为颜料。颜料和分散剂、吸湿剂、水等进行研磨制得涂料，涂料可用于染色，但主要用于印花。

（2）染料的分类。染料的分类方法有以下两种：

①按应用分类。根据染料的性能和应用方法进行分类，主要有直接染料、活性染料、还原

染料、可溶性还原染料、硫化染料、硫化还原染料、不溶性偶氮染料、酸性染料、酸性媒染染料、酸性含媒染料，碱性及阳离子染料、分散染料、酞菁染料、氧化染料、缩聚染料等。它是生产中广泛采用的一种分类方法。

②按化学分类。根据染料的化学结构或其特性基团进行分类，主要有偶氮染料、蒽醌染料、靛类染料、三芳甲烷染料等几大类。

（3）染料的命名。国产的商品染料都采用三段命名法命名。第一段为冠首，表示染料的应用类别；第二段为色称，表示纺织品用标准方法染色后所呈现的色泽名称；第三段为尾注，用数字、字母表示染料的色光、染色性能、状态、用途、浓度等。

如染料 150% 活性艳红 M-8B，"活性"是冠首，表示活性染料；"艳红"是色称，表示染料在纺织品上染色后所呈现的颜色是鲜艳的红色；"150% 及 M-8B"是尾注，其中的"M"指 M 型活性染料，"B"指染料的色光是蓝的，"8B"偏蓝的程度，数据越大，偏蓝的程度越明显，说明这是一种蓝光很重的红色染料，"150%"表示染料的强度或力份，是唯一放在染料名称最前面的尾注。

（4）染色牢度。染色牢度是指染色产品在使用过程中或染色以后的加工过程中，在各种外界因素影响下，能保持原来颜色状态的能力（不易褪色、不易变色的能力）。染色牢度是衡量染色产品质量的重要指标之一。

染色牢度的种类很多，随染色产品的用途和后续加工工艺而定，主要有耐晒牢度、耐气候牢度、耐洗牢度、耐汗渍牢度、耐摩擦牢度、耐升华牢度，耐熨烫牢度、耐漂牢度、耐酸牢度、耐碱牢度等。另外，根据产品的特殊用途，还有耐海水牢度、耐烟熏牢度等。

（5）染料的选择。各种纤维各有其特性，应选用相应的染料进行染色。纤维素纤维（棉、麻、粘胶等）可采用直接染料、活性染料，还原染料、可溶性还原染料、硫化染料，硫化还原染料、不溶性偶氮染料等进行染色；蛋白质纤维（羊毛、蚕丝）和锦纶可采用酸性染料、酸性含媒染料；腈纶可采用阳离子染料染色；涤纶主要采用分散染料染色。

一种染料除主要用于某一类纤维的染色外，有时也可用于其他纤维的染色，如直接染料除纤维素纤维染色外，也可用于蚕丝的染色；活性染料除纤维素纤维染色外，也可用于羊毛、蚕丝和锦纶的染色；分散染料除染涤纶外，也可用于锦纶、腈纶的染色。除此之外，还要根据被染物的用途、染料助剂的成本、染料拼色要求及染色机械的性能来选择染料。

3. 光、色、拼色和计算机配色

（1）光、色与物体显色原理。光是波长在一定范围内的电磁波，通常所说的光为可见光。

不同的颜色是不同波长的可见光形成的，如一束白光通过三棱镜可折射出七彩光。颜色可分为彩色和非彩色两类。黑色、白色、灰色都是非彩色；红色、橙色、黄色、绿色、蓝色、紫色等为彩色。颜色有色相、明度和彩度三种基本属性。色相又称色调，表示颜色的种类，如红色、黄色等；

视频：物体显色机理

明度表示物体表面的明亮程度；彩度又称纯度或饱和度，表示色彩本身的强弱或彩色的纯度。

当一定量的某两束有色光叠加，若形成白光，则称这两种颜色的光互为补色光，这两种光的颜色互为补色。物体显色则是由于物体吸收了可见光中该颜色的补色造成的。

当光照射到物体上时，由于各种物体对入射光的反射、折射及吸收等作用不同，物体的反射光就不同，对人眼的刺激也不同，因而使人感受到不同的颜色。若可见光完全透过物体，则该物体是无色透明的；如可见光全部被物体吸收，则该物体是黑色的；如可见光全部被物体反射，则该物体是白色的；当各波段可见光被物体均匀地吸收一部分时，则该物体呈现灰色；当物体对不同波长的可见光产生选择性吸收时，则物体就呈现出被吸收光的补色，从而带有一定颜色的彩色。例如，物体选择吸收波长为 435 ~ 488 nm 的蓝色光波后，则物体就呈现蓝光的补色黄色。

（2）拼色。在印染加工中，为了获得一定的色调，常需要使用两种或两种以上的染料进行拼染，通常称为拼色或配色。一般来说，除白色外，其他颜色都可由黄色、品红色、青色三种颜色拼混而成。黄色、品红色、青色三种颜色称为拼色的三原色或称基本色，三者无法采用其他颜色拼混而成。用不同的原色相拼合，可得红色、绿色、蓝色三种颜色，称为二次色。用不同的二次色拼合，或以一种原色与黑色或灰色拼合，则所得的颜色称为三次色。它们的关系表示如下：

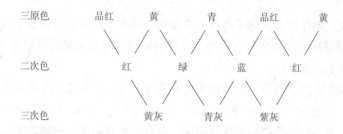

（3）计算机配色。纺织品染色需要依赖配色这一环节将染料的品种、数量与产品的色泽联系起来，这项工作长期以来均由专门的配色人员来完成。这种传统的配色方法不仅工作量大，而且费时、费料。随着色度学、测色仪及计算机的发展，开发出了计算机测色配色仪，实现了计算机配色。计算机配色具有速度快、效率高、试染次数少、提供处方多、经济效率高等优点，但染化料及纺织品质量必须相对稳定，染色工艺必须具有良好的重现性，作为体现色泽要求的标样不宜太小或太薄等。

4. 染色基本理论

按照现代染色理论的观点，染料之所以能够上染纤维，并在纤维上具有一定的牢度，主要是因为染料分子与纤维分子之间存在着各种引力的缘故，这种引力主要包括范德华力、氢键、库仑力、共价键等。由于染料和纤维不同，其染色原理和染色工艺差别较大。但就染色过程而言，大致可分为以下三个基本阶段：

（1）染料的吸附。当纺织品投入染浴以后，染料会自染液向纤维表面扩散，并上染到纤维表面，这个过程称为吸附。随着时间的延长，纤维上染料的浓度会逐渐增加，而染浴中的染料浓度逐渐减小，在一定的工艺条件下，最终会达到动态的平衡状态。

（2）染料的扩散。由于吸附在纤维表面的染料浓度大于纤维内部的染料浓度，促使染料由纤维表面向纤维内部扩散，直到纤维各部分染料浓度趋于一致。此时，染料的扩散破坏了最初建立的吸附平衡，染浴中的染料又会不断地吸附到纤维表面，吸附和解析再次达到平衡。

（3）染料在纤维中的固着。这个阶段是染料与纤维结合的过程，染料和纤维不同，结合的方式也各不同。

上述三个阶段在染色过程中往往是同时存在的，不能截然分开，只是在染色的某一段时间，某个过程占主导地位而已。

5. 染色方法

根据将染料施加于染物和使染料固着在纤维上的方式不同，染色方法可分为浸染（或称竭染）和轧染两种。

（1）浸染。将染物浸渍在染液中，经一定时间使染料上染纤维并固着在纤维上的染色方法，称为浸染。浸染时，染液和染物既可以同时循环，也可以只循环一种。浸染工艺适用于各种类型染物的染色，广泛用于散纤维，纱线、针织物、真丝织物、丝绒织物、毛织物、稀薄织物、网状织物等不能经受张力或压轧染物的染色。

浸染一般是间歇式生产，劳动生产率较低。浸染时，染物质量与染液体积之比叫作浴比。浸染时的染料用量一般用对纤维质量的百分数表示，称为染色浓度。例如，被染物 100 kg，浴比 1∶20，染色浓度为 2%，则染液体积为 2 000 L，所用染料质量为 2 kg。

（2）轧染。轧染是将织物在染液中经过短暂的浸渍后，随即用轧辊轧压，将染液挤入织物的组织空隙，并除去多余的染液，使染料均匀分布在织物上，染料在后续汽蒸或焙烘等处理过程中完成上染。

轧染一般是连续染色，染物所受张力较大，通常用于机织物的染色。丝束和纱线有时也用轧染染色。一般有一浸一轧、一浸二轧、二浸二轧或多浸多轧等形式，视织物、设备、染料等情况而定。若织物厚，渗透性差，染料用量高，则一般不宜用一浸一轧。

轧染时，浸轧后织物上带的染液占干布质量的百分率称为轧余率，通常为 30% ～ 100%。浸轧时，织物轧余率一般宜低一些。轧余率太高，将增加后续烘燥负担，并易造成染料泳移，即织物在浸轧染液以后的烘干过程中，染料随水分的移动而移动的现象，也就是染料分子随水分从含水高的地方向含水低的地方移动，造成染色不均匀。

6. 染色设备

染色设备是染色的必要手段。它们对于染色时染料的上染速度、匀染性、染料的利用率、染色操作、劳动强度、生产效率、能耗和染色成本等都有很大的影响。染色设备应具有良好的性能，应将被染物染匀、染透，同时尽量不损伤纤维或不影响纺织品的风格。

视频：染色常用设备

染色设备的种类很多，按被染物的状态不同，可分为散纤维染色设备、纱线染色设备、织物染色设备三类。

（1）散纤维染色机。所染材料的形态为散纤维、纤维条。大多采用吊框式染色机，染液循环，如图 7-5 所示。散纤维染色机是间歇式加工设备，换色方便，适用于小批量生产，主要用于混纺织物或交织物所用纤维的染色。

（2）纱线染色机。纱线根据其形状有绞纱（包括绞丝、绒线）、筒子纱、经轴纱等，纱线染色产品主要供色织用。纱线染色机根据加工产品的不同，可分为绞纱染色机、筒子纱染色机、经轴染纱机和连续染纱机。

毛线、绞丝的染色可采用绞纱染色机；涤纶及其混纺纱可采用高温、高压绞纱染色机；连续染纱机适宜大批量的低支数的纱、线或带的染色；筒子纱、经轴纱采用筒子纱染色机、经轴纱染色机，染色后可直接用于织造。图 7-6 所示为筒子纱染色机。

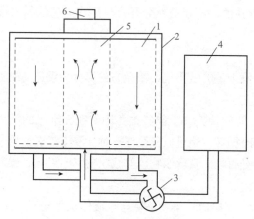
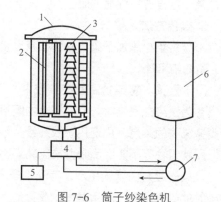

图 7-5　吊框式散纤维染色机

1—吊框；2—染槽；3—循环泵；

4—储液槽；5—中心管；6—槽盖

图 7-6　筒子纱染色机

1—染槽；2—筒子架；3—筒子纱；4—循环泵；

5—循环自动换向装置；6—储液槽；7—加液泵

（3）织物染色机。针织物染色时要求所受的张力小，大多以绳状的形式进行染色，也有少量的以平幅形式进行染色。常用的染色设备有绳状染色机（图 7-7）、溢流染色机（图 7-8）、喷射染色机（图 7-9）等绳状染色设备和经轴平幅染色机等。

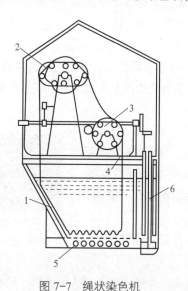
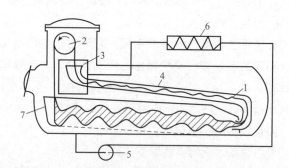

图 7-7　绳状染色机

1—染槽；2—主动导布辊；3—导辊；

4—分布档；5—蒸汽加热管；6—加液管

图 7-8　溢流染色机

1—织物；2—导辊；3—溢流口；4—输布管道；

5—循环泵；6—热交换器；7—浸渍槽

机织物染色的形状有绳状和平幅两种，相应地有绳状染色机和平幅染色机两类。绳状染色机和溢流染色机、气流染色机等绳状染色设备，均适用于机织物的染色，但一般用于稀薄、疏松及弹性好的织物，如毛织物和双绉、乔其纱等丝型产品的染色，容易产生折痕的机织物不宜在绳状染色机上进行染色。平幅染色机有星形架染色机、卷染机（图 7-10）、连续轧染机（图 7-11）等。卷染机是织物平幅浸染设备，常用于多品种、小批量棉或粘胶纤维织物的染色。连续轧染机生产效率高，但织物所受张力较大，多用于批量织物，如棉和涤棉混纺织物的染色加工。

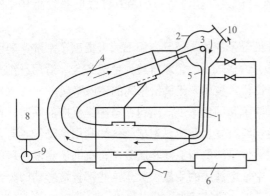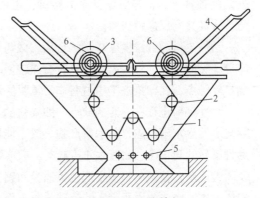

图 7-9　喷射染色机

1—织物；2—主缸；3—导辊；4—U 形染缸；5—喷嘴；
6—热交换器；7—循环泵；8—配料缸；9—加料泵；10—装卸口

图 7-10　卷染机

1—染缸；2—导布辊；3—卷布辊；4—卷布支架
5—蒸汽加热管；6—布卷

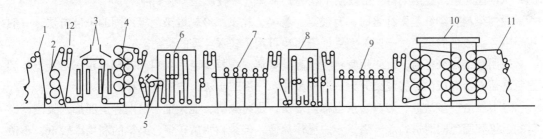

图 7-11　连续轧染机

1—进布架；2—三辊轧车；3—红外线预烘机；4—单柱烘筒；5—升降还原槽；6—还原蒸箱；7—氧化平洗槽；
8—皂煮蒸箱；9—皂洗、热洗、冷水槽；10—三柱烘筒；11—落布架；12—松紧调节架

7.4.2　常用染料染色

1. 直接染料染色

直接染料分子结构中含有水溶性基团，故一般能溶解于水，也有少数染料需要加一些纯碱帮助溶解，可以不依赖其他助剂而直接上染棉、麻、丝、毛和粘胶等纤维，所以称为直接染料。

直接染料色谱齐全、色泽较鲜艳、价格低、染色方法简便、染色均匀，但其水洗牢度差，日晒牢度欠佳。因此，除浅色外，直接染料染色一般都要进行固色处理。

直接染料可用于各种棉制品的染色，可采用浸染、卷染、轧染和轧卷染色，一般以浸染和卷染为主。

卷染工艺流程：卷轴→卷染→水洗（固色处理）→冷水上卷。

直接染料染纯粘胶纤维织物时，宜在松式绳状染色机或卷染机上进行染色，不宜采用轧染。由于粘胶存在皮芯结构，因此，染色温度应该比棉高，染色时间也应延长。

2. 活性染料染色

活性染料是水溶性染料，分子中含有一个或一个以上的活性基团（又称反应性基团），在一定的条件下，能与纤维素中的羟基、蛋白质纤维及锦纶纤维中的氨基和酰胺基发生化学结合，故其又称反应性染料。

活性染料与纤维发生化学结合后，成为纤维分子中的一部分，因而大大提高了水洗、皂洗牢度。除此之外，活性染料还具有制造较简单、价格较低、色泽鲜艳、色谱齐全、适用纤维范围广等优点，在印染加工中占有非常重要的地位，常被用来代替价格高的还原染料。

活性染料也存在一定的缺点，即染料的上染率和固色率低。染料在与纤维反应的同时，也能与水发生水解反应，其水解产物一般不能再与纤维发生反应，造成染料的利用率降低。有些活性染料的耐日晒、耐气候牢度较差；大多数活性染料的耐氯漂牢度较差；有的还会发生风印及断键现象，使被染物发生褪色等质量问题；中性电解质的用量很大。这些都直接影响印染织物的成本、水洗效果及废水的处理，给应用上带来一定的困难。

活性染料是由母体染料与活性基团经化学反应缩合而成的。目前，常用的活性染料有 X 型（普通型或称冷染型）、K 型（热固型）、KN 型（乙烯砜型）。另外，还有 M 型（含双活性基团）、KD 型（活性直接染料，主要用于丝绸）、P 型（磷酸酯型）等多种。

活性染料在染纤维素纤维时，有浸染、卷染、轧染、冷轧堆染色等不同的染色方法，一般用于中色、浅色的染色。一些新型活性染料也可用于较深色泽的染色。

采用浸染法染色时，宜采用直接性较高的染料。根据染色时染料和碱剂是否一浴及上染和固色是否一步完成，可将浸染分为一浴一步法、一浴二步法、二浴法三种方法。

（1）一浴一步法。一浴一步法也称全浴法，是将染料、促染剂、碱剂等全部加入染液，染料的上染和固色同时进行。一浴一步法操作简便，但染料水解较多，染料的利用率较低，不适用于续缸染色。

（2）一浴二步法。一浴二步法是先在中性浴中染色，待染色一定时间，染料充分吸附和扩散后，再加入碱剂固色。加入碱剂后，由于破坏了原有平衡，染料上染率提高。该方法主要适用于小批量、多品种的染色，染料吸尽率较高，被染物牢度较好。

（3）二浴法。二浴法是先在中性浴染色，染色一定时间后，再在碱性浴中固色。由于上染和固色是在两个浴中分别进行，染料水解较少，可续缸染色，染料利用率高。

以一浴二步法为例，活性染料染色工艺流程：染色→固色→水洗→皂洗→水洗→烘干。

活性染料卷染一般采用一浴二步法染色。X 型、M 型和 KN 型染料较适用于卷染，可采用较低温度染色，对节约能源有利。轧染有一浴法和二浴法。冷轧堆染色染料可采用 X 型、K 型、KN 型、M 型等。其工艺流程为浸轧染液→打卷堆置→后处理（水洗、皂洗、水洗、烘干）。

3. 还原染料染色

还原染料（商品名为士林染料）不溶于水，染色时要在碱性的还原液中还原溶解成为隐色体钠盐才能上染纤维，再经氧化后，使其重新转变为原来的色淀固着在纤维上。

还原染料色谱较全，色泽鲜艳，耐晒、耐洗牢度为其他染料所不及，但价格较高，红色品种较少，染浓色时摩擦牢度较差，某些黄色、橙色染料对棉纤维有光敏脆损现象，因而使用受到一定的限制。

还原染料染色可采用浸染、卷染、轧染，主要的染色过程都包括染料的还原溶解、隐色体的上染、隐色体的氧化及皂煮后处理四大工序。还原染料的染色方法按染料上染的形式不同主要可分为隐色体染色法及悬浮体轧染法两种。

隐色体染色法流程为还原染料：隐色体→隐色体上染→氧化→皂洗。

悬浮体轧染法的工艺流程：浸轧染料悬浮体→（烘干）→浸轧还原液→汽蒸→水洗→氧化→皂煮→水洗→烘干。

悬浮体轧染法对染料的适应性强，不受染料还原性能差别的限制，可用于具有不同还原性能的染料拼色，具有较好的匀染性和透染性，可改善白芯现象，特别适用于紧密厚实织物的染色。但设备投资大，不适宜小批量的生产。

4. 可溶性还原染料染色

可溶性还原染料又称暂溶性还原染料或印地科素染料，多数由还原染料衍生而来。可溶性还原染料可溶于水，对纤维素纤维有一定的亲和力，染料的扩散性及匀染性较好，摩擦牢度高，日晒、水洗及耐汗渍牢度较好。对纤维素纤维和蛋白质纤维都能上染，一般只用于染中、浅色。染色方法主要有卷染和轧染两种。

卷染的工艺流程：染色→显色→水洗→中和→皂煮→水洗。

轧染的工艺流程：浸轧染液→烘干（或透风）→显色（浸轧显色液→透风）→水洗→中和→皂煮→水洗→烘干。

可溶性还原染料染色分两步进行：第一步是织物浸入染液后，染料被吸附并扩散到纤维内部；第二步是染料上染纤维后，在酸性氧化液中产生水解和氧化，完成染料在纤维上的固着，这个过程称为显色。

5. 硫化及硫化还原染料染色

硫化染料中含有硫，它不能直接溶解在水中，但能溶解在硫化碱中，所以称为硫化染料。硫化染料制造简单，价格低，染色工艺简单，拼色方便，染色牢度较好，但色谱不全，主要以蓝色及黑色为主，色泽不鲜艳，对纤维有脆损作用。一般适用于中、低档产品的染色，染色方法有浸染、卷染、轧染。

染色过程可分为染料还原成隐色体、染料隐色体上染、氧化处理及净洗、防脆或固色处理四个阶段。

卷染的工艺流程：制备染液→染色→水洗→氧化→水洗→皂洗→水洗（→固色或防脆处理）。

轧染的工艺流程：浸轧染液→湿蒸（→还原汽蒸）→水洗→（酸洗）→氧化→水洗→皂洗→水洗→（固色或防脆）→烘干。

硫化还原染料（又称海昌染料），是较高级的硫化染料，大多采用浸染和卷染，染色方法与硫化染料和还原染料都有相同之处，主要有烧碱—保险粉法、硫化碱—保险粉法两种。前一种方法染浴中烧碱浓度较高，不加盐促染，65 ℃左右染色；后一种方法成本较低，但色泽鲜艳度较差，染色时可将织物先在加有染料、硫化碱和烧碱的染料中沸染一定时间，然后降温至 60 ℃ ～ 70 ℃，加入保险粉，续染 20 ～ 25 min，然后进行后处理。

6. 酸性染料染色

酸性染料分子中含有磺酸基和羧基等酸性基团，其钠盐极易溶于水，在水溶液中电离成染料阴离子，能在强酸性、弱酸性或中性浴液中直接上染蛋白质纤维和聚酰胺纤维。根据染料的化学结构、染色性能、染色工艺条件的不同，酸性染料可分为强酸性浴、弱酸性浴和中性浴染色的酸性染料。

强酸性浴染料要求在强酸性条件下染色，颜色鲜艳，被染物的湿处理牢度较低，一般用于中色、浅色羊毛产品的染色；弱酸性浴染料一般在弱酸性条件下染色，染物的湿处理牢度比强酸性浴染料高，用于羊毛、蚕丝、锦纶的染色；中性浴酸性染料，在中性或弱酸性的条件下即可上染蛋白质纤维。

酸性染料色泽鲜艳，色谱齐全，染色工艺简便，易于拼色。

强酸性浴染料染羊毛时，染色工艺过程：染物于 30 ℃ ～ 50 ℃ 入染，以每 1 ～ 1.5 min 升温 1 ℃ 的速率升温至沸，再沸染 45 ～ 75 min，然后水洗烘干。

弱酸性浴、中性浴染料染羊毛时，染色工艺过程：染物于 50 ℃ ～ 60 ℃ 入染，以每 1.5 min 升温 1 ℃ 的速率升温至 70 ℃，再以每 2 ～ 4 min 升温 1 ℃ 的速率升温至沸。再沸染 45 ～ 75 min，然后水洗。

强酸性浴染料染色时，采用硫酸或甲酸作为 pH 值调节剂，染浴 pH 值为 2 ～ 4；弱酸性浴染料染色时，采用醋酸作为 pH 值调节剂，染浴 pH 值为 4 ～ 6；中性浴染料染色时，采用硫酸铵或醋酸铵作为 pH 值调节剂，染浴 pH 值为 6 ～ 7。

7. 分散染料染色

分散染料是一类分子较小，结构简单，不含水溶性基团的非离子型染料，所以，其难溶于水，染色时需要借助分散剂的作用，使其以细小的颗粒状态均匀地分散在染液中，故称为分散染料。根据分散染料上染性能和升华牢度的不同，分散染料一般可分为高温型（S 型或 H 型）、中温型（SE 型或 M 型）和低温型（E 型）三种。

分散染料色谱齐全，品种繁多，遮盖性能好，用途广泛，目前主要用于涤纶的染色。染色方法有高温高压染色法、载体染色法和热熔染色法等。

高温高压法是涤纶织物主要的染色方法。涤纶针织物可以在溢流染色机或喷射染色机中染色，而涤纶机织物可用高温高压卷染机染色。高温高压法得色鲜艳、匀透，可染制浓色，织物手感柔软，适用的染料品种比较广，染料利用率较高，但它是间歇生产，生产效率较低，需要压力染色设备。

以溢流染色机染色为例，其染色过程为 55 ℃ ～ 60 ℃ 起染，30 min 升温至 130 ℃，染 40 ～ 60 min，水洗，皂洗，水洗，必要时在染色后要进一步还原清洗。

8. 阳离子染料染色

阳离子染料是在染液中能电离生成色素阳离子的一类染料，是腈纶的专用染料。腈纶用阳离子染料，色谱齐全、色泽鲜艳、上染百分率高、给色量好，湿处理牢度和耐晒牢度比较高，但匀染性较差，特别是染淡色时。

阳离子染料腈纶染色，包括腈纶散纤维、长丝束、毛条、膨体针织绒、绒线、粗纺毛毯等。散纤维、长丝束、腈纶条可在散毛染色机中染色，长丝束、腈纶条还可以在连续轧染机上染色，腈纶织物可在绳状染色机、经轴染色机、卷染机上染色。

以腈纶纯纺产品浸染法染色为例，其染色过程从 50 ℃ ～ 60 ℃ 开始染色，加热升温至 70 ℃ 以后，以每分钟升温 1 ℃ 左右的速率升温至沸，根据色泽和染物的形式沸染 0.5 ～ 2 h，缓慢冷却（1 ～ 2 ℃/min）至 50 ℃，然后进行水洗等后处理。

单元 7.5　印花

7.5.1　印花概述

1. 印花

印花是借助印花原糊的载体作用，使染料或颜料在织物上印制成花纹图案的加工过程。其对象主要是织物，也可以是裁剪好的衣片、加工好的成衣等。印花加工过程包括图案设计、印花工艺选择、花筒雕刻或制版（网）、仿色打样、色浆调制、花纹印制、后处理（蒸化和水洗）等工序。

课件：印花

印花按工艺可分为直接印花、拔染印花、防染印花和防印印花；按印花设备可分为滚筒印花、筛网印花、转移印花和数码印花。

2. 印花工艺

（1）直接印花。直接印花是在白色或浅色织物上将各种颜色的印花色浆直接印制在织物上（色浆不与地色染料反应），从而获得花纹图案的印花方法。其特点是工艺简单、成本低，适用于各种染料。一般来说，只要能满足花型的原样精神，尽量采用这种印花工艺。目前，织物印花中有

视频：印花常用方法

80%～90% 采用此法。

（2）拔染印花。拔染印花是在织物上先进行染色后进行印花的加工方法。印花色浆中含有一种能破坏地色染料发色的化学物质（称为拔染剂），经后处理，印花之处的地色染料被破坏，再经洗涤去除浆料和破坏了的染料，印花处呈白色，称为拔白印花；在含有拔染剂的印花色浆中，加入不被拔染剂破坏的染料，印花时在破坏地色染料的同时使色浆中的染料上染，称为色拔印花。拔染印花能获得地色丰满、花纹细致精密、轮廓清晰，色彩鲜艳的效果。但地色染料需要进行选择，印花工艺流程长且工艺复杂，设备占地多，成本高，多用于高档的印花织物。

（3）防染印花。防染印花是先印花后染色的加工方法。印花色浆中含有能破坏或阻止地色染料上染的化学物质（称为防染剂）。防染剂在花型部位阻止了地色染料的上染，织物经洗涤后，印花处呈白色花纹的工艺称为防白印花；若印花色浆还含有不能被防染剂破坏的染料，在地色染料上染的同时，色浆中的染料上染印花之处，使印花处着色的称为色防印花。防染印花所得的花纹一般不及拔染印花精细，但适用的地色染料品种较前者多，印花工艺流程也较拔染印花短。

（4）防印印花。防印印花又称防浆印花，是在印花机上通过罩印地色进行，即先印花型，再印地色，一般在最后一套色印地色。防印印花地色的色谱不受限制，丰富了印花地色的花色品种，还可以省去染地色的工序，并可避免由于防染剂落入染色液而产生的疵病。防印印花可获得轮廓完整、线条清晰的花纹。但在印制大面积地色时，其所得地色不如防染印花丰满。

选择印花工艺应根据织物类型、染料性质、印花效果、生产成本、产品质量要求等方面进行综合考虑。

3. 印花设备

（1）滚筒印花。滚筒印花机是将花纹雕刻成凹纹于铜辊上，将色浆藏纳于凹纹内并施加到织物上，所以又称铜辊印花机，如图7-12所示。

视频：印花常用设备

承压辊筒1周围包有毛衬布层2、环状橡胶毯3、衬布4，它们在承压辊筒周围形成一层有弹性的软垫。印花时，给浆辊7将色浆槽8中的色浆传递给印花辊6，经除色浆刮刀9作用将印花辊6表面的色浆刮除，使得色浆藏于印花辊的凹槽内。由于印花辊6紧压在承压辊筒1上，有弹性的软垫促使织物压到印花辊的凹纹部分，从而使凹纹内的色浆转移到织物的表面实现印花。衬布4的作用是吸收透过织物的多余色浆，有些印花机也可不用衬布进行印花。当色浆转移到织物上后，随即用一把铜质小刀10清除铜辊表面，去除黏附在铜辊表面的纤维毛，防止其被带入色浆，造成刀线或拖浆疵病。

滚筒印花机的主要特点是印制花纹轮廓清晰、线条精细、层次丰富、生产效率高、生产成本较低、适用于大批量的生产。但印花套色数、花型大小等受到限制，色泽不够浓艳，劳动强度高，衬布消耗多，机械张力大，不适宜轻薄织物、针织物的印花及小批量的印花。因此，该设备利用率呈逐年下降趋势。

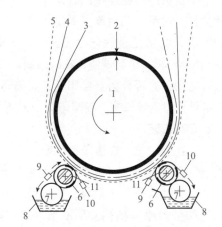

图7-12　滚筒印花机（两套色）示意

1—承压辊筒；2—毛衬布层；3—环状橡胶毯；4—衬布；
5—印花布；6—印花辊；7—给浆辊；8—色浆槽；
9—除色浆刮刀；10—小刀；11—印花辊芯子

（2）筛网印花。筛网印花是以筛网为印花工具，将花纹刻在筛网上，使有花纹的地方筛网的网眼镂空，而没有花纹图案的地方，网眼全部涂没，印花时色浆从网眼处通过而被印制在材料上。筛网印花是目前应用较为普遍的印花方法，可分为平网印花与圆网印花两种。

①平网印花。平网印花即筛网为平面状，其特点是印花灵活性强，设备投资较少，对花型大小及套色限制较少，花纹色泽浓艳，印花时织物所受张力小，印制织物品种适应性广，特别适用于针织物、丝织物、毛织物、床单及装饰织物的生产。但其生产效率较低，适用于小批量、多品种的生产。

平网印花机有三种类型，即手工平网印花机（手工台板）、半自动平网印花机和自动平网印花机（图7-13）。

②圆网印花。圆网印花即筛网做成圆形，按圆网排列的不同，可分为立式、卧式和放射式三种。国内外应用最普遍的是卧式圆网印花机，如图7-14所示，由进布、印花、烘干和出布等装置组成。其基本构成与全自动平网印花机相似，不同之处在于把平版筛网改成圆筒形镍网。印花时，色浆经圆网内部的刮浆刀的挤压而透过网孔印到织物上。印花后，织物进入烘干

设备，经热风烘干后的织物，即用正确的速度以适当的张力从烘干部分送出。最后将织物折叠或打卷。

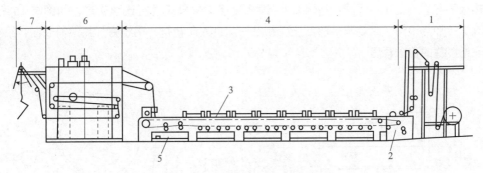

图 7-13　自动平网印花机示意

1—进布装置；2—导带上浆装置；3—筛网框架；4—筛网印花部分；
5—导带水洗装置；6—烘干设备；7—出布装置

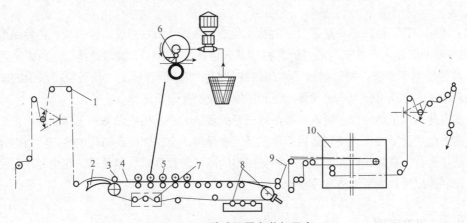

图 7-14　卧式圆网印花机示意

1—进布装置；2—预热板；3—压布辊；4—印花导带；5—圆网；6—刮刀；
7—导带整位装置；8—导带清洗装置；9—烘房输送网；10—烘燥机

　　圆网印花机具有筛网轻巧、操作方便、劳动强度低、生产效率高、套色数限制小等优点。由于加工是在无张力下进行的，故其适宜印制易变形的织物和宽幅织物，无须衬布。在印制精细线条时效果还不十分理想，对云纹、雪花等结构的花型受到一定的限制。花型在织物长度方向的大小也受到圆网周长的限制。

　　（3）转移印花。转移印花是先将染料印在转印纸上，而后在一定温度和压力条件下使转印纸上的染料转移到织物上的印花方法。利用热量使染料从转印纸上升华而转移到织物上的方法称为升华转移法。利用在一定温度、压力和溶剂的作用下，使染料从转印纸上剥离而转移到织物上去的方法称为湿转移法。湿转移法由于要消耗大量有机溶剂，实际中很少使用。目前常用的转移印花法是利用分散染料的升华性质的气相转移印花法，主要用于涤纶织物的印花。

　　转移印花的图案丰富多彩，花型逼真、细致，加工过程简单，操作容易，适用于各种厚薄织物的印花。无须水洗、蒸化、烘干等工序。因此，其是一种节能、无污染的印花方法。

转移印花的设备有平板热压机、连续转移印花机和真空连续转移印花机。

平板热压机是间歇式设备，如图7-15所示，转移时织物与转移印花纸正面相贴放在平台上，热板下压，一定时间后热板升起；连续式转移印花机能进行连续生产，如图7-16所示，机上有旋转加热滚筒，织物与转移纸正面相贴一起进入印花机，围绕在加热滚筒表面，织物外面用一无接缝的毯子紧压。

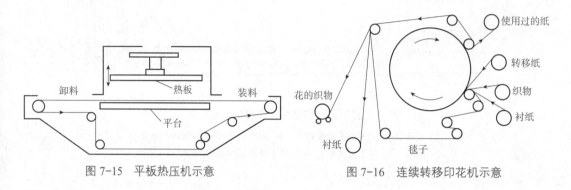

图7-15　平板热压机示意　　　　　图7-16　连续转移印花机示意

（4）数码印花。数码印花是通过各种数字化输入手段（如扫描仪、数码相机传输的数字图像），把所需图案输入计算机，经过计算机印花分色系统（CAD）编辑处理后，再由专用软件驱动芯片控制喷印系统，将染料直接喷印到各种织物或其他介质上，从而获得所需的印花产品。按其印花的原理可分为连续喷墨印花和按需滴液喷墨印花两种。

数码印花省却了制胶片、制网、雕刻等一系列复杂工序及相应设备，工序简单，工艺自动化程度高，生产灵活性强，特别适用于小批量、多品种、个性化、及时化的生产。通过计算机能很方便地设计，核对花样和图案，并不受图案的颜色套数限制。但数码印花机存在着设备投资大、印制速度慢、油墨价格高等缺点。

7.5.2　印花原糊

染色和染料印花虽然在染料的上染机理方面是相同的，但却不能简单地将染料的水溶液直接用于印花。在印花过程中，必须在染液中加入增稠性糊料，染料才能借助该糊料在织物上形成五彩缤纷的花纹图案。印花原糊是由亲水性高分子化合物制成的，可分为天然高分子化合物及其衍生物、合成高分子化合物、无机化合物、乳化糊四大类。

原糊在印花过程中具有以下作用：一是使印花色浆具有一定的黏度和一定的黏着力，以保证花纹轮廓的光洁度；二是原糊作为染料和助剂的分散介质与稀释剂，作为染料的传递剂，起到载体的作用；三是作为汽蒸时的吸湿剂、润湿剂、染料的稳定剂和保护胶体。

糊料的种类很多，其性能各不同，不同的染料要选用不同的糊料进行印花，以达到最佳的印制效果和最优的经济效益。

1. 淀粉及其衍生物

淀粉主要有小麦淀粉和玉米淀粉。淀粉难溶于水，在煮糊过程中，发生溶胀、膨化而成糊。

淀粉原糊的主要特点是煮糊方便，成糊率和给色量都较高，印制花纹轮廓清晰，蒸化时无渗化，不黏附烘筒。淀粉原糊也存在渗透性差、洗涤性差、手感较硬、不耐强酸强碱、大面积印花时给色均匀性不理想等缺点，主要用于不溶性偶氮染料、可溶性还原染料的印花原糊，对活性染料印花不适用。

糊精和印染胶均是淀粉加热焙炒后的裂解产物。例如，将淀粉经 180 ℃ 炒焙，加稀酸处理得到黄糊精；在 120 ℃ ～ 130 ℃ 经稀酸处理淀粉水解，最后加以中和制得白糊精。淀粉经 200 ℃ ～ 270 ℃ 的高温裂解，所得产品称为印染胶。用糊精和印染胶制得的原糊，印透性较好，印制花纹均匀，吸湿性较强，易于洗涤，耐强碱，但成糊率低，表面给色量低，且具有还原性，蒸化时易渗化，一般常与淀粉糊拼混，互相取长补短，用于还原染料印花的糊料。

淀粉衍生物是采用适当的试剂使淀粉进行醚化和酯化而得到的产物。如羧甲基淀粉，其原糊配制的色浆匀染性和渗透性较好，浆膜比较柔软，也易于洗涤，适用于阴离子染料印花，取代度高的产品可用于活性染料印花。

2. 海藻酸钠

海藻酸钠又称海藻胶，由海水中生长的马尾藻中提取海藻酸，经烧碱处理即可得到海藻酸钠。使用时，将海藻酸钠（6% ～ 8%）在搅拌下慢慢加入六偏磷酸钠，充分搅拌至无颗粒为止，加足水量，再用纯碱调节 pH 值至 7 ～ 8，过滤备用。

硬水中的钙、镁离子能使海藻酸钠糊生成海藻酸钙或海藻酸镁沉淀，既大大降低了羧酸的阴电荷性，也降低了原糊分子与染料间相互排斥的作用，降低了染料给色量。海藻酸钠遇重金属离子会析出凝胶。故在原糊调制时，加入 0.5% 六偏磷酸钠，以络合重金属离子并软化水。

海藻酸钠糊具有流动性和渗透性好，得色均匀，易洗除，不黏花筒和刮刀，手感柔软，可塑性好，印制花纹轮廓清晰，制糊方便等优点。海藻酸钠在 pH 值为 6 ～ 11 较稳定，pH 值高于或低于此范围均有凝胶产生。海藻酸钠分子中羧基负离子与活性染料阴离子有相斥作用，不会发生反应，用于活性染料印花时得色率高，是活性染料印花的首选原糊。

3. 合成龙胶

合成龙胶又称羟乙基皂荚胶，是由槐树豆粉醚化而制成的。

合成龙胶成糊率高，印透性、均匀性好，对各类糊料相容性好；耐酸性较好，但在碱性介质中易凝胶；对硬水和金属离子较稳定；印花得色均匀，印后易从织物上洗除。其适用于调制印地科素色浆和酸性染料色浆，色基色浆在印制精细花纹时也常采用合成龙胶，但不适用活性染料印花。

4. 乳化糊

乳化糊是利用两种互不相溶的溶液，在乳化剂的作用下，经高速搅拌而成的乳化体。其中，一种液体成为连续的外相；另一种液体成为不连续的内相，分为油 / 水型乳化体和水 / 油型乳化体两大类。为了保证乳化糊的稳定性，常加入羧甲基纤维素、海藻酸钠、合成龙胶等保护胶体。

用于印花的乳化糊以油 / 水型为宜。乳化糊不含有固体，烘干时即挥发，得色鲜艳，手感柔软，渗透性好，花纹轮廓清晰、精细，但乳化糊制备时，需要采用大量火油，烘干时挥发，造成环境污染。在应用上，乳化糊主要用于涂料印花。由于粘黏率低，用于一般染料印花糊料时有渗化现象，多与其他原糊拼混制成半乳化糊使用。

7.5.3 织物直接印花

1. 活性染料直接印花

活性染料直接印花具有工艺简单、色谱齐全、色泽鲜艳、湿处理牢度较好、拼色方便、印花成本低、印制效果好等优点，是印花中应用最普遍的染料之一。其印花工艺可分为一相法和两相法。

（1）一相法。一相法是指色浆中同时含有固色的碱剂。其色浆包含活性染料、尿素、防染盐S、海藻酸钠糊、小苏打（或纯碱）。小苏打（或纯碱）为固色用碱剂；尿素是助溶剂和吸湿剂，可帮助染料溶解，促使纤维溶胀，有利于染料扩散；防染盐S即间硝基苯磺酸钠，是一种弱氧化剂，可防止高温汽蒸时染料受还原性物质作用而变色；海藻酸钠糊是活性染料印花最合适的原糊。一相法印花适用于反应性较低的活性染料，主要采用K型活性染料。其印花工艺流程：织物印花→烘干→蒸化→水洗→皂洗→水洗→烘干。

（2）两相法。两相法是指色浆中不含有碱剂，其印花色浆包含活性染料、尿素、防染盐S、原糊、醋酸，印花后再轧碱剂固色处理的一种印花工艺。两相法适用于反应性较高的活性染料。其印花工艺流程：印花→烘干→面轧碱液→蒸化→水洗→皂洗→烘干。

2. 还原染料直接印花

还原染料直接印花主要有隐色体印花法和悬浮体印花法两种。

（1）隐色体印花法。隐色体印花法也称全料印花法，是将染料、碱剂、还原剂调制成色浆进行印花，然后经还原汽蒸，在高温下染料还原溶解，被纤维吸附，并向纤维内部扩散，最后水洗氧化显色固着在纤维上。根据染料还原的难易、颗粒大小、碱剂浓淡及其他工艺条件的不同，在调制印花色浆时，可分别采用预还原法和不预还原法两种。

①预还原法：适用于颗粒大，还原电位较高，还原速率慢，较难还原，印花易造成色点的还原染料。在色浆制备时，先用氢氧化钠、保险粉（H/S）和一定量的雕白粉（R/S）将染料预还原，然后在临用时根据配方再补加碱剂和雕白粉。

②不预还原法：适用于还原电位低、还原速率快、色浆稳定性差的染料。在色浆制备时，不加保险粉（H/S），用甘油、酒精和水将染料经球磨机研磨，制成球磨贮浆作为基本浆。印花时用基本色浆、碱剂、还原剂调配成印花浆，现配现用。

两者工艺流程：印花→烘干→透风冷却→蒸化→水洗→氧化→水洗→皂煮→水洗→烘干。

（2）悬浮体印花法。在色浆中不加还原剂和碱剂，在印花烘干后，织物经过碱性还原液处理，再经快速汽蒸，在湿、热条件下使还原染料迅速还原上染，随后进行氧化皂洗等印花后处理，使染料固着在纤维上。

色浆包含还原染料、淀粉/海藻酸钠浆；还原液配方包含保险粉、NaOH、纯碱、淀粉糊、二氧化硫脲、食盐。其工艺流程：印花→烘干→浸轧还原液→快速汽蒸→水洗氧化→皂洗→水洗→烘干。

3. 涂料直接印花

涂料印花是借助胶粘剂在织物上形成透明、坚韧的树脂薄膜，将不溶性的颜料机械地黏附在纤维上的印花方法。涂料印花不存在对纤维的直接性问题，因此，适用于各种纤维织物和混纺织品的印花。其印花工艺简单，色谱齐全，拼色方便，得色较深，花纹轮廓清晰，无须水洗，能减少印染废水，因此，涂料印花日益增多。但是，涂料印花摩擦牢度、刷洗牢度不够理想，印制大面积花纹时手感欠佳，色泽鲜艳度不够。

涂料印花色浆由涂料、胶粘剂、交链剂、增稠剂等组成。涂料是印花的着色组分，是由有机颜料或无机颜料与适当的分散剂、吸湿剂等助剂及水经研磨制成的浆状物，选用的颜料要耐晒和耐高温，色泽鲜艳，并对酸、碱稳定；胶粘剂是具有成膜性的高分子物质，在印花的地方形成一层很薄的膜，将涂料颗粒等物质黏着在纺织品的表面，对产品的牢度（摩擦、水洗、干洗牢度等）起决定性的影响，同时，也影响印花后织物的手感；交联剂能和胶粘剂分子或和纤维上的某些官能团反应，使线型胶粘剂呈网状结构，降低其膨化性，提高各项牢度。其工艺流程：印花→烘干→固着。

7.5.4　拔染印花、防染印花与防印印花

1. 拔染印花

拔染印花通常采用还原剂作为拔染用剂，破坏织物上地色染料的发色基团，使其消色。常用的拔染剂有羟甲基亚磺酸钠（俗称雕白粉）、氯化亚锡、二氧化硫脲等。雕白粉适用于碱性和中性介质，大量用于纤维素纤维织物的拔染印花；氯化亚锡适用于酸性介质，用于合成纤维和蛋白质纤维织物的拔染印花；二氧化硫脲可用于各类纤维织物。

拔染印花的地色染料主要是偶氮结构的染料，如偶氮结构的活性染料、直接染料、酸性染料等。偶氮基（$-N = N-$）在还原拔染剂（如雕白粉）的作用下被还原成两个氨基化合物，从而破坏了染料的分子结构（发色基团），消除了原有的色泽。必须指出，即使是偶氮染料，因结构上的不同使拔染效果也有很大差异，应有选择地加以使用。

以拔白工艺为例，其色浆包含雕白粉、甘油、碳酸钾、印染胶－淀粉糊等。其工艺流程：印花→烘干→透风冷却→还原蒸化→水洗→皂煮→水洗。

色拔时，以还原染料做色拔染料，只需将还原染料直接加入印花的色浆，同时适当增加雕白粉用量，其余的组分与还原染料直接印花相同。其工艺流程：印花→烘干→透风冷却→还原蒸化→水洗→氧化→皂煮→水洗。

2. 防染印花

防染印花是先印花后染色的印花方法，即在织物上先印上某种能够防止地色染料或中间体上染的防染剂，然后经过轧染，使印有防染剂的部分呈现花纹，达到防染的目的。因此，防染印花色浆中要加入防染剂。

防染剂有化学防染剂和物理防染剂两类。化学防染剂是与地色染料染色性能相反的药剂，其选择必须根据地色染料的性能来决定。如大多数活性染料只有在碱性条件下才能在纤维素纤维上固着，则可选用不挥发性的酸或酸性盐做防染剂。物理机械防染剂包括植物的胶类、石蜡、陶土、氧化铁、氧化钛等。物理机械防染剂只能机械性地阻止染料的上染，不参与化学反应。生产中，一般常将两种防染剂混合使用，以提高防染效果。

以活性染料防染印花工艺为例，活性染料和纤维素反应必须在碱性条件下才能完成，即必须碱性固色。因此，可采用酸性物质或能够和染料反应使其失去活性的物质进行防染印花。活性染料防染印花应用较广泛的主要有酸性防染和 KN 型染料的亚硫酸钠法防染。活性染料防染

效果较好的染料为 KN 型。

以酸性防白印花为例，印花色浆包括硫酸铵、龙胶糊、增白剂 VBL；轧地色时色浆包括活性染料、尿素、海藻酸钠糊、小苏打、防染盐 S。其工艺流程：印花→烘干→轧染活性染料地色→烘干→汽蒸→水洗→皂洗→水洗→烘干。

3. 防印印花

防印印花与防染印花机理一样，其采取罩印的方法，印花时先印含有防染剂的色浆，最后一只花筒印地色色浆，两种色浆叠印处的防染剂破坏地色色浆的发色，从而达到防染目的。

防印印花工艺目前比较成熟的有涂料防印活性染料、涂料防印不溶性偶氮染料、不溶性偶氮染料间相互防印、不溶性偶氮染料防印活性染料、还原染料防印可溶性还原染料等。

以白涂料防印活性染料的防印印花为例，印花色浆包含白涂料、乳化糊 A 东风牌胶粘剂、硫酸铵、龙胶糊；活性染料以选用 KN 型为好，因 KN 型活性染料汽蒸时在释酸剂放出酸时仍较稳定。其工艺流程：白布印花（包括罩印）→烘干→汽蒸→后处理。

7.5.5　特种印花

1. 烂花印花

烂花印花是利用各种纤维不同的耐酸性能，在混纺织品上印制含有酸性介质的色浆，使花型部位不耐酸的纤维（如棉纤维、粘胶纤维）发生水解，而耐酸的纤维（如涤纶）则保留下来，经水洗在织物上形成透空网眼的花型效果。

烂花织物常见的是涤棉烂花，用得较多的是涤棉包芯纱织物，包芯纱一般采用涤纶长丝为纱芯，外面包覆棉纤维。通过印酸、烘干、焙烘或汽蒸，棉纤维被酸水解碳化，而涤纶不受损伤，再经过松式水洗，印花处便留下涤纶，形成半透明的花纹织物。

另一种是烂花丝绒。它的坯布底纹是真丝或锦纶，绒毛是粘胶长丝，在这种织物上印酸，再经过干热处理，将粘胶绒毛水解或碳化去除，而真丝能耐酸而不被破坏，经过充分洗涤，获得印花部位下凹，未印花处仍保持原来绒毛的烂花织物。

酸介质一般为硫酸、硫酸铝、氯化铝和硫酸氢钠等。目前使用最多的为硫酸，其成本较低，去除纤维素纤维较安全。原糊需要耐酸，常采用白糊精、合成龙胶。印浆中加入分散染料上染涤纶，可获得彩色花纹（着色烂花）。但分散染料必须是耐酸性的高温型（S 型）或中温型（SE 型）品种。

2. 印花泡泡纱

印花泡泡纱是通过印花的方法，利用一种使纤维收缩的化学药剂（如烧碱），使织物印花处收缩，无花纹处卷缩和起绉成泡，形成凹凸差异有规则的花纹。

3. 发泡印花

发泡印花是采用热塑性树脂和发泡剂混合，经印花后，采用高温处理，发泡剂分解，产生大量气体，使印浆膨胀，产生立体花纹效应，并借助树脂将涂料固着，获得各种色泽。

4. 金粉印花和银粉印花

（1）金粉印花是将铜锌合金与涂料印花胶粘剂混合调制成色浆，印到织物上。为了降低金粉在空气中的氧化速度，还要加入抗氧化剂，防止金粉表面生成氧化物而使色光暗淡或失去光泽。常用的抗氧剂有对甲氨基酚（商品名称为米吐尔）、苯骈三氮唑等，渗透剂为扩散剂 NNO 等，有助于提高印花后花纹的亮度，可提高仿金效果。

第三代金粉印花浆由晶体包覆材料制成，这种金粉印花浆长期暴露在空气中不会氧化发暗，产品和手感也较铜锌合金粉好。

（2）银粉印花所用的银粉有两类：一类是铝粉，色浆中也需要加防氧化剂以防止铝粉长期暴露在空气中失去"银光"；另一类是云钛银光粉，印制到织物上后非常稳定，各项牢度优良，并能保持长久的银色光芒。

单元 7.6　整理

7.6.1　整理概述

整理是指织物在完成练漂、染色和印花以后，通过物理的、化学的或物理化学两者兼有的方法，改善织物外观和内在品质，提高织物的服用性能或赋予织物某种特殊功能的加工过程。由于整理工序常安排在整个染整加工的后道工序，故常称为后整理。

课件：织物后整理

视频：织物后整理

根据整理目的的不同，可将其归纳为以下几个方面：

（1）使织物的幅宽整齐划一，尺寸和形态稳定。如定（拉）幅、机械或化学防缩和热定形等。

（2）改善织物的手感。采用化学、物理机械方法或经两者共同处理，使织物获得或加强如柔软、丰满、滑爽、硬挺等综合性触摸感觉，如柔软整理、硬挺整理等。

（3）改善织物外观。提高织物的白度、光泽，增强或减弱织物表面的绒毛，如轧光、轧纹、电光、起毛、剪毛和缩呢等。

（4）增加织物的耐用性能。主要采用化学的方法，防止日光、大气或微生物对纤维的损伤和侵蚀，延长织物的使用寿命，如防霉、防蛀等整理。

（5）赋予织物特殊服用功能。主要采用一定的化学方法，使织物具有阻燃、拒水、抗菌、抗静电和防紫外线等功能。

为了达到以上整理目的，加工方法按整理加工的工艺性质可分为以下三种：

（1）物理机械性整理。利用水分、热量、压力或其他机械作用以达到织物整理的目的。这种整理方法的工艺特点是组成织物的纤维在整理过程中不与任何化学药剂发生化学反应。如拉幅、轧光、起毛、磨毛、机械预缩等属于物理机械性整理。

（2）化学整理。采用一定的化学药剂以特定的方法施加在织物上，从而改变织物的物理性能或化学性能的整理。这种整理方法的工艺特点是组成织物的纤维在整理过程中与整理剂发生化学结合。如阻燃、拒水、防霉等属于化学整理。

（3）综合性整理。即机械物理及化学联合整理，织物同时得到两种方法的整理效果。这种整理的工艺特点是组成织物的纤维在整理过程中既受到物理机械作用，又受到化学作用，是两种作用的综合。如耐久性轧花、仿麂皮、耐久性、硬挺等属于综合性整理。

按整理效果的耐久性不同，织物整理可分为以下三种：

（1）暂时性整理。纺织品仅能在较短时间内保持整理效果，经水洗或在使用过程中，整理效果很快降低甚至消失。如上浆、暂时性轧光或轧花整理等。

（2）半耐久性整理。纺织品能够在一定时间内保持整理效果，即整理效果能耐较温和及较少次数的洗涤，一般耐15次温和洗涤。当洗涤条件不适当或洗涤次数过多时，整理效果便会消失。这种保持织物整理效果时间居中等水平的整理称为半耐久性整理。如含磷阻燃剂及锑-钛络合物对织物进行的阻燃整理。

（3）耐久性整理。纺织品能够较长时间保持整理效果，即整理效果能耐多次洗涤或较长时间使用而不易消失。如棉织物的防皱整理、反应性柔软剂的柔软整理、树脂和轧光或轧纹联合的耐久性轧光、轧纹整理等，都属于耐久性整理。

纺织品整理除按照上述方法分类外，还有按照被加工织物的纤维种类分类，如棉织物整理、毛织物整理、合成纤维及混纺织品整理等；按照整理要求或用途分类，如一般整理、防皱整理、仿真整理、功能整理等。

7.6.2　织物的一般整理

1. 手感整理

（1）柔软整理。棉纤维及其他天然纤维都含有油脂蜡质，化学纤维上施加一定量的油剂，因此，都具有一定的柔软性。但织物在练漂、染色及印花加工过程中纤维上的脂蜡质、油剂已去除，织物手感变差。加之染整加工中织物的收缩，组织变得密实，同样影响织物的手感。为使织物柔软滑爽，需要对织物进行柔软整理。柔软整理有机械柔软整理和化学柔软整理两类。

①机械柔软整理通常是使用三辊橡胶毯预缩机，适当降低操作温度、压力，加快车速，可获得较柔软的手感，也可通过轧光机进行柔软整理，但这种柔软方法不理想。

②化学柔软整理主要利用柔软剂来减少织物内纤维之间、纱线之间的摩擦力和织物与人手之间的摩擦力，提高织物的柔软性。石蜡、油脂、硬脂酸、反应性柔软剂、有机硅均可作为织物柔软整理的助剂。石蜡及油脂、硬脂酸这类柔软剂成本低，使用方便，但不耐水洗，效果不持久。反应性柔软剂，如柔软剂VS、防水剂PF，其反应性基团和纤维素羟基起反应，使疏水基的脂肪链通过反应性基团和纤维发生共价键结合，具有较好的耐水洗效果。有机硅柔软剂是一类性能好，效果显著，应用广泛的柔软剂，在织物柔软整理中起到了很重要的作用，特别是氨基改性有机硅，它可以改善硅氧烷在纤维上的定向排列，大大提高了织物的柔软性，被称为超级柔软剂。无论哪一类柔软剂，用量都应适度，用量过多将产生拒水性及油腻发黏的手感。

（2）硬挺整理。硬挺整理也称上浆整理，是利用具有一定黏度的高分子物质制成的浆液，浸轧在织物上，使其在织物上形成薄膜，从而赋予织物平滑、厚实、丰满、硬挺的感觉。

硬挺整理剂有天然浆料和合成浆料两大类。天然浆料如淀粉、糊精等，整理后织物手感光滑，厚实丰满，可溶性淀粉或糊精易渗透织物内部，对色布上浆不会产生光泽萎暗现象，但采用天然浆料作为硬挺剂的效果不耐洗涤。采用合成浆料上浆，可以获得较耐洗的硬挺效果。如使用醇解度较高、聚合度为 1 700 左右的聚乙烯醇作为棉织物上浆剂，手感滑爽、硬挺，并有较好的洗涤性。对于合成纤维，选用醇解度和聚合度较低的聚乙烯醇为宜。

浆料对织物进行硬挺整理时，整理液中除浆料外，一般还加入填充剂，用以增加织物重量，填塞布孔，使织物具有滑爽、厚实感。填充剂应用较多的有滑石粉、膨润土和高岭土等。为防止浆料腐败，还加入甲醛、苯酚等防腐剂。染色布上浆时，为了调整和改善上浆后织物的光泽常加入着色剂。

硬挺整理的工艺比较简单，如果是双面上浆，则通过轧车浸轧后烘干即可；如果是单面上浆，浆液先传到给浆辊上，让织物正面接触给浆辊，使浆液转移到织物上，再经刮刀刮去织物上多余的浆液，最后从织物反面烘干即可。

2. 定形整理

定形整理包括定幅（拉幅）整理及机械预缩整理两种，用以消除织物在前道工序中积存的应力和应变，增加织物在后续使用过程中的尺寸稳定性。

（1）定幅（拉幅）整理。拉幅整理是根据棉纤维在潮湿状态下，具有一定的可塑性的性质，缓缓调整经、纬纱在织物中的状态，将织物门幅拉至规定尺寸，达到均匀一致，形态稳定的效果。拉幅只能在一定的尺寸范围内进行，过分拉幅将导致织物破损，而且勉强拉幅后缩水率也达不到标准。除棉纤维外，毛、麻、丝等天然纤维及吸湿性较强的化学纤维在潮湿状态下都有不同程度的可塑性，也能通过类似的作用达到定幅目的。

织物在印染加工过程中，经向受到的张力较大、较持续，而纬向受到的张力较少，迫使织物的经向伸长，纬向收缩，产生如幅宽不均匀、布边不齐、纬斜等问题，出厂前都需要进行拉幅整理。

棉织物的拉幅多采用布铗拉幅机；毛织物、丝织物、化学纤维织物及混纺织品的拉幅多采用针板拉幅机。布铗拉幅机用热风加热，其拉幅效果较好，而且可以同时进行上浆整理和增白整理，如图 7-17 所示，全机由轧车、整纬装置、单柱烘筒与热风拉幅烘房、落布装置等组成。轧车有两辊和三辊两种形式，可用作给湿或浸轧整理剂；拉幅部分安装在热烘房内。织物的伸幅应有一定的限度，整理后的幅宽控制在成品幅宽公差的上限。

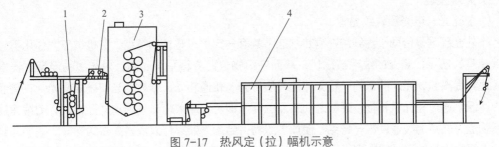

图 7-17　热风定（拉）幅机示意
1—两辊浸轧机；2—四辊整纬装置；3—单柱烘燥机；4—热风拉幅烘燥机

针板拉幅机的机械结构基本与布铗拉幅机相同。其区别在于以针板代替布铗。该设备的特点是能够超速喂布，使织物在拉幅过程中减少经纱张力，有利于扩幅，同时，又使织物经向得到了一定的回缩效果。如提高热烘房温度，还可用于树脂整理和合成纤维混纺织品的拉幅及热定形工艺。

（2）机械预缩整理。机械预缩整理就是利用物理机械方法调整织物的收缩，以消除或减少织物的潜在收缩，达到防缩的目的，主要设备有橡胶毯压缩式预缩整理机和毛毯压缩式预缩整理机。我国印染厂目前普遍采用三辊橡胶毯预缩机，其结构如图7-18所示。充分给湿的面料在给布辊4和加热承压辊3之间通过环状弹性橡胶毯5的包覆，进入预缩机的加热承压辊3表面，橡胶毯5在给布辊4和加热承压辊3之间被弯曲，发生外层拉伸内层挤压的变形，利用橡胶毯良好的弹性形变，面料被紧紧挤压包覆在橡胶毯5和加热承压辊3之间，一边挤压收缩，一边烘干，达到经向收缩的目的。

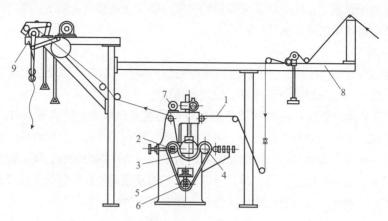

图7-18　三辊橡胶毯预缩机结构示意

1—织物；2—出布辊；3—加热承压辊；4—给布辊；5—环状弹性橡胶毯；

6—橡胶毯张力调节辊；7—承压辊升降电动机；8—进布装置；9—出布装置

机械预缩整理是目前降低织物经向缩水率的有效方法之一。

除机械式防缩整理外，还可以采用化学防缩整理，即采用某些化学物质对织物进行处理，降低纤维的亲水性，使纤维在润湿时无法产生较大的溶胀，从而使织物不会产生严重的缩水现象。生产中常使用树脂整理剂或交联剂处理织物以降低纤维亲水性。

3. 外观整理

（1）轧光、电光和轧纹整理。

①轧光整理是借助于棉纤维在湿热状态下具有一定的可塑性的特点，在机械压力作用下，将纱线压扁、压平，竖立的绒毛被压伏，从而使织物表面变得平滑光洁，对光线的漫反射程度降低，达到提高织物光泽的目的。轧光整理一般可分为普通轧光、摩擦轧光和叠层轧光。在普通轧光中，织物通过轧光机软辊、硬辊之间轧点的轧压即可。摩擦轧光是利用摩擦辊的转动线速度大于织物通过轧点的线速度这一特点，使加工织物得到磨光效果，以获得强烈的光泽。叠层轧光是利用多层织物通过同一轧点相互压轧，获得柔和的光泽和柔软的手感，织物纹路更加清晰。

②电光整理的原理及加工过程与轧光整理基本相似。主要区别是电光整理不仅将织物轧平，而且能在织物表面轧出平行整齐的斜纹线，因而，对光线产生规则的反射，获得如丝绸般的高光泽表面。

③轧纹整理又称轧花整理，与轧光、电光整理相似，也是利用棉纤维在湿热条件下的可塑性，通过轧纹机的轧压作用，使织物表面产生凹凸的花纹。轧纹机由一只可加热的硬轧辊和一

只软轧辊组成，硬轧辊上刻有阳纹花纹，软轧辊上刻有与硬轧辊相对应的阴纹花纹，两者相互吻合，织物经压轧后，即产生凹凸花纹。轻式轧纹整理又称拷花，与轧纹整理的主要区别是软轧辊上无相对应的阴纹花纹，压力较小，因此，织物上花纹的凹凸程度较浅，有隐花之感。

轧光、电光和轧纹整理工艺，如仅采用机械加工方法，效果均不能持久，一经下水，光泽花纹等都将逐渐消失，如与树脂整理联合加工，则可获得耐久性的整理效果。

（2）增白整理。织物经过漂白后，往往带有微量黄褐色的色光，不易达到纯白的程度。因此，对于特白产品，还需要经增白处理。常用的增白方法有上蓝增白法和荧光增白法。

①上蓝增白法是指用少量蓝色或紫色染料或涂料使织物着色，使织物的反射光中蓝紫色光稍偏重，利用蓝色和黄色互为补色光的原理，达到消除黄色增白的目的。此法虽然看起来白度提高，但总反射率下降，织物有微暗感，因此使用较为局限。

②荧光增白是采用荧光增白剂（一种近似无色的染料）上染纤维，在日光下荧光增白剂吸收紫外线而发出明亮的蓝紫色荧光，与织物本身反射出来的微量黄褐色光混合成白光，因此除白度增加外，反射光的总强度提高，亮度有所增加。纤维素纤维常用荧光增白剂 VBL 或 VBU。

7.6.3　树脂整理

纯棉织物、粘胶纤维织物及其混纺制品，具有许多优良特性，但织物弹性较差、易变形、易产生折皱等。为了克服上述缺点，常需要对齐进行树脂整理。

所谓树脂整理就是利用树脂来改变织物及纤维的物理和化学性能，提高织物防缩、防皱性能的整理工艺，即利用树脂整理剂与纤维素分子中的羟基结合而形成共价键，或者沉积在纤维分子之间，与纤维素大分子建立氢键，限制了纤维素大分子链间的相对滑动，从而提高了织物的防缩、防皱性能。

棉织物树脂整理在一般防缩、防皱整理的基础上，经历了免烫（洗可穿）及耐久压烫整理（简称 PP 或 DP 整理）等发展阶段，除用于棉及粘胶织物外，还用于涤棉、涤粘等混纺织品的整理。

树脂整理剂的种类很多，以 N- 羟甲基酰胺类化合物使用最多，如二羟甲基脲（脲醛树脂，简称 UF）、三聚氰胺甲醛树脂（氰醛树脂，简称 TMM）、二羟甲基次乙烯脲树脂（简称 DMEU）、二羟甲基二羟基乙烯脲（简称 DMDHEU 或 2D）。

根据纤维素纤维在发生交联反应时含湿程度不同，树脂整理工艺可分为干态交联工艺、含潮交联工艺、湿态交联工艺和分步交联工艺。目前，树脂整理工艺多采用干态交联工艺。此工艺易控制、重现性好、连续、快速，但织物断裂强力、撕破强力及耐磨性下降较多。

树脂干态交联整理工艺流程：浸轧树脂整理液→预烘→热风拉幅烘干→焙烘→皂洗→后处理（如柔软、轧光或拉幅烘干）。

7.6.4　绒面整理

绒布的加工方法很多，除通过织造的方法直接获得外，与机械整理加工有关的方法主要有以下几类：通过起毛机获得绒布；通过磨毛机获得绒布；通过割绒方法获得灯芯绒、平绒等；通过静电植绒法获得植绒织物；纤维发生原纤化获得绒布；通过砂洗获得砂洗织物。下面重点介绍通过起毛机和磨毛机获得绒布的加工方法。

1. 起毛整理

起毛整理是利用起毛机的钩刺将纤维末端从纱线中均匀地拉出来，使织物表面产生一层绒毛的加工过程。起毛也称作拉毛或起绒，设备有刺果起毛机和钢丝起毛机等。其中，钢丝起毛机是常见的起毛设备。

钢丝起毛机的结构主要包括起毛大滚筒5、起毛针布辊6、除毛屑辊3、进出布装置、吸尘装置等，如图7-19所示。其可分为单动式（又称单式）和双动式（又称复式）钢丝起毛机。单动式钢丝起毛机的针布辊转向一致；双动式钢丝起毛机的起毛大滚筒上装有两组数目相等、钢针钩刺弯角方向相反的针布辊，依次间隔排列。其中，钩刺转角与织物运行方向一致的是顺针辊（PR）；钩刺弯角方向与织物运行方向相反的是逆针辊（CPR），如图7-20所示。

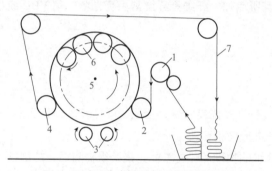

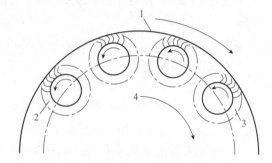

图 7-19　双动式钢丝起毛机结构示意
1—张力辊；2—进布辊；3—除毛屑辊；4—出布辊；
5—起毛大滚筒；6—针布辊；7—织物

图 7-20　双动式钢丝起毛机工作示意
1—织物；2—顺针辊；3—逆针辊；4—起毛大滚筒

起毛的效果主要与原料（包括纤维种类、线密度、长度、卷曲性和纱线纺纱方法、捻度等）、织物（包括密度和组织结构）、起毛辊针布规格、织物运转速度、张力、针辊速比和起毛道数有关。

2. 磨毛整理

磨毛加工是利用磨毛机磨毛辊上随机密集排列的尖锐锋利的磨料（金刚砂或金属磨粒）摩擦织物表面，对织物进行削磨加工，先将织物纱线中纤维拉出，并切断成 1～2 mm 长的单纤维，然后依靠磨料的进一步高速磨削作用，使单纤维形成绒毛。随着磨削过程的进行，织物上长短不一的绒毛趋于磨平、一致，形成均匀、密实、平整的绒面。磨毛织物的绒毛细、密、短、匀，有皮革的平滑细腻感和舒适感，其性能优于起毛织物。

目前，磨毛机有砂磨机（利用金刚砂粒）和金属辊磨毛机（利用金属尖刺，又称磨粒）两类。国内大多工厂采用砂辊式磨毛机，其结构如图7-21所示。

磨毛效果与织物（纤维材料、纱线结构、组织结构等）、磨毛辊砂粒形状和粒度、磨毛辊和织物的运行速度、磨毛辊与织物的接触程度、磨毛次数等因素有关。另外，织物的干燥程度、加工环境的温度和湿度对磨毛效果也会有一定的影响。

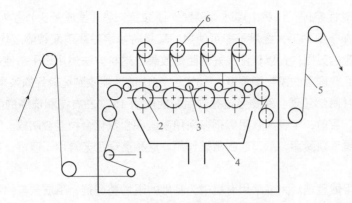

图 7-21　砂辊式磨毛机结构示意

1—张力调节辊；2—砂辊；3—轧布辊；4—吸除尘装置；5—织物；6—传动装置

7.6.5　功能整理

1. 防水和拒水整理

防水整理是指在织物表面涂上一层不溶于水的连续性薄膜。这种织物虽不透水，但也不透气，不宜用作一般衣着用品，但适用于工业上的防雨篷布、遮盖布等。

拒水整理是改变纤维表面性能，使纤维表面由亲水性转变为疏水性，而织物中纤维间和纱线间仍保留大量孔隙，使织物既能保持透气性，又不易被水润湿。这类织物具有防水透气的效果，适宜制作雨衣及户外运动面料等。

拒水整理有铝皂法、耐洗性拒水整理及透湿透气的拒水整理等方法。

（1）铝皂法。铝皂法是用石蜡、肥皂、醋酸铝及明胶等制成工作液，在常温下浸轧织物，再经烘干即可。铝皂法操作简便，成本低，但不耐水洗与干洗。

（2）耐洗性拒水整理。耐洗性拒水整理用含脂肪酸长链的化合物（如防水剂 PF）浸轧后，经焙烘与纤维素纤维反应而固着在织物上，具有耐久的拒水性能。

（3）透湿透气的拒水整理。将聚氨酯溶于二甲基甲酰胺（DMF）中，涂在织物上，然后浸在水中，此时聚氨酯凝聚成膜。而 DMF 溶于水中，在聚氨酯膜上形成许多微孔。这样，既可以透湿透气，又有拒水性能，是制作雨衣的理想织物。

2. 阻燃整理

阻燃整理是指织物经整理后不易燃烧，或离开火焰后即能自行熄灭，不发生燃烧现象。整理后的面料用于如冶金及消防工作服、军用纺织品、舞台幕布、地毯及儿童服装等。

阻燃整理可采用织物浸轧相应的阻燃整理剂或将阻燃整理剂加入纺丝液生产阻燃纤维，通过在高温条件下隔绝氧气、释放难燃气体、降低燃烧温度及减少可燃性气体的释放等达到阻燃目的。阻燃整理剂有含磷阻燃剂、含卤素阻燃剂、硼衍生物阻燃剂与氧化铝、氧化锌、滑石粉，以及一些含有结晶水的化合物等。不同的纤维材料及整理剂其作用原理不同。以棉织物为例，可分为普通阻燃整理、半耐久性阻燃整理和耐久性阻燃整理。

（1）普通阻燃整理：一是利用水溶性无机盐作阻燃剂，采取浸渍、浸轧、涂刷或喷雾等简单方法，利用稀释可燃性气体和将纤维与火源、空气隔绝的原理进行的。这种方法整理后的织物不耐洗，属暂时性整理。如将由硼砂：硼酸：磷酸氢二铵（按质量比）为 7：3：5 配制成的处理液均匀地施加于织物上，经烘干即可使用。二是将水溶性聚磷酸铵溶液均匀施加于织物，烘干后增重在规定的范围内，以保证良好的阻燃效果。这种方法适用于干态使用的棉织物，如墙布、地毯等，经整理后的织物增重率达 10% ～ 15% 时才能收到比较好的效果。

（2）半耐久性阻燃整理。织物经过整理后，能耐用 15 次左右温和洗涤的阻燃整理称为半耐久性阻燃整理。目前，半耐久性阻燃剂多采用磷酸和含氮化合物混合制成。阻燃剂在高温下使纤维素变成纤维素磷酸酯，从而起到阻燃作用。这种整理工艺常用于窗帘、室内装饰用布如沙发布等。

（3）耐久性阻燃整理。大多采用有机磷为基础的阻燃整理剂，阻燃剂与棉纤维之间通过反应达到耐洗持久的目的，一般能耐水洗 50 次以上。该阻燃整理剂主要用于消防服、防护服等。

3. 卫生整理

卫生整理的目的是抑制和消灭纺织品上附着的微生物，使纺织品具有抗菌、防臭、防霉的功能。卫生整理产品可用于日常生活用织物，如衣服、床上用品、医疗卫生用品、袜子、鞋垫及军工用篷布。卫生整理剂主要采用美国道康宁公司研制的抗微生物药剂 Dow.Corning5700（简称 DC-5700），它是一类有机硅季铵盐化合物，可在纤维表面形成薄膜，从而产生耐久的卫生整理效果。

DC-5700 的整理工艺较简单，既可采用浸轧法也可采用浸渍法。将被处理的织物充分洗净，浸渍或浸轧整理液后，在 80 ℃ ～ 120 ℃ 下烘干，水和甲醇蒸发后，DC-5700 就会在纤维表面产生缩聚或与纤维结合，一般不需要进行特殊的后整理。

4. 抗静电整理

合成纤维具有疏水性，因此，纯合成纤维及合成纤维组分高的混纺织品因吸湿性差，往往易因摩擦产生静电，从而容易产生吸附尘埃、易污、易起毛起球等现象。在一些易爆场所还会因静电火花导致爆炸事故。

印染产品后整理的抗静电整理剂可分为非耐久性抗静电整理剂和耐久性抗静电整理剂两大类。非耐久性抗静电整理剂对纤维的亲和力小，不耐水洗，但整理剂挥发性低、毒性小，而且不易泛黄，腐蚀性较小，常用于合成纤维的纺丝油剂，以及如地毯类不常洗涤织物的非耐久性抗静电整理。这类整理剂的主要成分是表面活性剂，如烷基磷酸酯类化合物是应用性能较好的一类阴离子型抗静电剂。生产中常用的抗静电剂就是烷基磷酸酯和三乙醇胺的缩合物。耐久性抗静电整理剂含有离子性和吸湿性基团的同时，还含有反应性基团，可通过交联作用在纤维表面形成不溶性聚合物的导电层。在生产中应用较广泛的是非离子型和阳离子型整理剂。

5. 防紫外线整理

通过增强织物对紫外线的吸收能力或反射能力来减少紫外线的透过量，从而减少紫外线对皮肤的伤害。因此，选用紫外线吸收剂和反光整理剂进行整理都是可行的，若将两者结合起来效果会更好。紫外线吸收剂的整理方法主要有高温高压吸尽法、常压吸尽法、浸轧或轧堆法及涂层法。

7.6.6　其他整理

（1）涤纶及涤棉的仿真丝绸整理：经碱减量处理后的涤纶织物及经采用硫酸作用后的涤棉

织物，透气性和纤维的相对滑移性增加，质量减轻，悬垂性增加，柔软、滑爽，呈现出类似真丝绸的风格。

（2）羊毛的防蛀处理：羊毛及其制品的防蛀方法很多，目前主要采用防蛀剂法。即防蛀剂通过对羊毛纤维织物的吸附作用固着在纤维上产生防蛀作用。

（3）涂层整理：在织物表面涂布一层或多层能形成薄膜的化学物质，改变织物的外观、性能及风格，增加织物的功能。

（4）高吸水性整理：高吸水性纺织材料虽然可以直接选用高吸水性纤维来制得，但通常应用的方法是用高吸水性树脂整理来达到。一般来说，高吸水性树脂通常是网状结构的高分子电解质，应同时具备两个功能，一是吸水的功能；二是保住水的功能。为了能吸水，必须具备三个条件，即被水润湿、毛细管吸水和较大的渗透压。

（5）阳光蓄热保温整理：人体热能的散发，以辐射方式为最多，因此，设法减少这种散发则保温效果最好。在涂层树脂中混入铝金属颗粒，可以增强对辐射的反射作用，有较好的保温效果；在涂层树脂中加入陶瓷粒子或碳粒子，也可增强反射作用，既可以阻止外面射进的辐射线（如紫外线），起防护作用，也可以阻止体内热能辐射出来，增强保温作用；某些陶瓷颗粒还可以吸收人体放出的热能，再放出远红外线，使保温性进一步得到加强。一些功能染料也具有保温蓄能的特性，这时功能染料不仅起着色作用，还可以起保温蓄能作用。聚乙二醇等有机化合物也有蓄能保温作用，可通过浸渍和浸轧等方式来加工。

单元 7.7　染整技术展望

7.7.1　背景

目前，我国的纺织产业已步入高质量新发展阶段，关键核心技术取得全面突破，我国处于国际纺织先进技术创新国家前列。在 2020 年 9 月的联合国大会上，国家主席习近平承诺，我国将力争在 2030 年前实现碳达峰，在 2060 年前实现碳中和，上述表述也被简称为"3060"目标。在 2021 年 6 月 11 日发布的《纺织行业"十四五"发展纲要》中明确提出："十四五"时期，我国纺织行业

视频：纺织的前沿技术——溢达集团

拓展资源：纺织的前沿技术——溢达集团

在基本实现纺织强国目标的基础上，立足新发展阶段、贯彻新发展理念、构建新发展格局，进一步推进行业"科技、时尚、绿色"的高质量发展，在新的起点确定行业在整个国民经济中的新定位，即"国民经济与社会发展的支柱产业、解决民生与美化生活的基础产业、国际合作与融合发展的优势产业"。该规划纲要还提出了纺织行业"2035 年远景目标"：2035 年我国基本实现社会主义现代化国家时，我国纺织工业要成为世界纺织科技的主要驱动者、全球时尚的重要引领者、可持续发展的有力推进者。本单元将重点展望染整节能减排新技术，期望为纺织工业的技术发展提供指引与借鉴。

7.7.2　低温漂白技术

以纯棉为代表的纤维素纤维，其传统氧漂工艺通常在高温（80 ℃～120 ℃）和高碱（pH 值为 10～11）条件下进行，需要耗费大量的蒸汽或电能，同时，剧烈的漂白工艺也会极大地损伤纤维。为了克服上述缺点，仿酶催化剂的研制成功，可以在较少的用量下，极大地降低氧漂工艺的漂白温度（50 ℃～60 ℃），铜离子仿酶催化剂的催化机制如图 7-22 所示。江苏联发纺织股份有限公司、江南大学和传化智联股份有限公司承担的低温漂白关键技术及产业化应用技术，获得了 2019 年"纺织之光"科技进步奖一等奖。

图 7-22　铜离子仿酶催化剂的催化机制

7.7.3　活性染料无盐低碱非水染色工艺

"极性／非极性非水介质染色技术"（简称"零水染"技术），是由溢达集团历经近 9 年自主研发并具有完整知识产权的新型染色技术。"零水染"的染色原理如图 7-23 所示。该项目构建了全新的极性／非极性二元非水介质染色体系；探究了该体系中活性染料对棉的染色过程和染色机制；开发了染色工艺；研制了染色设备和溶剂回收成套设备；利用了二元溶剂的特性解决了活性染料水解、无盐促染和匀染等问题，染料固色率可达到 97% 以上，溶剂回收率达到 99% 以上。溢达集团已建立了年产 3 000 t 的生产示范线，与水介质染色相比，极性／非极性二元非水介质染中深色可节约盐 100%、上染环节节水 100%，且染色产品各项色牢度和安全性符合国家标准。该项目具有完整的自主知识产权，申请了国家发明专利 15 项，其中授权发明专利 9 项、实用新型专利 5 项，建立企业标准 3 项。溢达"零水染"技术相关商标正在注册中，为未来的商业开发做好了准备。

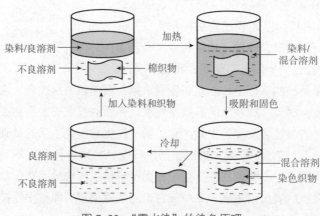

图 7-23　"零水染"的染色原理

7.7.4   泡沫整理技术

泡沫整理技术在降低面料后整理能耗及扩展产品多样性方向成果显著，泡沫整理的技术原理如图 7-24 所示。这项技术不仅提高了面料后整理的生产效率，还能够降低 40% 的能耗，同时，还节约了水和化学品的消耗，减少了碳排放，实现了节能减排，保护了水资源和环境。广东溢达纺织有限公司对泡沫技术的创新性应用还开发了一系列的功能性面料，如单亲单防面料、单向导汗面料、单面免烫面料等。该技术共申请了 5 项专利、4 项已经得到授权；获得佛山市科学技术奖一等奖、"纺织之光"科技进步二等奖、广东省科技奖三等奖，第十届国际发明展览会金奖。

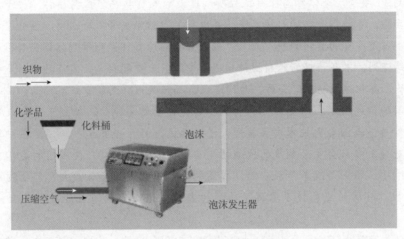

图 7-24   泡沫整理的技术原理

纺织服装产业是我国传统支柱产业，目前已建立起全世界最为完善的现代纺织制造产业体系，形成了集原料供应、纺纱、织布、印染、后整理、产品设计加工及其新零售等环节于一体的完整产业链，生产制造能力与国际贸易规模长期居于世界首位，使我国进入制造业强国阵列的第一梯队。在纺织行业优秀企业和人才的持续努力下，相信在基本实现社会主义现代化国家的 2035 年，我国纺织工业将成为世界纺织科技的主要驱动者、全球时尚的重要引领者、可持续发展的有力推进者，让我们一起为之加油奋斗。

◎ **拓展资源**

（1）国家航天局 12 月 3 日消息，"嫦娥五号"着陆上升组合体在月面工作期间，实现了月面国旗展开。这是我国在月球表面首次实现国旗的"独立展示"，也是继"嫦娥三号""嫦娥四号"任务之后，五星红旗又一次在月球亮相。而这一面红旗的研发难度迈上了一个新的台阶；因为相比"嫦娥三号""嫦娥四号"及"玉兔"月球车上喷涂的国旗，"嫦娥五号"的国旗是一面真正的旗帜。

为研发探月工程"嫦娥五号"月面国旗展示系统，中国航天三江集团联合武汉纺织大学等单位共同研发、创新、探索。由于宇宙拥有很强的电磁辐射，加上月球表面有着 ±150 ℃ 的温差等，恶劣的环境决定了普通旗帜无法在月球上使用。但是科学家们攻克了无数个技术难题，制备出高品质月面展示国旗面料。"嫦娥五号"在完成采样任务上升起飞前，着陆器携带的一面"织物版"五星红旗在月面成功展开，这标志着，在中国航天历史上第一面在没有温控的严酷环境条件下的织物国旗在月球上被成功地展示出来。由此可以看出，纺织领域与航空航天等高新技术领域息息相关。哪怕是人们认为最没有技术含量的布，也蕴含非常多的科学与技术；这一面小小的五星红旗，离不开每位科研人员的辛勤奋斗和努力。

"嫦娥五号"任务圆满成功，标志着探月工程"绕、落、回"三步走规划的圆满收官。这是中国航天事业发展的重要里程碑，也是发挥新型举国体制优势攻坚克难的又一重大成就，对我国航天事业发展具有十分重要的意义。

在过去的17年里，全体参与探月工程研制建设的人员弘扬了探月精神，勇于探索、协同攻坚、合作共赢，不断攀登新的科技高峰，并取得了"嫦娥五号"的成功，提升了中国的科研水平。探索宇宙是人类的共同梦想。未来，我们需要继续发挥新型举国体制优势，加大自主创新力度，统筹谋划，不断推动纺织新材料领域、中国航天空间科学、空间技术、空间应用等领域的创新发展，并积极推动国际合作，为增进人类福祉做出更大的贡献。

（2）我国的染色技术在人类历史的长河中一直处于领先地位，但到了清朝末期由于闭关锁国和内忧外患，我国染色技术发展缓慢，进而远远落后于世界水平。但是在中华人民共和国成立后，充分发挥社会主义制度的优越性，集中力量攻坚克难，使我国的染色工业与国外的差距逐渐缩小。特别是改革开放以后，我国的染色工业规模全球最大，部分技术领域处于世界领先地位。我国的染色技术取得了卓越的成就，为国家的工业经济发展做出了巨大的贡献。

我国是全球染料生产的主要国家，拥有超过 1 200 个品种，其中 600 多个为常用品种。生产量达到 100 万吨，占据全球产量的 72%，远远超过西欧（7.2%）等合成染料的发源地。我国科研人员在染料新品种开发、中间体新工艺技术和染料商品化等方面取得了巨大突破，成功开发出环保染料取代禁用或限用染料，能够满足国内外市场的需求。这些与我国科研人员的创新精神是分不开的。

在染色工艺技术方面，新型节能减排工艺和设备也在不断发展。例如，超临界二氧化碳无水染色技术是一项极具环保性的染色技术，但是它仍面临许多待解决的问题。我们相信，在科研人员持续的创新和国家对纺织染整行业的支持下，这些问题将得到解决。

习 / 题

在线答题

学/习/评/价/与/总/结

指标	评价内容	分值	自评	互评	教师
思维能力	能够从不同的角度提出问题，并解决问题	10			
自学能力	能够通过已有的知识经验来独立地获取新的知识和信息	10			
学习和技能目标	能够归纳总结本模块的知识点	10			
	能够根据本模块的实际情况对自己的学习方法进行调整和修改	10			
	能够掌握织物染整加工工序的作用及其流程	10			
	能够了解常用染料与印染助剂的基本知识和性能	10			
	能够掌握前处理、染色、印花、后整理的种类和机理	10			
	能够知道纺织行业的染整新技术和发展趋势	10			
素养目标	能够具有精益求精的工匠精神，和分析问题、解决问题的能力	10			
	能够具有细心踏实、独立思考、爱岗敬业的职业精神	10			
总结					

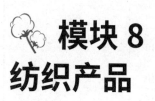

模块 8
纺织产品

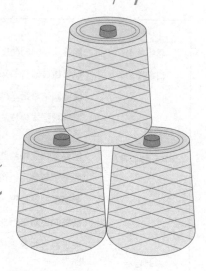

教学导航

知识目标	1.了解机织物的分类及其性质特征； 2.了解针织物的分类及其性质特征； 3.了解非织造布的分类及其性质特征； 4.了解纺织产品的品质评定及其应用
知识难点	1.纱线的品质评定方法的掌握； 2.棉本色布的品质评定方法的掌握
推荐教学方式	采用任务式教学与线上线下相结合的混合式教学模式。通过线上资源（PPT、微课、视频等）的学习，结合线下讲授与线下资源，进行教学
建议学时	4学时
推荐学习方法	以学习任务为引领，通过线上资源掌握相关的理论知识和技能，结合课堂资源（面料与设备）的实践，理论与实践相结合，完成对纺织产品的认识
技能目标	1.能了解基本的纺织产品； 2.能掌握纺织产品在实际生活中的应用； 3.能对不同的纺织品进行种类分类； 4.能熟悉常见纺织品的性质特征、内容，能运用各种评定方法对纺织品进行品质评定
素质目标	1.展现出对纺织行业的热爱； 2.养成精益求精的工匠精神； 3.培养学生细心踏实、独立思考、爱岗敬业的职业精神

单元 8.1　纺织产品及其分类

纺织产品是人们日常生活的必需品，种类繁多，用途广泛。人们头上戴的、身上穿的、手上套的、脚上穿的都离不开纺织品。现代纺织产品不但外护人们肢体，而且还可以内补脏腑。既能上飞重霄，又能下铺地面。有的薄如蝉翼，有的轻如鸿毛，坚者超过铁石，柔者胜似橡胶。将这众多的纺织品区以门类则包括纱线类、机织物、针织物、非织造布、编织物等。

拓展资源：离不开
纺织的高科技

拓展资源：纺织
改善生活

8.1.1　纱线的分类

纱线是由纺织纤维制成，细而柔软，并具有一定的力学性质的连续长条，是纱和线的统称。纱是由一股纤维束粘合而成的，将许多短纤维或长丝排列成近似平行状态，并沿轴向旋转加捻，组成具有一定强力和线密度的细长物体；线由两根或两根以上的单纱捻合而成的股线。用来形成股线的单纱，可以是短纤维纱，也可以是长丝纱；可以是同一种纤维原材料，也可以是不同的纤维原材料。

课件：纱线的分类

视频：纱线的分类

具体的纱线有以下几种分类方法：

1. 按结构和外形分

纱线按结构和外形可分为长丝纱、短纤维纱、复合纱三种。

（1）长丝纱。长丝纱是指仅由长丝加工而成的纱线。其中，天然纤维中的长丝纱主要是蚕丝；化学纤维大多先制成长丝，然后根据需要变化成其他形态。

长丝纱又可分为普通长丝和变形丝两类。普通长丝有单丝、复丝、捻丝和复合捻丝等；变形丝根据变形加工的不同，有高弹变形丝、低弹变形丝、空气变形丝、网络丝等。区别于短纤维纱，长丝纱具有光滑、均匀、光泽强、强力高等特点，常被用来制成轻薄、光滑、细洁、飘柔的织物和特种织物，多作为中、高档服装用线。

（2）短纤维纱。短纤维纱是指由短纤维通过纺纱工艺加工而成的纱。由于纺纱的方法不同，短纤维纱又可分为环锭短纤维纱和新型短纤维纱。

①环锭短纤维纱是指采用传统的环锭纺纱机纺纱方法纺制而成的纱。根据纺纱系统可分为普（粗）梳纱、精梳纱和废纺纱。常见的品种有单纱、股线、竹节纱、花式股线、花式纱线、紧密纱等。

②新型短纤维纱是指采用不同于传统的环锭纺纱机纺出的纱线。常用的新型短纤维纱有转

杯纺纱、喷气纺纱、涡流纺纱、静电纺丝等。

（3）复合纱。复合纱是指由短纤维纱（或短纤维）与长丝通过包芯、包缠或加捻复合而成的纱。常见品种有包芯纱、包缠纱、长丝短纤维复合纱等。

复合纱能用外观、手感优良的短纤维和强力高的合成纤维长丝构成，还能根据用途变更纤维原料的选择、混纺的比率和组合的方法等。因此，复合纱可用于针织及机织的服装、装饰用布，以及工业材料和缝纫线等方面。

2. 按原料分

纱线按原料可分为纯纺纱线和混纺纱线。

（1）纯纺纱线。纯纺纱线是由同一种纤维纺制成的纱线，如纯棉花纱线、毛纺纱线、粘胶纤维纺纱线、锦纶纺纱线等。

（2）混纺纱线。由两种或多种不同纤维混纺而成的纱线，如涤纶与棉的混纺纱、羊毛与粘胶的混纺纱等。

3. 按纤维长度分

纱线按纤维长度可分为棉型纱线、毛型纱线、中长型纱线。

（1）棉型纱线。棉型纱线是用棉纤维或棉型化学纤维在棉纺设备上加工而成的纱线。

（2）毛型纱线。毛型纱线是用毛纤维或毛型化学纤维在毛纺设备上加工而成的纱线。

（3）中长型纱线。中长型纱线是用中长型化学纤维在棉纺设备或中长纤维专用设备上加工而成的纱线。

4. 按纱线粗细分

纱线按纱线粗细可分为粗特纱、中特纱、细特纱、特细特纱、超细特纱等。

（1）粗特纱。粗特纱是指细度为 32 tex 以上（英制 18 英支及以下）的纱。此类纱适用于粗厚织物，如粗花呢、粗平布等。

（2）中特纱。中特纱是指细度为 21 ～ 32 tex（英制 19 ～ 28 英支）的纱。此类纱适用于中厚织物，如中平布、华达呢、卡其等。

（3）细特纱。细特纱是指细度为 11 ～ 32 tex（英制 29 ～ 54 英支）的纱。此类纱适用于细薄织物，如细布、府绸等。

（4）特细特纱。特细特纱是指细度为 10 tex 及以下（英制 58 英支及以上）的纱。此类纱适用于高档精细面料，如精纺贴身羊毛、高支衬衫等。

（5）超细特纱。超细特纱是指细度 4 tex 以下的纱，是近年来出现的高端产品，应用逐渐扩大，是纺纱技术水平的标志。

5. 按纺纱工艺分

纱线按纺纱工艺可分为棉纱、毛纱、麻纺纱、绢纺纱等。

（1）棉纱。棉纱包括纯棉纱线和棉型纱线，是指用纯棉纤维或棉型纤维纺制而成的纱线。

（2）毛纱。毛纱包括纯毛纱线和毛型纱线，是指用纯毛纤维或毛型纤维纺制而成的纱线。

（3）麻纺纱。麻纺纱包括纯麻纱线和麻混纺纱线，是利用麻纺设备纺制而成的纱线。

（4）绢纺纱。绢纺纱是将绢纺材料在绢纺设备上纺制而成的纱线。

6. 按纺纱方法分

纱线按纺纱方法可分为环锭纺纱、新型纺纱。

（1）环锭纺纱。环锭纺纱是指在环锭细纱机上，用传统的纺纱方法加捻制成的纱线。纱中纤维内外缠绕连接，纱线结构紧密，强力高，但由于同时靠一套机构来完成加捻和卷绕工作，因而生产效率受到限制。此类纱线用途广泛，可用于各类织物、编结物、绳带。

（2）新型纺纱。新型纺纱是指采用新型的纺纱方法（如转杯纺、喷气纺、平行纺、赛络纺等）纺制而成的纱线。

7. 按纱线质量分

纱线按纱线质量可分为精纺纱、粗纺纱、废纺纱等。

（1）精纺纱。精纺纱也称精梳纱，是指通过精梳工序纺制的纱，包括精梳棉纱和精梳毛纱。纱中纤维的平行伸直度高，条干均匀，纱身光洁，但成本较高，纱支较高。精梳纱主要用于高级织物及针织品的原材料，如细纺、华达呢、花呢、羊毛衫等。

（2）粗纺纱。粗纺纱也称粗梳毛纱或普梳棉纱，是通过一般的纺纱系统进行梳理，不经过精梳工序纺制的纱。粗纺纱中短纤维含量较多，纤维平行伸直度差，毛茸多，结构松散，纱支较低，品质较差。此类纱多用于一般织物和针织品，如粗纺毛织物、中特以上棉织物。

（3）废纺纱。废纺纱是指用纺织下脚料（废棉）或混入低级原料纺制的纱。废纺纱的品质差，条干不均匀，纱身柔软，含杂多，色泽差，一般用于织粗棉毯、包装布、厚绒布等低级织品。

8.1.2 机织物的分类

机织物是指采用经、纬两向纱线相交织造而成的织物，是纺织产品中产量最高、品种最丰富、历史最悠久、用途最广泛的一种。机织物结构稳定，布面平整，坚实耐穿，外观挺括，广泛用于各类服装，特别适用于各类外衣和衬衣。

课件：机织物的分类

视频：机织物的分类

1. 按使用原料分类

机织物根据其纤维原料组成情况不同可分为纯纺织物、混纺织物、交织织物和混并织物。

（1）纯纺织物。纯纺织物是指经、纬纱原材料均用同一种纤维的纱线所织制的织物，如纯棉织物、纯毛织物、纯丝织物、纯涤纶长丝织物等。

（2）混纺织物。混纺织物是指经、纬纱线用两种或两种以上不同种类的纤维混合纺制的纱线所织制的织物。混纺织物所用经、纬纱有天然纤维与天然纤维、天然纤维与化学纤维、化学纤维与化学纤维混纺的各种纱线。用不同种类纤维进行混纺，可以发挥纤维各自的优良性能，开拓织物品种，满足各种用途的不同要求，如涤棉混纺织物，经纬向均为涤棉混纺纱线。

（3）交织织物。交织织物是指经、纬线用两种不同纤维的纱线交织成的织物，它可利用各种纤维的不同特性，改善织物的使用性能和取得某些特殊外观效应，满足各种不同要求，如棉经与涤/棉纬交织的闪光府绸，经向用锦纶长丝、纬向用粘胶的锦黏交织面料和经向用真丝、纬向用毛纱的丝毛交织物等。

（4）混并织物。混并织物是使用不同种类纤维的单纱并捻成线织制的织物。可利用各种纤维不同的染色性能，通过染整形成仿色织效应。如涤黏/涤纶混并哔叽，经纬均用涤黏中长纱与涤纶长丝并捻线织制。

2. 按纤维的长度和细度分类

机织物按纤维的长度和细度不同，可分为棉型织物、中长型织物、毛型织物和长丝型织物。

（1）棉型织物。棉型织物是指以棉纱或棉与棉型化学纤维混纺纱线织成的织物。这类织物通常手感柔软，光泽柔和，外观朴实、自然，如棉府绸、涤棉布、维棉布等。

（2）中长型织物。中长型织物是用中长型纱线织成的织物，中长织物大多加工成仿毛风格；如涤黏中长纤维织物、涤腈中长纤维织物等。

（3）毛型织物。毛型织物是指以羊毛、兔毛等各种动物毛及毛型化学纤维为主要原料制成的织物，包括纯纺、混纺和交织品，俗称呢绒。毛型织物是众所周知的高档服装面料，具有蓬松、手感柔软、光泽滋润、丰厚的特征，给人以温暖感，如全毛华达呢、毛涤黏哔叽、毛涤花呢等。

（4）长丝型织物。长丝型织物是用长丝织成的织物。这类织物表面光滑、无毛羽、光泽明亮、手感柔滑、悬垂好、色泽艳丽，给人以华丽感，如真丝电力纺、美丽绸、尼龙绸等。

3. 按纺纱工艺和方法分类

（1）按纺纱工艺分类。按纺纱工艺不同，棉织物可分为精梳棉织物、粗（普）梳棉织物、废纺棉织物，分别用精梳棉纱、粗梳棉纱和废纺棉纱织成。毛织物可分为精纺毛织物（精纺呢绒）、粗纺毛织物（粗纺呢绒），分别用精梳毛纱和粗梳毛纱织成。

（2）按纺纱方法分类。按纺纱方法的不同，棉织物可分为环锭纺纱织物和新型纺纱织物。

4. 按所用纱线情况分类

（1）根据经、纬向所用纱、线不同分类。

①纱织物。纱织物是指经纬纱均采用单纱织成的织物。这类织物手感柔软且容易进行表面的起绒整理，如棉绒布、纱府绸、各类平布等织物。

②半线织物。经、纬纱分别采用单纱和股线的织物，一般是经纱用股线，纬纱用单纱织成的织物。其特点是织物股线方向的强力较好，性能特点介于单纱和全线织物之间。其主要品种有全棉半线卡其、半线线呢、元贡呢、牛津布、派力司、直贡呢等。

③全线织物。全线织物是指经、纬纱均采用股线织成的织物。与单纱织物相比，全线织物手感挺括，布面细腻平整，光泽好。其主要品种有全棉高支高密的平布、府绸，全棉线卡、线平布、罗缎等；高档的精纺毛织物（如凡立丁、啥味呢、哔叽、华达呢）等。

（2）根据纱线的结构形态分类。根据纱线的结构形态机织物可分为普通纱线织物、变形纱线织物、花式线织物、包芯纱织物等。

5. 按织物组织分类

（1）三原组织织物。三原组织织物主要包括平纹织物、斜纹织物、缎纹织物。

（2）其他组织织物。其他组织织物主要包括变化组织织物、联合组织织物、复杂组织织物。

6. 按织物染色情况分类

（1）本色坯布。本色坯布是指未经任何印染加工而保持纤维原色的织物，如纯棉粗布、市布等，外观较粗糙，显本白色。

（2）漂布。漂布是由本白坯布经漂白加工而成的织物。

（3）色布。色布是由本色坯布经染色加工成单一颜色的织物。

（4）印花布。印花布是经印花加工而成的表面具有花纹图案，颜色在两种或两种以上的织物。根据印花的不同工艺设备，可分为手工印花布、机印花布（滚筒、筛网、转移、其他印花）等。

（5）色织布。色织布是先将纱线全部或部分染色整理，然后按照组织和配色要求织成的织物。其在国外被称作先染织物，可将色织分为全色织和半色织两种。这种方式能够使染料和纺纱线更好地融合在一起，因此，布料也会有更好的染色坚牢度，色织服装正常清洗和穿着是不会出现褪色的情况；而且图案、条格立体感强，清晰牢固。

（6）色纺布。先将部分纤维或纱条染色，再将原色（或浅色）纤维或纱条与染色（或深色）纤维或纱条按一定比例混纺或混并制成纱线所织成的织物称为色纺织物。色纺织物具有混色效应，如毛派力司、啥味呢、法兰绒等。

7. 按织物用途分

（1）服装用织物。服装用织物是用来制作如外衣、衬衣、内衣、袜子、鞋帽等的织物。

（2）装饰用织物。装饰用织物是用来制作如被单、床罩、毛巾、桌布、窗帘、家具布、壁布、地毯等的织物。

（3）产业用织物。产业用织物是用来制作如轮胎帘子线、传送带、篷布、过滤布、土工用布、人造草坪、绝缘布、医用纱布、人造血管、降落伞、宇航用布等的织物。

8.1.3　针织物的分类

课件：针织物的分类　　视频：针织物的分类

1. 按使用原料分类

按使用原料不同，针织物可分为纯纺针织物、混纺针织物和交织针织物。纯纺针织物是指织物中的纱线采用同种纤维材料制得的同一种纱线编织而成，如纯棉针织物、纯毛针织物、纯丝针织物、纯涤纶针织物等；混纺针织物是指织物中的纱线由两种或两种以上不同种类的纤维混合纺制得同种混纺纱线编织而成，如涤/棉混纺织物、腈/毛混纺针织物等；交织针织物是指棉纱与涤纶低弹丝交织、涤纶低弹丝与锦纶网络丝交织、氨纶丝与其他纱线交织的针织物等。

2. 按下机产品的形状分类

针织产品按下机产品形状可分为坯布和成形产品两大类。坯布类产品指的是织物在下机后呈圆筒状或平幅状，如纬编汗布、罗纹布、棉毛布以及各种经编类产品等，该类产品需要经过染整、裁剪和缝制等工序，以加工成各种针织服装或装饰用产品。针织成形产品指的是织物在下机后不需裁剪或只需稍经裁剪，即可加工成对应的针织产品，如羊毛衫、袜子、手套、全成型内衣等。

3. 按纱线结构和外形分类

按纱线的结构和外形不同，针织物可分为普通纱线针织物、变形纱线针织物和花式线针织物。

4. 按生产方法分类

按生产方法不同，针织物可分为纬编针织物和经编针织物两大类。纬编针织物的组织特点是它的横向线圈由同一根纱线按顺序弯曲成圈而成。纬编针织物大多为服用，如内衣、袜子、手套等。经编针织物的组织特点是它的横向线圈系列由平行排列的经纱同时弯曲相互串套而成。经编针织物少量用于服装，大多用于装饰（如窗帘、汽车内部装饰）或工业生产。

5. 按用途分类

按用途不同，针织物可分为生活用针织物（如内衣、外衣、袜子、围巾、手套、帽子等）、产业用针织物（如水龙带、滤管、人造血管，医药用布等）。

8.1.4 非织造布的分类

课件：非织造布的分类　　视频：非织造布的分类

非织造布是指定向或随机排列的纤维通过摩擦、抱合或粘合或这些方法的组合而相互结合制成的片状物、纤网或絮垫（不包括纸、机织物、簇绒织物，带有缝编纱线的缝编织物及湿法缩绒的毡制品）。所用纤维可以是天然纤维或化学纤维；可以是短纤维、长丝或当场形成的纤维状物。非织造布的电子显微镜图（SEM 图）如图 8-1 所示。

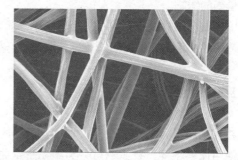

图 8-1　非织造布的电子显微镜图（SEM 图）

1. 按产品的用途分

（1）服装用非织造布。服装用非织造布主要包括服装衬布、保暖絮片和服装面料等。其中以服装衬布和絮片材料的产量和用量最大。

（2）装饰用非织造布。装饰用非织造布目前主要包括室内装饰材料和汽车装饰材料。室内装饰材料包括地毯、贴墙材料、家具材料和窗帘等；汽车用装饰材料包括衬垫材料、覆盖材料和加固材料等。

（3）产业用非织造布。产业用非织造布主要包括土工建筑材料、过滤材料、绝缘材料、医疗卫生材料、合成革、工农业用布、汽车用布等。

根据产品的用途分，三种非织造布的图片如图 8-2 所示。

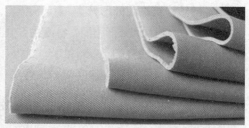

图 8-2　服装用非织造布、室内装饰用非织造布和汽车用非织造布

2. 按产品使用时间分

（1）用即弃型非织造布。用即弃型非织造布是指只使用一次或几次就不再使用的产品，如擦布、卫生用布、医药用布、过滤用布及防护用布等。

（2）耐用型非织造布。耐用型非织造布是指能维持一般程度的重复使用时间的产品，如服装衬里、地毯、抛光布和土工布等。

3. 按产品的厚度分

（1）厚型非织造布。厚型非织造布如土工布［图8-3（a）］、喷胶棉、针刺地毯［图8-3（b）］、合成革、过滤材料、屋顶防水材料等。

(a)   (b)

图 8-3　土工布、针刺地毯

(a) 土工布；(b) 针刺地毯

（2）薄型非织造布。薄型非织造布如粘合衬、医疗卫生用布、电气绝缘布、墙布、农业用布、水泥包装布等，如图8-4所示。

图 8-4　医疗卫生用布、墙布、农业用布

4. 按纤维网成网方式分

（1）干法成网。干法成网是短纤维在干燥状态下经过梳理设备或气流成网设备制成单向的、双向的或三维的纤维网，然后经过机械加固、化学粘合、热粘合的方法制成的非织造布。

（2）聚合物挤压成网。聚合物挤压成网主要有纺丝成网法（又称纺粘法）和熔喷成网法。纺丝成网法是指聚合物由喷丝头喷出后，直接铺放成网，然后经过热粘合、化学粘合或机械方法固结而成的非织造布；熔喷成网法是指聚合物由喷丝头喷出后，靠高速热空气流喷吹成超细短纤维，并喷至移动的帘网上，靠纤维本身的余热粘结而成的非织造布。

（3）湿法成网。湿法成网与造纸原理相似，是将天然或化学纤维悬浮于水中，达到均匀分布，当纤维和水的悬浮体流到一张移动的滤网上时，水被滤掉而纤维均匀地铺在上面，形成纤维网，再通过压榨、粘结、烘燥成卷而制成的非织造布。

5. 按纤维网加固方式分

（1）热粘合法是利用低熔点聚合物取代化学胶粘剂的一种固结方法，包括热轧法、热熔法、超声波粘合法等。其产品更加符合卫生要求，热粘合材料可以是热熔纤维（如聚丙烯纤维、聚乙烯纤维、聚氯乙烯纤维等低熔点热熔纤维），也可以是热熔粉末（如聚乙烯、共聚酯、共聚酰胺等粉状树脂）。它利用粘合材料受热熔融、流动的特性，将主体纤维交叉点相互粘连在一起，再经过冷却使熔融聚合物得以固化，从而生产出热粘合的非织造布。

（2）机械加固法又可分为针刺法、水刺法、缝编法等。针刺法是使用刺针对纤维网进行反复穿刺，使纤维缠结、加固而成的非织造布。水刺法是使用细束高压水流对纤维网喷射，使纤维缠结、加固而成的非织造布。缝编法是使用经编线圈结构对纤维网、纱线层、非纺织材料或它们的组合加固而成的非织造布，以及在底布中植入经编线圈结构，产生毛圈效应的非织造布。产品的外观和手感与传统织物非常相似。

（3）化学粘合法是指采用化学胶粘剂乳液或溶液，对非织造布纤维网实施浸渍、喷洒、泡沫、印花、溶剂等方式的处理，再通过热处理使纤维网中的胶粘剂液体交联加固，使纤维网中的纤维在胶粘剂化学键和机械力的作用下相互发生连接，从而形成具有一定强度的非织造布。

单元 8.2 纺织产品的性质特征

8.2.1 机织产品的性质特征

1. 棉型织物

棉型织物也称棉布，是以棉纱线为原料制织的机织物。随着化学纤维的发展，出现了棉型化学纤维，其长度、细度等物理性状符合棉纺工艺要求，在棉纺设备上纯纺或与棉纤维混纺而成，这类纤维的织物一般称为棉型化学纤维织物。因此，广义的棉织物包括纯棉和棉型化学纤维织物。

课件：棉型织物的
性质特征

视频：棉型织物的
性质特征

（1）平布。平布是一种以纯棉、纯化学纤维或混纺纱织成的平纹织物。其特点是经、纬纱的粗细及经、纬纱的密度相等或接近，具有组织简单、结构紧密、表面平整的特征。平布按其使用纱线线密度的不同，可分为粗平布、中平布和细平布三类。粗平布又称粗布，用 32 tex 及以上（18 英支及以下）的粗特纱织成；其特点是布面粗糙、厚实，布面棉结杂质较多，坚牢耐用，多用作衬料、被里、包装材料等。中平布又称市布、白市布，用 20.8 ～ 30.7 tex（28 ～ 19 英支）的中特棉纱或黏纤维纱、棉黏纱、涤棉纱等织制而成。其特点是结构较紧密，布面匀整光洁，质地坚牢，手感较硬。中平布大多用作面粉袋、衬料、被里布等，经印染加工的平布用于服装或装饰布。细平布又称细布，用 9.9 ～ 20.1 tex（59 ～ 29 英支）的细特棉纱、黏纤统一纱、棉黏纱、涤棉纱等织制而成的。其特点是质地细薄紧密、细洁柔软、布面杂质少。经漂白、染色和印花后，可制作衬衫、内衣、夏装、床上用品等。加工后用作内衣、裤子、夏季外衣等面料。

（2）府绸。府绸是布面呈现由经纱构成的菱形颗粒效应的平纹织物，是棉型织物的主要品种之一。其经密高于纬密，比例约为 2∶1 或 5∶3；采用条干均匀的经、纬纱线，织成结构紧密的坯布，再经烧毛、精练、丝光、漂白和印花、染色、整理而成。府绸用纱的线密度较低，具有质地轻薄、结构紧密、颗粒清晰、布面光洁、手感滑爽，并有丝绸感等特点。由于府绸经密比纬密大，经向强度比纬向强度高，府绸面料的服装往往容易出现纵向裂口，即纬纱先断裂的现象。府绸品种较多，有纯棉府绸、涤 / 棉府绸；根据纺纱来分，可分为普梳、半精梳和全精梳府绸；根据本色府绸的印染加工情况分，可分成漂白、印花和色织府绸；根据织造花色分，有隐条隐格、缎条缎格、提花、彩条彩格、闪色府绸等。府绸穿着舒适，是理想的衬衫、内衣、睡衣、夏装和童装面料，也可用于做手帕、床单、被褥等。

（3）斜纹布。斜纹布是采用 $\dfrac{2}{1}$ 组织单纱织造的，45° 左斜纹的中厚棉织物，也称单面斜纹布。其织物正面呈现清晰的斜纹纹路，杂色斜纹布的反面纹路不明显。斜纹布主要分为粗斜纹和细斜纹布。斜纹布质地较平布紧密厚实，手感比平布柔软，常用作工作服、制服、运动服、运动鞋的夹里、衬垫料等。斜纹布经砂洗整理后，质地柔软、松厚，适宜做夹克衫等。

平布、印花府绸、斜纹布的图片如图 8-5 所示。

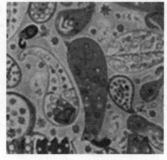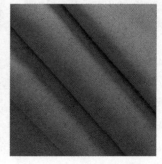

图 8-5　平布、印花府绸、斜纹布

（4）哔叽。哔叽（Beige）是采用 $\dfrac{2}{2}$ 斜纹组织织造的中厚双面斜纹棉织物，有全纱哔叽和半线哔叽之分。全纱哔叽为左斜纹，半线哔叽为右斜纹。哔叽结构较松，经纬纱的线密度和密度接近，质地柔软。斜纹倾角约为 45°，正、反两面纹路方向相反，斜向纹路宽而平。哔叽适用于做妇女、儿童服装和被面。

（5）华达呢。华达呢（Gabardine）是采用 $\frac{2}{2}$ 斜纹组织织造的双面细斜纹棉织物，有全纱华达呢和半线华达呢两种。全纱华达呢采用 $\frac{2}{2}$ 左斜纹组织；半线华达呢采用 $\frac{2}{2}$ 右斜纹组织。华达呢经密大于纬密，经、纬密度比约为 $2:1$，织物正、反面织纹相同，但斜纹方向相反，斜纹倾斜角约为 $63°$。华达呢具有斜纹清晰，质地厚实而不硬，耐磨而不易折裂等特点，适宜做各类外衣、风衣面料。

（6）卡其。卡其（Khaki Drill）来自中古波斯语，意思是灰尘，有大地的颜色、土色之意。卡其是棉织物中紧密度最大的一种斜纹织物，布面呈现细密而清晰的倾斜纹路。卡其品种较多，有单面卡其，采用 $\frac{3}{1}$ 斜纹组织，正面有斜向纹路，反面没有；双面卡其，采用 $\frac{2}{2}$ 加强斜纹组织，正、反面都有斜向纹路，正面纹路向右倾斜，粗壮饱满，反面纹路向左倾斜，不及正面突出；人字卡其，斜纹线一半左倾，一半右倾，使布面呈现"人"字外观；纱卡其，经、纬向均采用单纱，大多为 $\frac{3}{1}$ 斜纹组织，外观与斜纹布相似，但正面纹路比斜纹布粗壮明显。卡其织物结构较华达呢质地更紧密，手感厚实，挺括耐穿，但不耐磨。根据所用纱线不同可分为纱卡、半线卡和线卡；根据组织结物不同可分为单面卡、双面卡、人字卡、缎纹卡等。卡其经染整加工后，适用于做春、秋、冬季外衣、工作服、军服、风衣、雨衣等面料。

哔叽、华达呢、卡其的图片如图8-6所示。

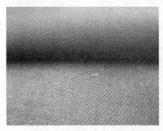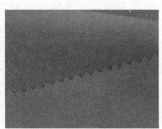

图8-6　哔叽、华达呢、卡其

（7）直贡。直贡是以五枚经面缎纹组织织制的棉织物。由于表面大多被经浮线覆盖，厚者具有毛织物的外观效应，故又称贡呢或直贡呢；薄者具有丝绸中缎类的风格，故称直贡缎。直贡可分成有纱直贡和半线直贡。直贡布面光洁、富有光泽、质地柔软厚实，经轧光后与真丝缎有相似外观效应。一般染色品种以黑色、蓝色为主，也有印花品种，适用于做外衣、风衣、鞋面用料及室内装饰等。

（8）横贡。横贡是以五枚纬面缎纹组织织制的棉织物。由于织物表面主要以纬浮长覆盖，具有丝绸中缎类的风格，故又称横贡缎。横贡的纬密高于经密，表面以纬纱为主，布面润滑而富有光泽，手感柔软。因纱支细洁，纬密高，在光线的照射下，发光较强，比直贡富有丝绸感。横贡多为印花加工，又称花贡缎，套色多，花型新，色泽鲜艳，经耐久性电光整理后，不易起毛，是高档棉布衣料，适宜做妇女衣裙、儿童棉衣和羽绒被面料等。

（9）灯芯绒。灯芯绒是布面呈现灯芯状绒条的织物，其是用纬纱起毛的组织，由一组经纱与两组纬纱交织而成。其中一组纬纱（称地纬）与经纱交织构成固结绒毛的地组织，另一组纬纱（称绒纬）与经纱交织构成有规律的浮纬，经割绒、刷毛、剪毛等整理后，织物表面呈凸起的绒条。灯芯绒织物手感弹滑柔软、绒条清晰圆润、光泽柔和均匀、厚实且耐磨，但较易撕裂，尤其是沿着绒条方向的撕裂强力较低。根据布面绒条的密度即每 2.5 cm 宽度内的绒条数的多少，又可分为阔条（小于 6 条）、粗条（6 ～ 8 条）、细条（9 ～ 20 条）、特细条（20 条以上）四种类型。灯芯绒在洗涤时，不宜用热水揉搓，洗后也不宜熨烫，避免脱毛和倒毛。灯芯绒织物在穿着过程中，其绒毛部分与外界接触，尤其是服装的肘部、领口、袖口、膝部等部位长期受到外界摩擦，绒毛容易脱落。灯芯绒用途广泛，可作为男女服装、衫裙、牛仔裤、童装、鞋帽、家具装饰布等。

（10）牛津布。牛津布又称牛津纺，起源于英国，是一种始于 1900 年、以牛津大学命名的传统精梳棉织物。牛津布原为纯棉色织布，即用色经白纬或白经色纬进行交织。采用双经单纬的纬重平组织或双经双纬的方平组织，是一种功能多样、用途广泛的面料。牛津布一般经纱较细，纬纱较粗，使纱组织点凸出布面，由于经纬异色，从而增强了色彩效果，并富有立体感。近年来开发了涤棉混纺纱与纯棉纱交织的牛津布，经染色后呈现色织效应，又称染色牛津布。牛津布的主要特征是色彩效果好、颗粒饱满、手感柔软、滑爽挺括、穿着舒适透气，是较好的衬衫面料。

直贡、横贡、灯芯绒、牛津布的图片如图 8-7 所示。

图 8-7　直贡、横贡、灯芯绒、牛津布

2. 麻型织物

麻型织物是指由麻纤维纺织而成的纯麻织物及麻与其他纤维混纺或交织的织物。麻纤维有很多品种，但能作为纺织纤维材料的只有苎麻、亚麻、黄麻和罗布麻等几种软质（韧皮纤维）麻纤维。

课件：麻型织物的
性质特征

视频：麻型织物的
性质特征

麻型织物的共同特点是质地坚硬韧、断裂强度高、弹性差、断裂伸长小、粗犷硬挺、凉爽舒适、吸散湿速度快，使得麻型织物透气凉爽，不贴身；是理想的夏季服装面料。麻型织物可分为纯纺和混纺两类。因麻纤维整齐度差，集束纤维多，成纱条干均匀度较差，织物表面有粗节纱和大肚纱，而这种特殊疵点恰构成了麻织物的独特风格。有些仿麻织物特意用粗节花色纱线织造，借以表现麻织物的风格。

（1）夏布。夏布是对手工制织的苎麻布的统称。其是用手工将半脱胶的苎麻韧皮撕劈成细丝状，再头尾捻绩成纱，然后织成的狭幅苎麻布，是我国传统纺织品之一，因用作夏令服装和蚊帐而得名。

夏布以平纹组织为主，有纱细布精的，也有纱粗布糙的。夏布有本色、漂白、染色和印花品种。低特纱的夏布条干均匀，组织紧密，色泽均匀，适宜做衣着用布，穿着时清汗离体，透气散热，挺爽凉快；高特纱的夏布组织疏松，色泽较差，多做蚊帐、滤布和衬料。

（2）纯苎麻布。纯苎麻布多为中、低特纱织造的平纹麻织物，经、纬纱常用27.8～18.5 tex（36～54公支）。纯苎麻布充分体现了苎麻的特性，苎麻被世界誉为"中国草"，是重要的纺织纤维作物，具有强度高、手感挺爽、蚕丝般光泽、吸湿散湿快、透气好、抑菌、防霉防腐、除臭吸附、良好的服用卫生性能等特点。但也存在易起皱、不耐曲磨，成衣的领口、袖口褶曲处易磨损，洗涤后需要浆烫等问题。

纯苎麻布一般用作床罩、床单、枕套、台布、餐巾等工艺美术抽绣品及夏令服装，在国际市场上视为高档纺织品。

（3）涤麻（麻涤）混纺布。涤麻（麻涤）混纺又称麻的确良，是涤纶短纤维与苎麻精梳长纤维的混纺织物。混纺比例中涤纶含量大于麻纤维的称为涤麻布；麻纤维含量大于涤纶的称为麻涤布。涤麻（麻涤）混纺后，可以使两种纤维性能取长补短，既保持了麻织物的挺爽感，又克服了涤纶织物吸湿性差的缺点，穿着舒适、易洗快干，是制作夏令衬衫、上衣、春秋季外衣等的高档衣料。

夏布、纯苎麻布、涤麻混纺布的图片如图8-8所示。

图 8-8　夏布、纯苎麻布、涤麻混纺布

（4）交织麻织物。交织麻织物是麻纱与棉纱、真丝、人造丝等交织而成的织物统称。通常以麻纱做纬纱，其他原料的纱线做经纱，采用匹染或色织。例如，苎麻或亚麻与棉纱交织的平纹中平布、粗平布；丝与亚麻纱交织的宽条缎面外观的丝麻缎；人造丝与亚麻交织的丝麻绸；还有麻、棉、氨纶包芯弹力纱交织的弹力布等。外观新颖，手感较纯麻织物柔软，坚牢耐用，穿着舒适，适用于做各种外衣、工装与休闲装等。

（5）亚麻细布。亚麻细布一般泛指低特、中特亚麻纱制织的麻织物，织物组织以平纹为主。亚麻细布具有竹节风格，紧度中等，吸湿散湿快，光泽柔和，不易吸附尘埃，易洗易烫等特点，织物透凉、爽滑，服用舒适，较苎麻布松软。其包括棉麻交织布、麻涤、麻棉，主要用于做服装、抽绣、装饰和巾类。

交织麻织物、亚麻细布的图片如图8-9所示。

图 8-9　交织麻织物、亚麻细布

3. 毛型织物

毛型织物是指以羊毛、兔毛等各种动物毛为原料，以及羊毛和其他纤维混纺或交织的制品，统称为毛织物，又称呢绒。从广义角度讲，毛织物也包括纯化学纤维仿毛型织物。

毛织物手感柔软，光泽滋润，色调雅致，具有优异的吸湿性，良好的保暖性、拒水性和悬垂性等，而且耐脏、耐用，是一种高档的衣着用料。

课件：毛型织物的性质特征　　视频：毛型织物的性质特征

（1）精纺毛织物。精纺毛织物又称精纺呢绒，是用精梳毛纱制织而成。所用羊毛品质较高，呢面光洁，织纹清晰，手感滑糯，富有弹性，颜色莹润，光泽柔和，男装料紧密结实，女装料松软柔糯，适宜制作春、秋、冬、夏季服装。其主要品种如下：

①凡立丁。凡立丁是用精梳毛纱制织的平纹毛织物，属传统的轻薄精纺面料。凡立丁的经、纬向均采用股线，纱支较细，捻度较大，织物密度较低。呢面光洁平整，条干均匀，织纹清晰，手感滑爽挺括，富有弹性。其多为匹染素色，原料以全毛为主，也有涤毛、纯化学纤维等品种。凡立丁适宜做夏季的男女上衣、裤料、裙料等。

②派力司。派力司是采用条染混色精梳毛纱制织的轻薄型平纹毛织物。一般经向用股线，纬向用单纱，色泽以中灰、浅灰为主。呢面呈现不规则的混色雨丝状，质地细洁、轻薄、平挺、爽滑，光泽柔和。除全毛产品外，还有毛涤和纯化学纤维产品。其适用于做夏季男女套装、西裤等。

③华达呢。华达呢又称轧别丁，是用精梳毛纱制织的，有一定防水性能的紧密斜纹毛织物。华达呢是精纺呢绒的主要产品。华达呢的经、纬纱一般均为股线，密度较高，且经密大于纬密近一倍，故斜纹纹路正面清晰，细密饱满，倾斜呈现63°。华达呢呢面光洁平整，手感挺括结实，质地紧密而富有弹性。华达呢的组织有三种，即采用 $\frac{2}{1}\nearrow$ 组织的单面华达呢、采用 $\frac{2}{2}\nearrow$ 组织的双面华达呢和采用缎纹变化组织的缎背华达呢。华达呢坚牢耐穿，但在经常摩擦部位易起极光。其主要用于制服、西服、套装等面料，经防水整理可制作高档风雨衣。

凡立丁、派力司、华达呢的图片如图 8-10 所示。

④哔叽。哔叽是素色的斜纹精纺毛织物，常采用 $\frac{2}{2}\nearrow$ 组织，经密略大于纬密，故斜纹

倾角为 45°～50°；正、反面纹路相似，方向相反。与华达呢相比，纹路较平坦，间距较宽，经、纬交织点清晰，密度适中，质地丰糯柔软。哔叽品种较多，按呢面可分为光面哔叽和毛面哔叽，市售多为光面哔叽；按用纱粗细和织物质量可分为厚哔叽、中厚哔叽、薄哔叽；按原料可分为全毛哔叽、毛混纺哔叽、纯化纤哔叽等。哔叽可制作西服、套装、学生服、裙料等。

图 8-10　凡立丁、派力司、华达呢

⑤啥味呢。啥味呢又名春秋呢或精纺法兰绒，是一种有轻微绒面的精纺毛织物，属于精纺服装面料的风格产品之一。外观特点与哔叽很相似，采用 $\dfrac{2}{2}\nearrow$，倾斜角约为 45°。啥味呢与哔叽的主要区别在于哔叽是单一素色，而啥味呢的色泽以灰色、咖啡色等混色为主；哔叽呢面光洁，而啥味呢呢面可分为毛面、光面和混纺啥味呢三种。啥味呢呢面平整，绒毛细短平齐，混色均匀，无散布性长纤维披露在呢面上，光泽柔软，手感软糯丰厚，有弹性，多用于制作春秋套装、夹克衫、男女西服、中山装、裤料等。

⑥贡呢。贡呢是紧密细洁的缎纹中厚型毛织物，呢面呈现细斜纹，斜纹角度在 63°～76° 的称为直贡呢，斜纹角度在 14° 左右的称为横贡呢，通常所说的贡呢是指直贡呢（又称礼服呢）。贡呢呢面平整光滑，身骨紧密厚实，手感滋润柔软，光泽明亮柔和，因经浮线较长，坚实程度较华达呢差，容易起毛，色泽常为元色和藏青色，适宜做大衣、礼服、西装及鞋帽等。

哔叽、啥味呢、贡呢的图片如图 8-11 所示。

图 8-11　哔叽、啥味呢、贡呢

（2）粗纺毛织物。粗纺毛织物又称粗纺呢绒，是用粗梳毛纱制织而成，是一种质量轻、外观好的新式纺织品。织品一般经过缩绒和起毛处理，故呢身柔软厚实，质地紧密，呢面丰满，表面有或长或短的绒毛覆盖，不露或半露底纹，保暖性好，适宜做秋、冬装。

①麦尔登。麦尔登原名 Melton，其原产自英国 Melton Mowbray，是一种高品质的粗纺毛织物。常用细支羊毛为原料，经重缩绒整理而成。其质地紧密，呢面有细密的毛茸覆盖，具有富有弹性，成衣挺括，不易折皱，耐磨耐穿，不起球，抗水防风等特点。麦尔登大多是以羊毛

织成并且在多数情况之下以斜纹布类型进行编结，所以，其布料偏厚。其按使用原料不同可分为全毛麦尔登和混纺麦尔登。色泽以藏青、元色或其他深色居多，近年也有中浅色产品。其主要用于做男士秋冬季大衣、制服、中山装、西裤、帽子等。

②海军呢。海军呢也称细制服呢，是海军制服呢的简称，所用原料质量好，成品紧密厚实，呢面丰满，基本不露底纹，有类似麦尔登的风格特征，手感挺括，有弹性。一般染成藏青及其他深色，由做海军制服而得名，世界各国海军多用此类粗纺毛织物做军服。该织物还适宜于做秋、冬季各类外衣，如中山装、军便装、学生装、夹克、两用衫、制服、青年装、铁路服、海关服、中短大衣等。

③制服呢。制服呢也称粗制服呢，采用较粗的中低级羊毛为原料，是一种较低级的粗纺呢绒。由于使用了较低品级的羊毛，且纱线粗，故制服呢不及海军呢细腻丰满，其呢面较粗糙，稍露底纹，色泽不均匀，经常摩擦易落毛、露底，影响外观，但价格低，质地厚实，适用于制作秋冬季制服、外套、夹克衫、大衣和劳动保护用服等。

麦尔登、海军呢、制服呢的图片如图 8-12 所示。

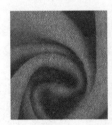

图 8-12　麦尔登、海军呢、制服呢

④大衣呢。大衣呢是粗纺呢绒中规格品种较多的一类，质地丰厚，保暖性强，是缩绒或缩绒起毛织物。大衣呢的原料以羊毛为主，可配用部分特种动物毛，如兔毛、羊绒、驼绒、马海毛等，制成兔毛大衣呢、羊绒大衣呢、银枪大衣呢等。根据织物的不同风格，采用不同的组织结构和染整工艺，因而每一类大衣呢都各具特色。根据织物外观和结构，大衣呢可分为平厚大衣呢、立绒大衣呢、顺毛大衣呢、拷花大衣呢、花式大衣呢五种，适宜做各种冬季大衣、风衣、帽料等。

⑤法兰绒。法兰绒是粗纺呢绒大类品种之一，于 18 世纪创制于英国的威尔士，是一种采用粗梳毛纱织制的柔软而有绒面的毛织物。其分为纯毛及毛混纺两种。

传统的法兰绒用纱是将部分原料进行散纤维染色，再掺入部分白纤维，均匀混合后得到混色毛纱，色泽以黑白混色为多，呈中灰色、浅灰色或深灰色。随着品种的发展，现在法兰绒也有很多素色及条格产品。法兰绒采用平纹或斜纹织成，表面有绒毛覆盖，半露底纹，丰满细腻，混色均匀，手感柔软而富有弹性，身骨较松软，保暖性好，穿着舒适，适宜做秋、冬套装、女裙、西裤、上衣等。

⑥粗花呢。粗花呢也称粗纺花呢，是粗纺呢绒中具有独特风格的花色品种，其外观特点就是"花"。粗花呢用单色纱、混色纱、合股线、花式线等和各种花纹组织配合在一起，形成人字、条格、条子、格子、圈圈、星点、提花、小花纹、夹金银丝及有条子的阔、狭、明、暗等几何图形，花色新颖，配色协调。

粗花呢表面有呢面、绒面、纹面三类，根据用毛的质量有高、中、低三档之分。产品呢身较粗厚，构型典雅，色彩协调，粗犷活泼，文雅大方，适宜做女时装、女春秋衣裙、男女西服上装、童装等服装面料。

大衣呢、法兰绒、粗花呢的图片如图8-13所示。

图8-13　大衣呢、法兰绒、粗花呢

⑦钢花呢。钢花呢也称火姆司本，是以条干不均匀的纱采用平纹或斜纹组织织成的粗花呢，是粗花呢的传统品种之一。因表面均匀散布红、黄、蓝、绿等彩点，似钢花四溅而得名。钢花呢结构粗松，色彩斑斓，别具风格，宜做男女上装、风衣、大衣等。

⑧海力司。海力司是粗花呢的传统品种之一。其原料为低档粗花呢用料，用纱较粗，多为混色产品。呢面混色均匀，覆盖的绒毛较稀疏，织纹清晰明显，手感挺实，较粗犷。色泽以棕色、灰色为主，适合做各类上衣。

4. 丝织物

丝织物主要是指用蚕丝（包括桑蚕丝、柞蚕丝）、人造丝、合成纤维丝等为原料织成的各种织物，属于高档服装面料。丝织物的性能包括有光泽、柔软平滑、拉力强、弹性好、不易折皱起毛、不导电，另外，还具有吸湿、遇水收缩卷曲等特点。

课件：丝织物的性质特征　　视频：丝织物的性质特征

丝织物的品种繁多，薄如纱、厚如呢、华如锦。根据我国的传统习惯，结合丝织品的组织结构、加工方法、外观风格，划分为纺、绉、绸、缎、锦、绡、绢、绫、纱、罗、绨、葛、绒、呢共14大类。

（1）纺类。纺类是一种质地平整细密，比较轻薄的平纹丝织物，又称纺绸。经、纬丝一般不加捻，原料有桑蚕丝、绢丝、粘胶丝、涤纶丝和锦纶丝。

（2）绉类。绉类是运用工艺手段或组织结构，使表面呈现绉纹效应的质地轻薄的丝织物。绉织物外观风格独特，光泽柔和，手感糯爽而富有弹性，抗皱性能良好，但缩水率较大。

（3）绸类。绸是丝织物总称，所有无明显的其他13大类品种特征的丝织物都可以称为绸。其类型最多，用料广泛，桑蚕丝、柞蚕丝、粘胶丝、合成纤维丝等都可以使用。丝织行业习惯把紧密结实的花、素织物称为绸，如塔夫绸。绸类织物质地细密，较缎稍薄，但比纺稍厚。轻薄型绸类，质地柔软，富有弹性，用于衬衫、裙子等；中厚型绸类，丰满厚实，表面层次感强，可做西服、礼服等。

纺、绉、绸的图片如图8-14所示。

（4）缎类。缎类织物是指全部或大部分采用缎纹组织，质地紧密柔软，绸面平滑光亮的丝织物。经、纬丝一般不加捻（绉缎除外）。缎类品种很多，按原料可分为真丝缎、粘胶丝缎、交织缎等；按提花与否又可分为素缎和花缎。

图 8-14　纺、绉、绸

（5）锦类。锦类织物是采用斜纹或缎纹组织，绸面精致绚丽的多彩色织提花丝织物。锦的生产工艺要求高，织造难度大，所以，它是古代最贵重的织物，也是中国传统丝织品之一。锦的特点是外观五彩缤纷、富丽堂皇、花纹精致古朴、质地较厚实丰满，采用的纹样多为龙、凤、仙鹤和梅、兰、竹、菊及文字"福、禄、寿、喜""吉祥如意"等民族花纹图案。锦采用精练、染色的桑蚕丝为主要原料，常与彩色粘胶丝、金银丝交织，纬线一般三色以上。中国传统名锦有云锦、蜀锦、壮锦、宋锦等。锦类多用作妇女服装面料、少数民族大袍用料及各类装饰用料等。

（6）绡类。绡类织物是采用桑蚕丝、金银丝、粘胶丝、合成纤维为原料以平纹或变化平纹织成的轻薄透明的丝织物。其特点是经、纬密度小，质地爽挺、轻薄、透明、孔眼方正清晰。从工艺上可将绡分为素绡、花绡。素绡是在绡地上提出金银丝条子或缎纹条子，如建春绡、长虹绡等；花绡是以平纹绡地为主体，提织出缎纹、斜纹和浮经组织的各式花纹图案，或将不提花部分的浮长丝修剪掉，如伊人绡、迎春绡等，还有经烂花加工的烂花绡。绡类丝织物主要用于制作女士晚礼服、头巾、连衣裙、披纱等。

缎、锦、绡的图片如图 8-15 所示。

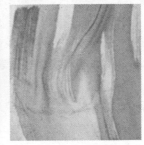

图 8-15　缎、锦、绡

（7）绢类。绢类织物是采用平纹或重平组织，经、纬纱先染色或部分染色后进行色织或半色织套染的丝织物。质地较缎、锦类轻薄，绸面细密、平整、挺括，光泽柔和。绢可以用桑蚕丝、粘胶丝纯织，也可以用桑蚕丝与粘胶丝及合成纤维长丝交织。经、纬一般不加捻或加弱捻。可用于制作外衣、礼服、滑雪衣等面料，也可做床罩、毛毯、镶边、领结、帽花、绢花等。常见的产品有塔夫绸、天香绢等。

（8）绫类。绫类是以斜纹或变化斜纹为基础组织，表面具有明显的斜向纹路，或以不同斜向组成的山形、条格形及阶梯形等花纹的丝织物。

绫类有素绫和花绫之分。素绫采用单一的斜纹或变化斜纹组织；花绫在斜纹地组织上常织有盘龙、对凤、麒麟、仙鹤、万字、寿团等民族传统纹样。

绫类织物光泽柔和，质地细腻，穿着舒适。中型绫织物宜做衬衣、头巾、连衣裙等，轻薄绫宜做服装里子或专供裱装书画经卷及装饰精美的工艺品包装盒用。

（9）纱、罗类。纱、罗类织物是采用纱、罗组织制织的丝织物。纱、罗组织是纱组织与罗组织的总称。

"纱"是以纱组织织成的织物，其表面具有全部或局部透明纱眼的特征；"罗"是以罗组织织成的织物，外观具有横条或直条形孔眼的特征。

纱、罗织物经、纬一般以长丝为原料，经、纬密度较低，质地轻薄，织纹孔眼清晰，透气舒适，多用于制作窗帘、蚊帐、妇女晚礼服及装饰用布等。素纱罗在工业上用做筛网过滤等。

绢、绫、纱、罗的图片如图 8-16 所示。

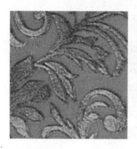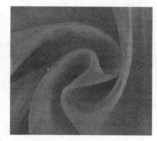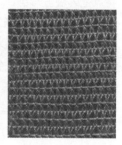

图 8-16　绢、绫、纱、罗

（10）绨类。绨类是用有光粘胶丝作经、棉纱或蜡线等作纬纱，以平纹组织交织的丝织物，质地粗厚紧密，织纹简洁清晰。

（11）葛类。葛类是经、纬向用相同或不同种类原料织成的表面有明显横向凸纹的花、素丝织物。葛类织物质地厚而较坚牢，外观粗犷，横棱凹凸明显，多用作春秋季和冬季的袄面等。

（12）绒类。绒类是采用桑蚕丝或化纤长丝，通过起毛组织织制而成的表面具有绒毛或绒围的花素织物，又称为丝绒织物，具有外观绒毛紧密耸立、质地柔软、色泽鲜艳光亮、富有弹性等特点。

（13）呢类。呢类是采用结组织、平纹斜纹等组织，应用较粗的经纬丝线织制的质地丰厚仿毛型丝织物，又称为呢类丝织物。一般以长丝和短纤纱交织为主，也有采用加中捻度的桑蚕丝和粘胶丝交织而成。

8.2.2　针织产品的性质特征

1. 纬编针织物

（1）汗布。汗布以纬平针组织制织，质地轻薄，延伸性、弹性和透气性好，能较好地吸附汗液，穿着凉爽舒适，但有卷边、脱散现象。原料有棉纱、腈纶纱、真丝、

课件：针织产品的
性质特征

视频：针织产品的
性质特征

涤纶丝和棉／腈、棉／涤、涤／麻混纺纱等。其主要用于衬衣、汗衫、背心、内裤、文化衫、睡衣睡裤、婴儿装等。

（2）棉毛布。棉毛布采用双罗纹组织制织，因其主要用于棉毛衫裤，故称棉毛布。棉毛布手感柔软、弹性和横向延伸性较好、厚实保暖、结实耐穿，无卷边现象。原料有棉纱、腈纶纱、棉／腈纱、棉／涤（涤／棉）纱、黏／棉纱等，宜做春、秋、冬三季的内衣，棉毛衫裤，运动服及外衣。

（3）罗纹布。罗纹布采用正面线圈纵行与反面线圈纵行相间配置的罗纹组织织成，两面都有清晰的直条纹，横向延伸性和弹性较好，无卷边现象，但有逆编织方向脱散性。织物可做罗纹衫、背心、三角裤、游泳裤等，也可做服装辅料，用于领口、袖口、裤口等。

汗布、棉毛布、罗纹布的图片如图8-17所示。

图8-17　汗布、棉毛布、罗纹布

（4）网眼布。网眼布是以集圈组织制织的表面具有网眼效应的针织物。布面是各种网孔花纹，线圈间空隙明显，外观美观，穿着凉爽透气。原料采用纯棉纱、涤棉混纺纱和涤纶变形丝等，可做衬衫、裙子、连衣裙、汗衫等。

（5）涤盖棉。涤盖棉采用双罗纹集圈组织编织。织物一面呈现涤纶线圈，另一面呈现棉纱线圈，中间通过集圈加以连接。织物常以涤纶为正面，棉纱为反面，集涤纶织物的挺括抗皱、耐磨坚牢、良好的覆盖性及棉织物的柔软贴身、吸湿透气等特点为一体，是受欢迎的运动服、夹克衫和休闲装的面料。

（6）起绒针织布。起绒针织布是指表面起绒，有一层稠密短细绒毛的针织物。其可分为单面绒和双面绒两种。单面绒由衬垫组织的针织坯布反面经拉毛处理而形成；双面绒一般是在双面针织物的两面进行起毛整理而形成。起绒针织布手感柔软、质地丰厚、轻便保暖、舒适感强。底布常用棉纱、棉混纺纱、涤纶纱或涤纶丝，起绒纱常用纱支较粗、捻度较低的棉纱、腈纶纱、毛纱或混纺纱。其主要品种有卫生衫裤和运动衫裤两大类。

网眼布、涤盖棉、起绒针织布的图片如图8-18所示。

图8-18　网眼布、涤盖棉、起绒针织布

（7）天鹅绒。天鹅绒是由毛圈针织物加工织成的新兴品种。把毛圈针织物的毛圈织得比一般的高一些，然后把毛圈的顶端剪掉，再把纤维梳理整齐，织品就呈现出丰满、平整、光洁的绒面。为形容织物的高贵，故取名为天鹅绒。天鹅绒具有丝绒般丰满的绒面，绒毛紧密而直立，手感柔软、厚实，弹性好，织物坚牢耐磨，外观华丽，穿着舒适。绒面多采用粘胶或腈纶纱，底纱采用锦纶或涤纶，可用于制作外衣、帽子、衣领、玩具、家具装饰物等。

（8）提花针织布。提花针织布是采用提花组织的纬编针织物。提花针织布花纹清晰，图案丰满，质地较为厚实，结构稳定，延伸性和脱散性较小，手感柔软而富有弹性，是较好的针织外衣面料。

（9）长毛绒针织物。长毛绒针织物在编织过程中，纤维与地纱一起喂入织针编织，纤维以绒毛状附在针织物表面。因其绒毛结构和外观都与天然毛皮相似、逼真，可以用来仿制天然毛皮，因此又称为人造毛皮。人造毛皮具有比天然毛皮质量轻、柔软、弹性和延伸性好，以及保暖、耐磨、防蛀、易洗涤等特点。底布常用棉纱、涤纶纱或混纺纱，绒毛采用腈纶或变性腈纶，可用于仿裘皮外衣、防寒服、童装、夹克、帽子、卡通玩具面料等。

天鹅绒、提花针织布、长毛绒针织物的图片如图8-19所示。

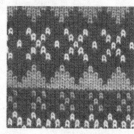

图8-19　天鹅绒、提花针织布、长毛绒针织物

2. 经编针织物

（1）网眼织物。经编网眼织物是在织物结构中产生有一定规律网孔的针织物，天然纤维和化学纤维均可制织网眼织物，如棉、锦纶、涤纶、氨纶等。经编网眼织物具有结构较稀松、有一定的延伸性和弹性、透气性好、孔眼分布均匀对称等特点。网眼的变化范围很大，小到每个横列上都有孔，大到十几个横列上只有一个孔。网眼形状多且复杂，有方形、圆形、菱形、六角形、垂直柱条形、纵向波纹形等。该织物主要用于制作男女外衣、内衣、运动衣、蚊帐、洗衣网、三明治网布、绣花网布、窗帘等。

（2）灯芯绒织物。经编灯芯绒织物是指表面具有灯芯条状的经编针织物。主要原料以棉为主，因绒条像一条条灯草芯，所以称为灯芯绒。织物的弹性和绒毛稳定性较机织灯芯绒为佳，且生产工序简单。经编灯芯绒可采用各种天然纤维和化学纤维纱编织。其品种有拉绒灯芯绒和割绒灯芯绒。后者除纵条灯芯绒外，还可以采用不同的色纱穿纱顺序或改变走针方式，织出各种纵条、方格、菱形等凹凸绒面的类似花式灯芯绒织物。灯芯绒织物保暖性好，立体效果好；适宜制作秋、冬季外衣、鞋帽面料和幕布、窗帘、沙发面料等装饰用品。

（3）丝绒织物。经编丝绒织物具有机织丝绒的效应。按绒面性状可分为平绒、横条绒、直条绒和色织绒，且各种绒面可在同一块织物上交替使用，形成复杂美丽的绒面效应。织物的绒纱多采用腈纶、涤纶、羊毛、毛/黏、粘胶和醋酯长丝。底布用纱要求粗细合适，并适用于经编织造，一般天然纤维和化学纤维均可采用。经编丝绒织物常用于制作外衣面料、装饰布和汽车座位包覆面料。

网眼织物、灯芯绒织物、丝绒织物的图片如图 8-20 所示。

图 8-20　网眼织物、灯芯绒织物、丝绒织物

（4）毛圈织物。经编毛圈织物可以编织成和纬编毛圈织物类似的、表面有环状纱圈覆盖的织物，有单面毛圈和双面毛圈。当采用不同原料或不同颜色时将产生双色毛圈织物，常用色织工艺和印花工艺使毛圈织物花色更加丰富。毛圈织物结构稳定，外观丰满，毛圈坚牢、均匀，具有良好的弹性、保暖性、吸湿性，布面柔软厚实、无折皱，不会产生抽丝现象，有良好的服用性能。该织物如果在后整理加工中把毛圈剪开，可制成经编天鹅绒类织物，作为中高档服装和装饰用布。其主要用于制作装饰、睡衣裤、运动服、海滩服、毛巾、床单、床罩、浴巾等。

（5）弹力织物。经编弹力织物是指有较大伸缩性的经编针织物，编织时加进弹力纱并使之保持一定的弹力和合理的伸长度。目前广泛使用氨纶弹力纱和氨纶弹力包芯纱制织。这类针织物延伸性大，弹性恢复力强，穿着既合体贴身，又运动自如，舒适轻巧，可做紧身衣、胸衣、泳装、体操服、舞蹈服、体育护身用品、军用带、医用卫生带及外衣等。

（6）提花织物。经编提花织物是指在几个横列中不垫纱又不脱圈而形成拉长线圈的经编织物。织物结构稳定，外观挺括，表面有明显的凹凸花纹，立体感强，花型多变，外形美观，悬垂性能好。其主要用途是用于制作妇女外衣、内衣、裙料及装饰用品。

（7）花边织物。经编花边织物是指由衬纬纱线在地组织上形成较大衬纬花纹的针织物。花边织物底组织多呈网孔形，质地轻薄，手感软而不疲，柔而有弹性，挺而不硬，悬垂性好，花、底分明，层次清晰。原料以合成纤维和人造纤维为主，也可采用棉纱。花边织物的装饰感较强，因此主要用于制作内衣裤、外衣、礼服、童装的装饰料。

毛圈织物、弹力织物、提花织物、花边织物的图片如图 8-21 所示。

图 8-21　毛圈织物、弹力织物、提花织物、花边织物

8.2.3 非织造布的性质特征

课件：非织造布的性质特征　视频：非织造布的性质特征

1. 缝编印花织物

纤维网型缝编印花织物可以选用棉、粘胶纤维等纤维素纤维成网，是干法成网的一种。用涤纶长丝以单梳栉编链组织进行交织而成，产品表面粗厚，经印花等整理后的产品富有立体感。纱线层缝编印花织物，选用粘胶短纤维纱为纬纱，涤纶短纤维纱为衬经纱，涤纶长丝为缝编纱制成。坯布经"印花-烂花"整理后，产品轻盈飘逸，类似抽纱风格。这些织物性能介于机织和针织物之间，按不同用途选做床罩、台布、浴衣等各种服装或装饰用布。

2. 针刺呢

针刺呢是利用废毛及化学纤维的混合纤维，采用针刺和粘合工艺并结合羊毛纤维的毡缩性能的特定工艺制得的类似粗纺呢绒的产品。针刺呢的强力和耐磨性比机织大衣呢、女式呢略高，呢面光滑度、弹性、保暖性与呢绒相同或略好。一般的针刺呢手感较硬、弹性较差，多用于做鞋帽、童装、混纺绒毯及车辆坐垫等。

3. 热熔衬

热熔衬又称粘合衬、热熔粘合衬，是一种新型的服装衬里材料。它一般是选用涤纶、涤黏非织造布为底布，经过涂层工艺，在布面上涂上热熔性树脂而成。其主要作用是加强面料，使面料变得挺括丰满，对服装起成型和支撑骨架的作用。由于非织造布具有质轻价低、适型和保型好及优良的柔软性、透湿性和透气性，因此，近年来得到令人瞩目的发展。

缝边印花织物、针刺呢、热熔衬的图片如图 8-22 所示。

图 8-22　缝边印花织物、针刺呢、热熔衬

4. 热熔絮棉

热熔絮棉又称定型棉，是选用涤纶、腈纶等纤维为主体原料，以适量的丙纶、乙纶等低熔点纤维用胶粘剂，经开松、混合、成网、热熔定型等工序而制得的产品。热熔絮棉比棉絮轻柔、保暖并可洗涤，可以作为保暖服装和床上用品的絮料。

5. 喷浆絮棉

喷浆絮棉又称喷胶棉，与热熔絮棉相似，即通常所说的太空棉或真空棉，也是一种新型保暖非织造材料。喷浆絮棉选用中空或高卷曲涤纶、腈纶等纤维为原料，经拉松、梳理、喷胶、焙烘固化加工而成。其结构疏松，比热熔絮棉蓬松性更高，同样厚的产品可以少用 1/4 ～ 1/3 纤维，而且具有压缩回弹性好、手感柔软、耐水洗及保暖性良好等特点，所以，近几年已成为加工制造棉服和滑雪衫、太空服和棉被、睡袋等床上用品及某些工业用品的重要材料。

6. 仿麂皮非织造布

仿麂皮非织造布以海岛型复合短纤维为原料，通过分梳、铺网、层叠成纤维网，然后进行针刺，使纤维之间形成三维结合构造物，经处理将"海"成分除去，"岛"成分形成了 0.011 ～ 0.099 dtex 的超细纤维。将这种针刺毡浸渍聚氨酯溶液，然后导入水中使树脂凝固，形成内部结合点，即制成仿麂皮基布。将仿麂皮基布进行表面磨毛处理形成绒毛，再进行染色整理，形成酷似天然皮革的仿麂皮。

仿麂皮非织造布手感柔软，有麂皮样非常高雅的外观。另外，它保暖性、透气、透湿性好，耐洗、耐穿，尺寸稳定性好，不霉、不蛀、无臭味、色泽鲜艳，适合做春、秋外衣、大衣、西服、礼服、运动衫等服装。

热熔絮棉、喷浆絮棉、非织造布仿麂皮的图片如图 8-23 所示。

图 8-23　热熔絮棉、喷浆絮棉、非织造布仿麂皮

单元 8.3　纺织产品的品质评定

8.3.1　纱线的品质评定

1. 棉纱线的品质评定

棉纱线实质上是指所有棉型纱线，包括棉纱、棉型化学纤维纱线和棉与化学纤维混纺纱线等。棉本色纱线的品质评定按照《棉本色纱线》(GB/T 398—2018) 进行，此标准适用于环锭纺棉本色纱线（机织用纱），不适用于特种用途的棉本色纱线。

课件：纱线的品质评定

视频：纱线的品质评定

（1）分等规定。棉本色纱线以同一原料、同一工艺连续生产的同一规格的产品作为一个或若干检验批。产品质量等级可分为优等品、一等品、二等品，低于二等品为等外品。棉本色纱线质量等级根据产品规格，以考核项目中最低一项进行评等。

（2）技术要求。棉本色单纱技术要求包括线密度偏差率、线密度变异系数、单纱断裂强度、单纱断裂强力变异系数、条干均匀度变异系数、千米棉结（＋200%）、10 万米纱疵七项指标。棉本色股线技术要求包括线密度偏差率、线密度变异系数、单线断裂强度、单线断裂强力变异系数、捻度变异系数五项指标。

棉本色纱线外观质量黑板检验方法由供需双方根据后道产品的要求协商确定，黑板棉结粒数和黑板棉结杂质总粒数的参考值可参考《棉木色纱线》（GB/T 398—2018）的附录。

2. 毛纱线的品质评定

毛纱线实质上是指所有毛型纱线，即包括精梳毛纱、粗梳毛纱、毛型化学纤维纱线和毛与化学纤维混纺纱线等。各类毛纱线根据纱批大小，按规定取样试验后，进行品质评定。试验应在标准温度、湿度条件下调湿平衡后进行。

（1）精梳毛纱线的品质评定。根据企业标准规定，精梳毛纱的品质评定是根据物理指标（内在质量）评等；根据外观质量评级，另加检验条干一级率。

①精梳毛纱的评等。评等是依据支数标准差、重量不匀率、捻度标准差、捻度不匀率和断裂长度等物理指标。对这些指标分别评等，取其中的最低等作为该批精梳毛纱的评定等。精梳毛纱的品等可分为一等、二等，不及二等者为等外。

②精梳毛纱的评级。评级是依据10块黑板450 m长毛纱中的毛粒数和纱疵数，以及5 000 m慢速倒筒的2 cm以上纱疵数和5 cm以上大肚纱数。对这些指标分别评级，取其中的最低级作为该批毛纱的评定级。精梳毛纱的分级可分为一级、二级，不及二级者为级外。

③条干一级率。将前述10块黑板依次在规定的光线下用目光与条干标准样照对比。根据其粗节、细节、云斑等情况，分别评定每块黑板的条干均匀度级别。然后计算一级条干所占的百分率即条干一级率。

（2）半精梳毛纱线的品质评定。半精梳毛纱线的品质评定标准依据按照《半精纺毛机织纱线》（FZ/T 22005—2019）进行。半精纺毛纱线的品质等级以批为单位，按内在质量和外观质量的检验结果综合评定，并以其中最低一项评定等级。其可分为优等品、一等品、合格品。

①内在质量的评定等级。内在质量的评定等级以批为单位，按物理指标和染色牢度综合评定，并以其中最低项评定等级。物理指标包括纤维含量、线密度偏差率、线密度变异系数、捻度偏差率、捻度变异系数及单根纱线断裂强力。物理指标的评定等级按表8-1规定执行。

表8-1 物理指标评定等级

项目			优等品	一等品	合格品
纤维含量			按《纺织品 纤维含量的标识》（GB/T 29862—2013）执行		
线密度偏差率 /% ±	股线	高支纱 ª 低支纱 ᵇ	2.0	2.5	3.0
		低支纱 ᶜ	2.8	3.0	3.5
	单纱		2.0	3.0	3.5
线密度变异系数 /% ≤	股线		2.0	3.0	4.0
	单纱		2.5	3.5	4.5
捻度偏差率 /% ±	股线		3.5	4.5	5.5
	单纱		4.0	5.0	6.0

项目		优等品	一等品	合格品
纤维含量		按《纺织品　纤维含量的标识》(GB/T 29862—2013) 执行		
捻度变异系数 /% ≤	股线	9.0	11.0	12.5
	单纱	11.0	13.0	15.0
单根纱线断裂强力 d/cN ≥	股线	200		
	单纱	110		

a 14.3 tex 及以下（70 公支及以上）的单纱。
b 31.2 ～ 14.3 tex（32 公支～ 70 公支）的单纱。
c 31.2 tex 及以上（32 公支及以下）的单纱。
d 用于经纱的纯毛纺、毛混纺纱可按协议规定

②色牢度。色牢度指标包括耐光、耐干洗、耐洗、耐酸汗渍、耐碱汗渍、耐水和耐摩擦色牢度。色牢度指标的评定等级按表 8-2 规定执行。

表 8-2　物理指标评定等级

项目		优等品	一等品	合格品
耐光 / 级 ≥	深色	4	4	3
	浅色	3	3	3
耐干洗 / 级 ≥	变色	4	4	3 ～ 4
	毛布沾色	4	3 ～ 4	3
	其他贴衬沾色	4	3 ～ 4	3
耐洗 / 级 ≥	变色	4	3 ～ 4	3
	毛布沾色	4	3	3
	其他贴衬沾色	3 ～ 4	3	3
耐酸汗渍 / 级 ≥	变色	4	3 ～ 4	3
	毛布沾色	4	3	3
	其他贴衬沾色	3 ～ 4	3	3
耐碱汗渍 / 级 ≥	变色	4	3 ～ 4	3
	毛布沾色	4	3	3
	其他贴衬沾色	3 ～ 4	3	3
耐水 / 级 ≥	变色	4	3 ～ 4	3
	毛布沾色	4	3	3
	其他贴衬沾色	3 ～ 4	3	3
耐摩擦 / 级 ≥	干摩擦	4	3 ～ 4（深 3）	3
	湿摩擦	3 ～ 4	3（深 2 ～ 3）	23

注：1. 根据《染料染色标准深度色卡 2/1、1/3、1/6、1/12、1/25》(GB/T 4841.3—2006) 的规定，> 1/12 标注深度为深色，≤ 1/12 标准深度为浅色。
2. 耐干洗色牢度布考核标注不可干洗的产品。
3. 耐洗色牢度不考核标注不可水洗的产品

③外观质量。半精纺毛纱线的外观质量按产品色差及纱线疵点的规定评定等级，以其中最低一项定等，分为优等品、一等品、合格品。纱线表面疵点以10块黑板所绕取（包括正反面）相应长度的纱线上的纱疵总量对照表8-3评定等级。

表8-3　表面疵点评定等级　　　　　　　　　　　　　　　只

项目		优等品	一等品	合格品
大肚、超长粗	纯毛纱	不允许	不允许	≤1
	毛混纺纱	不允许	不允许	≤1
	纯化纤纱	≤1	≤1	≤2
毛粒及其他纱疵	纯毛纱	≤15	≤15	≤20
	毛混纺纱	≤20	≤20	≤30
	纯化纤纱	≤25	≤25	≤40

（3）粗梳毛纱线的品质评定。根据企业标准规定，粗梳毛纱的品质评定也是根据物理指标（内在质量）评等；根据外观质量评级。

①粗梳毛纱的评等。评等是依据支数标准差、重量不匀率、捻度标准差、捻度不匀率和强力不匀率等物理指标。对这些指标分别评等，取其中的最低等作为评定等。粗梳毛纱的品等可分为一等、二等，不及二等者为等外。

②粗梳毛纱的评级。评级是依据条干均匀度和外观疵点。它与精梳毛纱相似，将纱摇成10块黑板后，依次在规定光线下，用目光与条干标样对比评定。评定时，条干均匀度与外观疵点结合检验。外观疵点主要是指大肚纱、接头不良、小辫子纱、双纱、油纱、羽毛纱、毛粒等。根据10块黑板中的一级条干块数计算条干一级率。

3. 桑蚕绢丝的品质评定

桑蚕绢丝的品质评定要求按照《桑蚕绢丝》（FZ/T 42002—2021）进行。此标准适用于经烧毛的线密度范围为50 Nm/2（200.0 dtex×2）～270 Nm/2（37.0 dtex×2）的双股绞装或筒装桑蚕绢丝。桑蚕绢丝的考核项目包括断裂强度、线密度变异系数、条干均匀度、条干不匀变异系数、洁净度、千米疵点等主要检验项目，线密度偏差率、断裂强力变异系数、断裂伸长率、捻度偏差率、捻度变异系数等补助检验项目及疵点、色泽等外观检验项目。

桑蚕绢丝的等级可分为优等品、一等品、二等品，低于二等品者为等外品。桑蚕绢丝品等的评定以批为单位，依其检验结果，按规定进行评定。主要检验项目指标中品等不同时，以其中最低一项品等评定。若其中有一项低于规定的二等品指标时，评为等外品。补助检验项目指标中有两项超过允许范围时，在原评品等的基础上顺降一等；如有三项及以上超过允许范围时，则在原评品等基础上顺降两等。降等均至二等为止。

桑蚕绢丝的检验项目包括品质检验和重量检验。品质检验又分为主要检验项目、补助检验项目、明示检验项目、选择检验项目和外观检验项目五项。其中，明示检验项目是不作为定等依据，但需在检测验报告上注明、给用户提供相关质量信息的检验项目。选择检验项目是在标准考核要求中没有设置，但有时应用户的需要进行检验的项目。

（1）品质检验。

①主要检验项目。主要检验项目包括断裂强度、线密度变异系数、条干均匀度、条干不匀

变异系数、洁净度、千米疵点。

②补助检验项目。补助检验项目包括线密度偏差率、断裂强力变异系数、断裂伸长率、捻度偏差率、捻度变异系数。

③明示检验项目。明示检验项目包括粗节（+50%）、细节（-50%）和绵结（+200%）。

④选择检验项目。选择检验项目包括10万米纱疵、练减率。

⑤外观检验项目。外观检验项目包括外观疵点、色泽。

（2）重量检验项目。重量检验项目包括毛重、净重、回潮率、公量。

8.3.2　棉本色布的品质评定

课件：棉本色布的品质评定、棉针织内衣品质评定

视频：棉本色布的品质评定、棉针织内衣品质评定

棉本色布品质评定按照国家标准《棉本色布》（GB/T 406—2018）评定。棉本色布品质评定的要求分为内在质量和外观质量两个方面。内在质量包括织物组织、幅宽偏差率、密度偏差率、断裂强力偏差率、单位面积无浆干燥质量偏差率、棉结杂质疵点格率、棉结疵点格率七项；外观质量为布面疵点一项。按照国家标准对棉本色布质量的技术要求，分等规定如下：

1. 棉本色布的品等

棉本色布的品等分为优等品、一等品和二等品，低于二等品的为等外品。

2. 棉本色布的评等

棉本色布的评等以匹为单位，织物组织、幅宽偏差率、布面疵点按匹评等，密度偏差率、单位面积无浆干燥质量偏差率、断裂强力偏差率、棉结杂质疵点格率、棉结疵点格率按批评等，以内在质量和外观质量中最低一项品等为该匹布的品等。成包后棉本色布的长度按双方协议规定执行。通常每匹布以40 m计。

3. 分等规定

棉本色布内在质量分等规定参见表8-4和表8-5。

表 8-4　棉本色布的内在质量分等规定

项目	标准		优等品	一等品	二等品
织物组织	按设计规定		符合设计要求	符合设计要求	符合设计要求
幅宽偏差率 [a、b]/%	按产品规格		-1.0～+1.2	-1.0～+1.5	-1.5～+2.0
密度偏差率 [b]/%	按产品规格	经向	-1.2～+1.2	-1.5～+1.5	—
		纬向	-1.0～+1.2	-1.0～+1.5	—
单位面积无浆干燥质量偏差率 /%	按设计标称值		-3.0～+3.0	-5.0～+5.0	-5.0～+5.0
断裂强力偏差率 /%	按设计断裂强力	经向	≥-6.0	≥-8.0	—
		纬向	≥-6.0	≥-8.0	—

注：织物组织对照贸易双方确认样评定。
a. 当幅宽偏差率超过+1.0%时，经密负偏差率不超过-2.0%。
b. 幅宽、经纬向密度应保证成包后符合本表规定。

表 8-5　棉结杂质疵点格率和棉结疵点格率分等规定

织物总紧度 /%		棉结杂质疵点格率 ª/%		棉结疵点格率 ª/%	
		优等品	一等品	优等品	一等品
精梳	70 以下	≤ 13	≤ 15	≤ 3	≤ 7
	70 ～ 85 以下	≤ 14	≤ 17	≤ 4	≤ 9
	85 ～ 95 以下	≤ 15	≤ 19	≤ 4	≤ 10
	95 及以上	≤ 17	≤ 21	≤ 6	≤ 11
半精梳	—	≤ 22	≤ 29	≤ 6	≤ 14
非精梳织物	细织物　65 以下	≤ 20	≤ 29	≤ 6	≤ 14
	细织物　65 ～ 75 以下	≤ 23	≤ 34	≤ 6	≤ 16
	细织物　75 及以上	≤ 26	≤ 37	≤ 7	≤ 18
	中粗织物　70 以下	≤ 26	≤ 37	≤ 7	≤ 18
	中粗织物　70 ～ 80 以下	≤ 28	≤ 41	≤ 8	≤ 19
	中粗织物　80 及以上	≤ 30	≤ 44	≤ 9	≤ 21
非精梳织物	粗织物　70 以下	≤ 30	≤ 44	≤ 9	≤ 21
	粗织物　70 ～ 80 以下	≤ 34	≤ 49	≤ 10	≤ 23
	粗织物　80 及以上	≤ 38	≤ 51	≤ 10	≤ 25
	全线或半线织物　90 以下	≤ 26	≤ 35	≤ 6	≤ 18
	全线或半线织物　90 及以上	≤ 28	≤ 39	≤ 7	≤ 19

注：1. 棉本色布按经、纬纱平均线密度分类，特细织物：9.8 tex 及以下（60ˢ 及以上）；细织物：9.8 ～ 14.8 tex（60ˢ ～ 40ˢ）；中粗织物：14.8 ～ 29.5 tex（40ˢ ～ 20ˢ）；粗织物：29.5 tex 及以上（20 s 以下）。

2. 经、纬纱平均线密度 =（经纱线密度 + 纬纱线密度）÷2。

ª 棉结杂质疵点率、棉结疵点格率超过本表规定降到二等为止

外观质量指标仅布面疵点一项。每匹布的布面疵点允许评分数规定见表 8-6。一匹布中所有疵点评分加和累计超过允许总评分为降等品。

表 8-6　布面疵点允许评分数分等规定　　　　　　　　分 /（100 m²）

优等品	一等品	二等品
≤ 18	≤ 28	≤ 40

8.3.3　棉针织内衣的品质评定

棉针织内衣品质评定按照国家标准《棉针织内衣》（GB/T 8878—2014）进行。此标准适用于鉴别棉纤维含量不低于 5% 的针织内衣的品质评定，不适用于年龄在 36 个月及以下的婴幼儿服饰。评定要求分为内在质量和外观质量两个方面。

1. 分等规定

棉针织内衣的内在质量按批评等，外观质量按件评等，两者结合以最低等级定等。品等分为优等品、一等品和合格品三个等级。内在质量定等以试验结果最低一项作为该批产品的评等

依据。在同一件产品上发现属于不同品等的外观质量问题时，按最低等评等。在同一件产品上只允许有两个同等级的极限表面疵点存在，超过者应降低一个等级。

2. 内在质量要求

内在质量包括顶破强力、纤维含量、甲醛含量、pH 值、异味、可分解致癌芳香胺染料、水洗尺寸变化率、耐水色牢度、耐皂洗色牢度、耐汗渍色牢度、耐摩擦色牢度等项指标。内在质量要求见表 8-7。

表 8-7　内在质量要求

项目		优等品	一等品	二等品
顶破强力 /N　　　　≥			250	
纤维含量 /%		按《纺织品　纤维含量的标识》（GB/T 29862—2013）规定执行		
甲醛含量 /（mg·kg⁻¹）		按《国家纺织产品基本安全技术规范》（GB 18401—2010）规定执行		
pH 值				
异味				
可分解致癌芳香胺染料 /（mg·kg⁻¹）				
水洗尺寸变化率 /%	直向　≥	− 5.0	− 6.0	− 8.0
	横向	− 5.0 ～ 0.0	− 8.0 ～ + 2.0	− 8.0 ～ + 3.0
耐水色牢度 / 级　　≥	变色	4	3 ～ 4	3
	沾色	4	3 ～ 4	3
耐皂洗色牢度 / 级　≥	变色	4	3 ～ 4	3
	沾色	4	3 ～ 4	3
耐汗渍色牢度 / 级　≥	变色	4	3 ～ 4	3
	沾色	3 ～ 4	3	3
耐摩擦色牢度 / 级　≥	干摩	4	3 ～ 4	3
	湿摩	3	3（深 2 ～ 3）	2 ～ 3（深 2）
色别分档按 GSB 16-2159，> 1/12 标准深度为深色，≤ 1/12 标准深度为浅色				

3. 外观质量要求

外观质量包括表面疵点、规格尺寸偏差、对称部位尺寸差异、缝制规定等项指标。

（1）表面疵点。表面疵点评等规定见表 8-8。

表 8-8　表面疵点评等规定

疵点名称	优等品	一等品	合格品
粗纱、色纱、大肚纱	主要部位：不允许 次要部位：轻微者允许	轻微者允许	主要部位：轻微者允许 次要部位：显著者不允许
飞花			
极光印、色花、风渍、折印、印花疵点（露底、搭色、套版不正等）、起毛露底、脱绒、起毛不匀			
油纱、油棉、油针、缝纫油污线			
色差	主料之间 4 级	主料之间 3 ～ 4 级	主料之间 2 ～ 3 级
	主、辅料之间 3 ～ 4 级	主、辅料之间 3 级	主、辅料之间 2 级

疵点名称		优等品	一等品	合格品
纹路歪斜（条格）/ % ≤		4.00%	5.00%	6.00%
缝纫曲折高低 / cm ≤		0.5 cm		
底边脱针		每面 1 针 2 处，但不得连续，骑缝处缝牢，脱针不超过 1 cm		
重针（单针机除外）		每个过程除合理接头外，限 4 cm 1 处（不包括领圈部位）		限 4 cm 2 处
破洞、单纱、修疤、断里子纱、断面子纱、细纱、锈斑、烫黄、针洞		不允许		

表面疵点程度按 GSB 16-2500 执行。

注：1. 主要部位是指上衣前身上部的 2/3（包括领窝露面部位），裤类无主要部位。

2. 轻微：直观上不明显，通过仔细辨认才可看出；明显：不影响整体效果，但能感受到疵点的存在；显著：明显影响整体效果的疵点。

（2）规格尺寸偏差。规格尺寸偏差见表 8-9。

表 8-9　规格尺寸偏差　　　　　　　　　　　　　　　　　　cm

类别		优等品	一等品	合格品
长度方向（衣长、袖长、裤长、直裆）	60 cm 及以上	±1.0	±2.0	±2.5
	60 cm 以下	±1.0	±1.5	±2.0
宽度方向（1/2 胸围、1/2 臀围）		±1.0	±1.5	±2.0

（3）对称部位尺寸差异。对称部位尺寸差异见表 8-10。

表 8-10　对称部位尺寸差异　　　　　　　　　　　　　　　　cm

尺寸范围	优等品≤	一等品≤	合格品≤
≤ 5 cm	0.2	0.3	0.4
> 5 cm 且≤ 15 cm	0.5	0.5	0.8
> 15 cm 且≤ 76 cm	0.8	1.0	1.2
> 76 cm	1.0	1.5	1.5

（4）缝制规定。缝制规定不分品等。要求在合肩处、裤裆叉子合缝处、缝迹边口处应加固。领型端正，线头修清。

单元 8.4　纺织产品的应用

8.4.1　服装用纺织品

服装的种类很多，由于服装的基本形态、品种、用途、制作方法、原材料的不同，各类服装也表现出不同的风格与特色，变化万千，十分丰富。不同的分类方法，导致人们平时对服装的称谓也不同。目前，服装用纺织品的分类方法大致包括服装的基本形态与造型结构、服装的穿着组合、服装的穿着用途、服装面料与工艺制作。

课件：纺织产品的应用   视频：纺织产品的应用

1. 根据服装的基本形态与造型结构进行分类

（1）体形型。体形型服装是符合人体形状、结构的服装，起源于寒带地区。这类服装的一般穿着形式分为上装与下装两部分。上装与人体胸围、项颈、手臂的形态相适应；下装则符合于腰、臀、腿的形状，以裤型、裙型为主。裁剪、缝制较为严谨，注重服装的轮廓造型和主体效果，如西服类多为体形型。

（2）样式型。样式型服装是以宽松、舒展的形式将衣料覆盖在人体上，起源于热带地区的一种服装样式。这种服装不拘泥于人体的形态，较为自由随意，裁剪与缝制工艺以简单的平面效果为主。

（3）混合型。混合型结构的服装是寒带体形型和热带样式型综合、混合的形式，兼有两者的特点。剪裁采用简单的平面结构，但以人体为中心，基本的形态为长方形，如中国旗袍、日本和服等。

根据服装的基本形态分类如图 8-24 所示。

图 8-24   根据服装的基本形态分类

2. 根据服装的穿着组合分类

（1）整件装：上下两部分相连的服装，如连衣裙等因上装与下装相连，服装整体形态感强。

（2）套装：上衣与下装分开的衣着形式，有两件套、三件套、四件套。

（3）外套：穿在衣服最外层，有大衣、风衣、雨衣、披风等。

（4）背心：穿至上半身的无袖服装，通常短至腰、臀之间，为略贴身的造型。

（5）裙：遮盖下半身用的服装，有一步裙、A字裙、圆台裙、裙裤等，变化较多。

（6）裤：从腰部向下至臀部后分为裤腿的衣着形式，穿着行动方便，有长裤、短裤、中裤。

根据服装的穿着组合分类如图 8-25 所示。

图 8-25　根据服装的穿着组合分类

3. 根据服装的穿着用途分类

（1）内衣：内衣紧贴人体，起护体、保暖、整形的作用。

（2）外衣：外衣则由于穿着场所不同，用途各异，品种类别很多。又可分为社交服、日常服、职业服、运动服、室内服、舞台服等。

根据服装的穿着用途分类如图 8-26 所示。

4. 根据服装面料与工艺制作分类

根据服装面料与工艺制作可分为中式服装、西式服装、刺绣服装、呢绒服装、丝绸服装棉布服装、毛皮服装、针织服装、羽绒服装等，如图 8-27 所示。

图 8-26　根据服装的穿着用途分类

图 8-27　根据服装面料与工艺制作分类

目前，服装用功能纺织品对创新、款式、色彩、性能有更高的要求，更注重外观和穿着舒适性，如触感功能（柔软、温暖、凉爽、干爽等）、视觉功能（色彩、款式、花色、悬垂、挺括、防皱等）、味觉功能（香味、消除异味等）。

8.4.2　装饰用纺织品

装饰用纺织品主要包括室内外装饰、床上用品、挂帷类、餐厨类等纺织品，要求系列化、配套化、艺术化和功能化（阻燃、遮光、隔热、防蛀、防污、防水、保暖、保健等）。

1. 家具包覆类装饰用纺织品

家具包覆类装饰用纺织品主要包括沙发外套、座椅外套和家电外套等装饰面料。其特点是耐磨、弹性适当、具有阻燃性能。色和花要有粗犷豪华之感，以提花织物为主，多用大型花卉、缠藤等图案，也有少量用花式纱线织物、静电植绒织物、拷花织物、麂皮绒织物和毛圈类织物等。而高级装饰提花绒以染色腈纶纱为经、纬、绒原料，织物绒毛耸立，抗压性能好，弹性优良，花卉图案逼真，色彩鲜艳夺目。家具包覆类装饰用纺织品如图 8-28 所示。

图 8-28　家具包覆类装饰用纺织品

2. 挂帷类装饰

挂帷类装饰用纺织品主要包括窗帘、门帘、帷幕、帐幔、屏风和遮篷等。由于室内装潢日趋高档化，因此，面料的耐光、防污、阻燃及悬垂性非常重要。窗帘织物有内外层之分。外窗帘用于阻挡视线，质地要求轻薄透明，以浅黄、浅蓝、白色的素纱织物和仿纱织物为主；内窗帘主要用于调节室内光线，内窗帘除用提花织物外，还采用烂花、印花和结子纱织物，并有经编类、机织类和缝编类等多种。而帷幕仍以绒类织物为主，其中以真丝和人造丝交织的乔其绒和棉纱织出的平绒尤为受人喜爱，用金、银线缝制和金、银涂料贴制成豪华的图案，有满堂生辉的效果，如图 8-29 所示。

图 8-29　挂帷类装饰用纺织品

3. 床上用纺织品

床上用纺织品有床单、床罩、被面、枕套和枕芯、抱枕、床垫、毛巾被、毯子等。俗话称"日衣夜被"，表明了床上用品的重要性。床罩是近些年来发展较快的床上用品，它主要起装饰房间和减少床上灰屑的作用，多以光泽明亮的合成纤维丝和粘胶丝为主，采用缎纹组织，或提花，或绣花，并采用绗缝等技术，做成豪华型、五彩缤纷的产品，使室内增添无限光彩，令人耳目一新，如图 8-30 所示。

图 8-30　床上用纺织品

4. 墙面装饰织物或艺术墙布、壁挂

墙面装饰织物的种类非常多。由于真丝具有很好的隔热和消声作用，因此，许多高级会堂和宾馆多用素雅的小提花织物作为墙面装饰；而有各种人像、人物、狮、虎等造型的壁挂多用提花技术织制而成。近些年发展的印花装饰画以其逼真的造型也深受喜爱，如图 8-31 所示。

5. 铺饰类纺织品

铺饰类纺织品主要有地面铺饰和台面铺饰织物。地面铺饰类织物要求有弹性、防滑、阻燃、防静电，如各种地毯，目前尚以化纤织物居多。我国的绢丝地毯以绢丝为原料，特殊的提花和剪绒技术相结合，是外销的传统产品；而织锦、古香台毯早已名闻中外，特别是"百子图"织锦台毯，神态各异的众多孩童，呼唤起人们的童心，室内气氛十分活跃。

图 8-31　墙面装饰织物或艺术墙布、壁挂

6. 卫生盥洗类纺织品

卫生盥洗类包括方巾、面巾、浴巾、地巾、擦背巾、浴帘、浴衣、浴帽等，以棉织物和化学纤维织物为主，而强捻人造丝织成的擦背巾以其良好的保健性能和舒适的洗浴性畅销国内外；尼丝纺经轻薄涂层做成防水性能良好的浴帘，经厚实涂层制成的遮阳帘也广为人们采用。

7. 餐厨杂饰类纺织品

餐厨杂饰类纺织品包括洗碗巾、垫子、围裙、餐具袋、餐巾、茶巾和手套、工作服等，需要具有易洗、防油污、防烫防热、阻燃等功能。该类纺织品一般多用棉纱织成，以素织物居多；低档的产品由于使用的化学纤维织物价格低、吸湿性差，故使用效果并不好。

8.4.3　产业用纺织品

产业用纺织品（国际上又称为技术性纺织品）行业是纺织工业中最具潜力和高附加值的产品，是衡量一个国家纺织工业是否强大的重要标志。发达国家的产业用纺织品在其纤维加工总量中的比重一般占 30% 以上，尽管我国产业用纺织品在纺织行业中所占的比重已提升到 20% 左右，但与发达国家相比，中国产业用纺织品所占比例仍然偏小，具有较大的发展空间。

产业用纺织品是指经过专门设计、具有工程结构特点的纺织品，具有资本密集、技术含量高、产品附加值高、劳动生产率高、产业渗透面广等特点。产业用纺织品涵盖了过滤用、医疗卫生用、环境保护用、土工合成材料用、特殊装饰用、农业用、高性能纺织复合材料用、航空航天用、交通运输用、建筑用、新能源用等应用领域。随着我国综合国力的增强和航空航天事业、民生基础设施建设及高端汽车业的发展，将给我国产业用纺织品行业提供良好的发展机遇和广阔的发展平台。

产业用功能纺织品包括汽车工业用纺织品、建筑及土工用纺织品、医疗卫生保健材料、农业用纺织品、防护服、军用服等领域，应具有高性能、特殊性等功能。

1. 建筑用纺织品

建筑用纺织品是指有特殊功能的涂层织物可用作大型建筑顶面的膜结构材料。随着人民生活水平的改善和物质追求的提高，各种建筑材料包括防水材料方面需求的数量大大增加和质量大幅提升，水泥砂浆内渗入的合成短纤维可增大抗拉、抗折强度，减少干缩裂缝，用高性能纤维的增强塑料对土建结构加固方面也有所发展，推广前景广泛。

2. 医疗卫生用纺织品

医疗卫生用纺织品是对医疗、卫生、保健、生物医学用纺织品的总称，是集纺织、医学、生物、高分子等多学科相互交叉并与高科技相融合的高附加值产品，如图 8-32 所示。

（1）一般医院用品：工作服、病号服、床单、罩单、被褥、毯子、毛巾、口罩、鞋袜、台布等。

（2）外用医疗用品：医用胶布、纱布、棉签、包扎布、伤口敷料、止血布等。

（3）医疗防护用品：手术衣、手术帽、手术覆盖布、X 光操作用衣等。

（4）医疗功能性用品：手术缝纫线、人造血管、疝气修复织物等。

（5）卫生用品：卫生巾、卫生棉、卫生棉条、纸尿裤、成人尿垫、抗菌袜、抗菌鞋垫等。

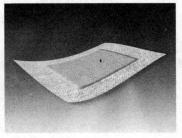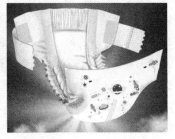

图 8-32　医疗卫生用纺织品

3. 农业用纺织品

我国正从传统的农业向现代农业转变，科技兴农势在必行，农用薄膜、非织造布、输水管道等需求很大，其用于蔬菜可增产，提早上市，覆盖后仍透气、透湿，有利于作物光合作用。近年来，我国农用纺织品的数量在逐年递增。农用纺织品可广泛应用于农业各个领域，但是农用非织造保暖材料、纤维基增强膜材料等农业用纺织品的生产和应用尚处于空白。

4. 土工用纺织品

大规模基础设施和基本建设，改善整个国家的生态环境，江河防洪工程体系的建设和治理都需要大量的土工布纺织品。

5. 渔用纺织品

渔用纺织品主要用在捕捞及养殖两个方面。我国是水产大国，年产水产品达 500 万 ~ 600 万吨，占世界总产量的 1/5 ~ 1/4。

6. 土工合成材料

土工合成材料是一种由聚合物制成的平面材料，与土壤、岩石或其他种类的土工工程材料共同使用，是一种高档多功能土工复合材料，满足当代建筑的需要。

7. 高性能纺织复合材料

高性能纺织复合材料是一种用纺织材料作为增强相的复合材料。目前还未突破国产高性能纤维在复合材料中的产业化应用等核心问题。纺织复合材料可广泛应用于风力发电叶片、建筑及土工材料，车身和车内结构件，高速列车头及车厢，飞机轮船等交通工具。

8. 其他

内饰材料包括汽车附件、过滤材料、环保用材料等。

◉ 拓展资源

（1）香云纱是从古至今制作最繁复、价格最高的丝绸制品，中华民间手工艺的瑰宝。有别于其他精雕细琢式的独立手工技艺，制作香云纱是集体劳动的艺术。在今天，一间作坊需要数十名工匠同时操作，才能保证一匹面料的顺畅生产。其中不仅包含了单项工艺的经验和技巧，更涉及环环相扣的协作配合。香云纱另一个与众不同的地方在于它的制作不是封闭式的，而是与阳光、泥土、植被、河水等自然元素密不可分。不可控的气候条件直接影响香云纱生产的周期与产量，这也使人们接触到的成品更加珍贵。其中，香云纱制作需涉及 13 项纯手工操作。

充足的日光不仅提高了晒场上布料吸收薯莨汁液的速度，也加快了晒莨工作整体的操作频率。在以环保与文化为趋势的今天，这种逆工业化而存在的纯天然面料，依然屹立在人文与时尚的舞台上。价值不菲的香云纱，无论是原料还是工艺，都有着其他丝绸制品不可比拟的价值，但这背后最为昂贵的永远是这些朴实、勤劳的工匠。

（2）2018 年年初，长期处于低迷状态的李宁突飞猛进，在纽约时装周上以"黑马"之姿成功亮相。李宁以复古设计和街头文化元素为特色，一举打出"国潮化"的改革理念，开始了"中国李宁"独立品牌的战略布局。现在，随着"中国风＋时尚"系列的推出，李宁品牌已成为年轻人时尚的象征。品牌经过不断努力，成功地扭转了被动局面，不仅实现了股价和业绩的上涨，也打破了过去"高性价比"和"土气"的传统标签，成功进军中高端时尚品牌市场。仿佛一夜之间，很多人开始穿着李宁和安踏的装备，这一切来得那么突然，却又是一种必然趋势。以前，不少国内消费者认为"洋气"代表"时尚"，国际奢侈品牌占据着中国消费市场高端领域。与此同时，一些国内服装企业也跟随这个趋势，纷纷模仿国际品牌的产品风格。但是现在，国潮新风尚如今已经成为年轻人追逐的新潮流，民族自豪感油然而生。

传统文化与现代设计的结合，不仅成为服装品牌发展的重要趋势，更是推动中国文化元素走向世界的重要途径。楚和听香的设计理念就是将传统文化融入现代设计，让中国传统艺术得以更好地呈现在现代人的生活中。这种文化自信不仅只体现在服装设计上，还体现在品牌形象、品牌故事等各个方面。在国外市场上，中国传统文化元素的运用也成为不少品牌进行国际化发展的突破口。如国际知名品牌 Gucci 在 2018 年的秋冬系列中，就将中国元素融入其中，推出了一系列以中国传统文化为设计灵感的款式。随着中国经济的飞速发展，越来越多的本土品牌、设计师开始注重文化传承和推广，让更多的人认识和喜爱中国文化。文化自信的增强也将助推中国服装品牌走向世界，实现品牌国际化、文化输出的目标。

如今，我国纺织企业开始寻找能够作为品牌"主心骨"的文化根源，博大精深的中国传统文化逐渐为品牌所推崇、为大众所接受。这种品牌信心和设计潮流，在 10 年前是无法想象的。如今，探寻自身文化根源成了数以万计的本土品牌、本土设计师文化自信的生动注脚。"以国潮品牌立足世界，这是我国服装品牌化发展的重要方向。"新中式服装品牌楚和听香创始人、艺术总监楚艳多年来一直致力于中国传统服饰的传承，倾心于传统服饰文化，尤其是汉唐服饰文化、敦煌服饰文化的研究及新中式美学的实践。

在"十三五"时期，中国纺织产业的品牌培育和推广体系不断完善，涌现出大量的品牌大师、大牌和大事。时尚设计的原创能力也有了显著提升，本土品牌的知名度和美誉度也在持续提高。目前，国内主要的大型商业实体的服装家纺品牌约有 4 500 个，较 2015 年增长明显，其中 85% 以上是自主品牌。原创潮流品牌在质量、设计和文化方面逐渐成熟，消费者对其的消费比重已经超过了 15%。品牌企业的综合能力在整合国内外优势资源方面也在不断提高，开始逐步向品牌和资本领域进军。

今天的纺织业已经不再局限于传统意义上的"衣被天下"，而是可应用于众多领域。例如，人们可以看到冬奥会运动员所穿戴的功能性运动服、航空航天特种装备材料及工业粉尘大气污染治理使用的"袋式除尘"过滤技术等。这些应用领域的不断拓展，为我国纺织业未来的发展带来了无限的想象空间。

习 / 题

在线答题

指标	评价内容	分值	自评	互评	教师
思维能力	能够从不同的角度提出问题，并解决问题	10			
自学能力	能够通过已有的知识经验来独立地获取新的知识和信息	10			
学习和技能目标	能够归纳总结本模块的知识点	10			
	能够根据本模块的实际情况对自己的学习方法进行调整和修改	10			
	能够掌握不同种类纺织产品的定义和分类	10			
	能够阐述机织物、针织物、非织造布的定义及其性质	10			
	能够了解服装用、装饰用、产业用纺织品的定义，性质和分类方法	10			
	能够掌握常见纺织品的性质特征，并能运用各种评定方法对纺织品进行品质评定	10			
素养目标	能够具有独立思考的能力、归纳能力、勤奋工作的态度	10			
	能够具有细心踏实、独立思考、爱岗敬业的职业精神	10			
总结					

REFERENCES 参考文献

[1] 朱远胜 . 走进纺织 [M] . 上海：东华大学出版社，2021.

[2] 刘森，李竹君 . 织造技术 [M] . 北京：化学工业出版社，2015.

[3] 李竹君，刘森 . 纺织技术导论 [M] . 北京：化学工业出版社，2012.

[4] 姚穆 . 纺织材料学 [M] . 5 版 . 北京：中国纺织出版社有限公司，2020.

[5] 刘秀英 . 纺织概论 [M] . 北京：中国纺织出版社有限公司，2022.

[6] 高晓平 . 先进纺织复合材料 [M] . 北京：中国纺织出版社有限公司，2020.

[7] 中国纺织工业协会 . 中国纺织工业发展报告（历年）[M] . 北京：中国纺织出版社，
    2004—2016.

[8] 范雪荣 . 纺织品染整工艺学 [M] . 3 版 . 北京：中国纺织出版社，2017.

[9] 杨乐芳，张洪亭，李建萍 . 纺织材料与检测 [M] . 2 版 . 上海：东华大学出版社，
    2018.

[10] 郁崇文 . 纺纱学 [M] . 3 版 . 北京：中国纺织出版社有限公司，2019.

[11] 张曙光 . 现代棉纺技术 [M] . 3 版 . 上海：东华大学出版社，2021.

[12] 朱苏康，高卫东 . 机织学 [M] . 2 版 . 北京：中国纺织出版社，2014.

[13] 龙海如 . 针织学 [M] . 2 版 . 北京：中国纺织出版社，2014.

[14] 魏春霞 . 针织概论 [M] . 北京：化学工业出版社，2014.

[15] 柯勤飞，靳向煜 . 非织造学 [M] . 3 版 . 上海：东华大学出版社，2016.

[16] 刘森，杨璧玲 . 纺织染概论 [M] . 3 版 . 北京：中国纺织出版社，2017.

[17] 蔡再生 . 染整概论 [M] . 3 版 . 北京：中国纺织出版社有限公司，2020.

[18] 王炜 . 染整工艺设备 [M] . 3 版 . 北京：中国纺织出版社有限公司，2020.

［19］纪柏林，王碧佳，毛志平 . 纺织染整领域支撑低碳排放的关键技术［J］. 纺织学报，
　　　2022，43（1）：113-121.

［20］陈荣圻 . 低碳经济下的印染服装碳足迹、水足迹的核算及碳市场的发展（待续)［J］. 印染
　　　助剂，2022，39（3）：1-9.

［21］Deng Y, Xu M, Zhang YG, et al. Non-water dyeing process of reactive dyes in two organic
　　　solvents with temperature-dependent miscibility［J］. Textile Research Journal, 2019, 89
　　　（18）：3882-3889.

［22］陈英，宋富佳，李成红，等 . 少水及无水染色技术的研究进展［J］. 纺织导报，2021，
　　　（5）：26-31.

［23］林细姣 . 染整技术：第一册［M］. 北京：中国纺织出版社，2005.

［24］沈志平 . 染整技术：第二册［M］. 北京：中国纺织出版社，2009.

［25］王宏 . 染整技术：第三册［M］. 北京：中国纺织出版社，2008.

［26］林杰 . 染整技术：第四册［M］. 北京：中国纺织出版社，2009.